JN298247

┃統計ライブラリー

高次元データ分析の方法
Rによる統計的モデリングとモデル統合

┃安道知寛
[著]

朝倉書店

まえがき

　情報化時代を迎え，自然科学，社会科学をはじめとする諸科学のあらゆる分野，ビジネス活動や社会活動の各所で，大規模なデータが日々取得・蓄積されている．ネットワークの広範な普及により，Web サイトやブログ，Twitter などの SNS（ソーシャル・ネットワーキング・サービス），音声，画像，映像を含む多様なデータもオンラインネットワークを介して大量に作成・発信されている．発生頻度，質，量，種類など多様な軸における情報の爆発的な増加は，ますます激しく変化する現代の特徴であり，今後も巨大なサイズのデータが取得・蓄積されていくであろう．情報の多様化，データ収集・蓄積技術の発展等と相俟って，観測されたデータはさまざまな様相を呈しており，複雑な非線形構造を背景にもつデータ，時系列的に観測対象の個体が拡大していくパネルデータ，超高次元データなどさまざまな特徴をもった情報の塊に現代社会は直面している．

　社会全体が急速に変化するダイナミックな環境下では，変化を俊敏に把握し，迅速かつ的確な意思決定をおこなうことがますます重要となる．そのためには，現状何が起きているのかを把握し，将来何が起きるのかをある程度的確に予測する必要がある．現在，多様かつ膨大な情報をスピーディに処理・活用することで，そのような環境変化を俊敏に把握することに関心が集まっている．最近ではクラウドに代表される情報技術の発展によって膨大な情報が収集できるようになっており，ペタバイト級の大量データを迅速に計算処理することも可能となりつつある．しかし，質の高い意思決定をおこなうためにはそれだけでは不十分であり，多様かつ膨大な情報のなかから，意思決定に必要な情報を効率的に抜き出し，それを問題解決に，広くは社会において活用することで，初めて蓄積されたデータおよび情報処理技術に価値が生まれる．言い換えれば，的確かつ効率的な情報分析技術が重要な役割をもっており，大規模な情報から我々

が知りたい有益な情報を引き出すことが今後さらに重要となる．

　このような社会背景もあり，観測データに内在する情報からその背後にある構造を把握し，現象の予測，知識発見，現実の意思決定などに有効な道具として「高次元データ分析」が脚光を浴びている．ここでの高次元データとは発生頻度，量，種類など多様な軸において取得・蓄積された（無秩序な）大規模データを構造化した（行列の形式等に数値情報として整理し，データを取り扱いやすくした）ものである．文字，音声，画像，映像などのような非構造化データの統計的処理をおこなう場合，それを構造化されたデータへと変換する前処理をおこなう．前処理の方法については，意思決定の問題，非構造化データの特徴などに依存するため，本書では詳しく触れていない．しかし，非構造化データを構造化データへと整理することにより，さまざまな特徴をもつ大規模データの分析に本書で紹介する手法を適用することができる．もちろん，分析に必要な構造化データが手元にある場合，高次元データ分析の手法がそのまま（前処理の必要がないという意味で）利用できる．

　本書において取り扱う題材は，複雑な高次元データ分析のための統計的モデリング手法である．従来，高次元データ分析に関する理論研究はおこなわれていたものの，当時は高性能計算機の利用環境が整っていなかった．そのため，高次元データ分析手法を実データへ応用するというよりは，むしろ，分析理論の開発・拡張などが話題の中心であった．実際，1980年代には，高次元データに関する理論研究はおこなわれていた．しかし，その展開はいずれも計算環境の進歩と不可分であったため，高次元データ分析を想定した統計モデリングの応用に制約がかけられていた．しかし，現在，計算機の技術的発展と利用環境の飛躍的な向上により，高速計算機の利用を前提とした統計的モデリングが可能となっている．

　情報技術の発展は，統計的モデリングの理論研究とその応用に大きな展望をもたらしたが，同時に新たな問題を浮き彫りにしている．例えば，多様かつ膨大な情報が蓄積可能となったため，分析したい現象の統計的モデリングを実行する際に，どの変数・要因がモデリングに重要であるかの判断が必要となった．例えば，ある病気に関連する遺伝子を（因果関係を仮定して）探索するような場合，非常に少ない数のデータ（費用などデータ取得の現実的制約があるため）

に基づき数万の候補遺伝子の中からそれを特定するような作業となる．企業経営においては，蓄積された顧客データなどを分析・集計することによって市場全体の傾向把握に役立ててきた．しかし，現在では，個々の顧客ニーズを満たして購買行動につなげるため，個々の顧客属性・購買履歴のデータ分析に基づいて細分化されたサービスをスピーディに提供しつつある．

データの次元は大規模になったにもかかわらず，データの背後にある未知の構造を適切に表現するモデルの設定，事前情報や事前知識などの統合，適切なモデル推定方法の選択など，従来より認識されている問題も同時に検討する必要がある．モデルとは現実の社会現象・自然現象等を簡略化したもので，構築したモデルを介して，現実の現象を解釈しながら意思決定をおこなう．しかし，モデルによる現実の近似があまりにも真実から乖離していると，構築したモデル自体に信頼がおけない状況となる．そのような場合，統計的モデリングにより抽出された情報の正確度が非常に低いため，理論的に精緻な意思決定をおこなったとしても，もともと判断材料となる情報の質が低いため，質の高い意思決定が困難となる．すなわち，統計モデリングを実装する際には「どのような仮定を統計モデルに課すのか」という問いに十分な配慮が必要となる．本書では，そのような背景を念頭において高次元データ分析について解説をおこなっている．また，近年，学術研究が急速に進んでいるモデル統合についても解説し，その概念を高次元データ分析へどのように拡張するのかについても触れた．本書で紹介する理論・手法は，自然科学，社会科学をはじめとする非常に幅広い学術領域において有効なツールになりうると期待している．

さまざまな手法の紹介にとどまることなく，読者がそれを実際に実装することも想定し，Rプログラムによる実行例についても解説した．すべてのRプログラムは朝倉書店Webサイト (www.asakura.co.jp) の本書サポートページからダウンロードが可能である．大学等に所属する研究者・学生のみならず，企業等におけるデータ分析担当者，大規模データから抽出した情報に基づき判断を下す意思決定者，大規模データの分析に興味をもつ組織・個人を含むさまざまな方々に，実行例を通じて手法を体験してもらえれば幸いである．また，紹介する手法の体験だけでなく，本書第6章「総括」で展開した筆者の考えも重要ではないかと思っている．今後，本書のテーマである「高次元データ分析」

に関連した書籍，特に初学者を対象とした入門書が出版されていくと予想している．本書はそれらに先駆けて執筆された高次元データ分析の理論研究分野を整理した書籍である．

最後に，本書では筆者による研究成果の一部を織り交ぜながら執筆を進めた．慶應義塾大学，科学研究費補助金，稲盛財団，日本経済研究センター，日本証券奨学財団，清明会，全国銀行学術研究振興財団，野村財団からの研究助成に感謝したい．また，Jushan Bai 教授 (Columbia University)，Ker-Chau Li 教授 (University of California, Los Angeles)，Ruey Tsay 教授 (University of Chicago) との共同研究，および先生方との議論は本書執筆のうえで大変参考となっている．日頃からお世話になっている方々，国際会議等で議論させていただいている方々にもこの場をかりて御礼申し上げたい．編集・校正の労をとられた朝倉書店編集部の方々にも御礼申し上げたい．本書が高次元データ分析，ひいては大規模データ分析に関する理論・応用の学術研究の進展のみならず，現実社会におけるさまざまな意思決定問題に役立てば幸いである．

2014 年 6 月

安 道 知 寛

目　次

1. **統計的モデリング——現実の意思決定へ向けて** ………………… 1
    1.1 統計モデルとは …………………………………………………… 1
    1.2 統計的モデリングとは …………………………………………… 4
    1.3 統計モデルの推定 ………………………………………………… 6
        1.3.1 最尤推定法 ………………………………………………… 7
        1.3.2 ベイズ推定法 ……………………………………………… 8
        1.3.3 罰則付き最尤推定法 ……………………………………… 9
        1.3.4 重み付き最尤推定法 ……………………………………… 11
    1.4 統計的モデル選択 ………………………………………………… 11
        1.4.1 情報量規準 ………………………………………………… 12
        1.4.2 ベイズ情報量規準 ………………………………………… 14
    1.5 統計的モデリングから意思決定へ ……………………………… 16
        1.5.1 意思決定1：金融資産ポートフォリオの構築 …………… 17
        1.5.2 意思決定2：価格設定とプロモーションプランニング … 27
        1.5.3 意思決定3：オンラインプラットフォーム市場における商品設計 ……………………………………………………… 31
        1.5.4 ま　と　め ………………………………………………… 40

2. **高次元データの統計的モデリング** ………………………………… 42
    2.1 lasso 推定量 ………………………………………………………… 45
        2.1.1 変数選択の一致性 ………………………………………… 45
        2.1.2 推定アルゴリズム ………………………………………… 46

	2.1.3	正則化パラメータの選択	49
	2.1.4	実 行 例	51
2.2	adaptive lasso 推定量	56
2.3	elastic net 推定量	58
2.4	group lasso 推定量	61
2.5	SCAD 推定量	64
	2.5.1	SCAD 推定量の理論的性質	65
	2.5.2	SCAD 推定における仮定	65
	2.5.3	一致性について	66
	2.5.4	変数選択の一致性について	68
	2.5.5	漸近正規性について	69
	2.5.6	正則化パラメータの選択について	70
2.6	MC_+ 推定量	71
2.7	Dantzig selector 推定量	73
2.8	Bayesian lasso 推定量	74
2.9	quantile lasso 推定量	79
2.10	R により提供されているパッケージソフト	83

3. 超高次元データへの対応について 84

3.1	sure independence screening 法	84
3.2	漸近主成分法	87
	3.2.1 モデルの推定,および正則化パラメータの選択	88
	3.2.2 実 行 例	89
	3.2.3 仮定について	91
	3.2.4 SCAD 推定量の一致性,oracle property の証明	92
	3.2.5 漸近主成分分析におけるファクター数について	93
	3.2.6 一般のモデルへの拡張	97
	3.2.7 分位点ファクター回帰分析	98
3.3	高次元パネルデータの分析	101

4. モデル統合法 ·· 106
  4.1 モデル統合とは ·· 106
  4.2 情報量規準によるモデル統合 ····································· 107
    4.2.1 実行例1：情報量規準による線形回帰モデルの統合 ········· 109
    4.2.2 実行例2：ロジスティック回帰モデルの統合 ················ 110
    4.2.3 実行例3：新規顧客の獲得確率 ······························ 115
    4.2.4 実行例4：既存顧客の維持期間 ······························ 117
  4.3 ベイズアプローチによるモデル統合 ································ 122
    4.3.1 実行例1：線形回帰モデルの統合 ···························· 123
    4.3.2 実行例2：消費選択モデルの統合 ···························· 126
  4.4 予測尤度によるモデル統合 ·· 137
    4.4.1 実行例：線形回帰モデルの統合 ······························ 138
  4.5 C_p 基準によるモデル統合 ·· 141
    4.5.1 実 行 例 ·· 143
  4.6 jackknife 法によるモデル統合 ····································· 145
    4.6.1 実 行 例 ·· 146
  4.7 操作変数回帰モデルの統合 ·· 147
  4.8 さまざまなモデル統合 ·· 152
    4.8.1 推定区間による時系列回帰モデルの統合 ···················· 152
    4.8.2 さまざまなモデル統合法 ······································ 152

5. 高次元データとモデル統合 ··· 154
  5.1 高次元データの分析と線形回帰モデル統合 ······················ 154
    5.1.1 高次元データ分析におけるモデル統合の問題1 ············ 154
    5.1.2 高次元データ分析におけるモデル統合の問題2 ············ 156
  5.2 高次元データ分析におけるモデル統合 ··························· 159
  5.3 実 行 例 ·· 160
  5.4 漸近最適性について ·· 164

6. 総 括 ·· 172

A． 罰則重み付き最尤推定法を想定した情報量規準 …………………… 175

参 考 文 献 ……………………………………………………………… 179

索　　 引 ……………………………………………………………… 189

1

統計的モデリング——現実の意思決定へ向けて

1.1 統計モデルとは

　計算機環境の飛躍的な発展，科学技術の進歩を背景に，統計的モデリングに対する需要は今後も一層増していくものと予想される．本節では，統計モデルとは何かについて解説したい．統計モデルとは複雑な様相を呈する現実の社会現象・自然現象等を簡略化して表現したものである．一般に，過去の文献，経験・知見，解析結果の解釈，計算機環境などさまざまな要因を考慮して，特定の統計モデルを採用することが多い．統計モデルを介して現実の現象を解釈することにより，確率論的な議論 (ある商品のマーケットシェアが一位となる確率は◯%である，小売店における在庫が不足する確率は◯%であるなど)，分析したい現象についての将来予測 (企業の収益状況は今後改善していくなど)，因果推測 (ある遺伝子が病気に関連している，ある病気に対してこの薬剤は効果があるなど) などが簡便になる等，統計モデルを援用することによる便益は計り知れない．

　統計科学分野においては，統計モデルは標本空間の上で定義される確率分布族として定義される．本章では，特にパラメトリックな確率分布族 $\{f(\boldsymbol{x}|\boldsymbol{\theta}); \boldsymbol{\theta} \in \Theta\}$ を統計モデルに利用するものとする．ここで $\boldsymbol{x}$ は分析したい現象についての確率変数，$f(\boldsymbol{x}|\boldsymbol{\theta})$ はある確率密度関数，$\boldsymbol{\theta}$ は確率密度関数に含まれるパラメータであり，Θ は $\boldsymbol{\theta}$ の定義域である．統計モデル $f(\boldsymbol{x}|\boldsymbol{\theta})$ を利用し，観測データの背後にある未知の構造を推測するには，適切な確率分布族を設定し，確率密度関数に含まれるパラメータ $\boldsymbol{\theta}$ を推定する必要がある．さらに，推定された統計

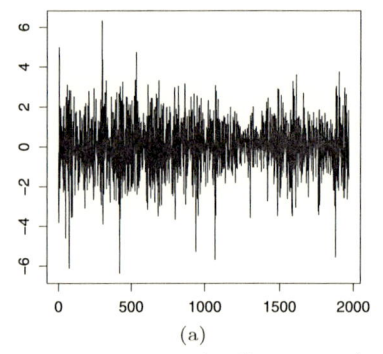

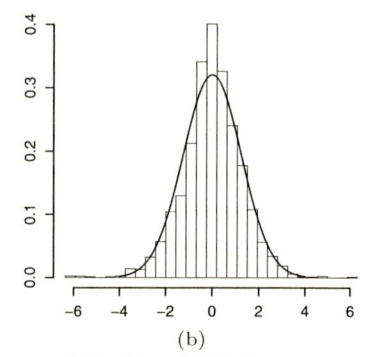

図 1.1 (a): 2000 年 1 月 1 日～2007 年 12 月 31 日の東京証券取引所株価指数 (TOPIX) の日次収益率 y_t の時系列データ．(b): 正規分布に基づく統計モデルの確率密度関数 $f(x|\hat{\mu}, \hat{\sigma}^2)$ と収益率データのヒストグラム．ここでは，標本平均: $\hat{\mu} = 0.000$，標本標準偏差: $\hat{\sigma} = 1.245$ を利用している．

モデルが現実の意思決定への利用に耐えうるものであるかどうかを検証する必要がある．このような統計モデルを構築するプロセスを総称したものを統計的モデリングという．統計的モデリングについての解説は次章でおこなうとして，本章では，実例を利用して統計モデルについての概念理解を深めたい．

図 1.1 (a) は，2000 年 1 月 1 日～2007 年 12 月 31 日の東京証券取引所株価指数 (TOPIX) の日次収益率 y_t の時系列データである．縦軸は日次収益率，横軸は時間 (日) である (以降，収益率は日次収益率を意味する)．収益率の標本平均，標本標準偏差，最大値，最小値はそれぞれ，標本平均: $\hat{\mu} = 0.000$，標本標準偏差: $\hat{\sigma} = 1.245$，最大値 $\hat{y}_{\max} = 6.318$，最小値 $\hat{y}_{\min} = -6.362$ である．このような基礎統計量も観測された収益率の特徴把握に役立つが，収益率の確率的変動全体を知りたい場合もある．例えば金融商品の価格付けにおいて，収益率がある閾値を下回る確率であったり，ある区間に入る確率等を知りたいこともある．そのような際，統計モデルは非常に有用な道具となる．ここでは，説明のために，統計モデルとして，正規分布

$$f(y_t|\mu, \sigma^2) = \frac{1}{\sqrt{2\pi\sigma^2}} \exp\left\{-\frac{(y_t - \mu)^2}{2\sigma^2}\right\}$$

を利用して収益率の確率的構造を記述する．μ は収益率の平均，σ は収益率の標準偏差を規定するパラメータである．次に，定式化した統計モデル $f(y_t|\mu, \sigma^2)$ が観測データとある程度整合的になるようにパラメータ値を調整する必要があ

る．ここでは単純にパラメータの値 μ, σ に標本平均，標本標準偏差を利用する．その結果構築した統計モデル $f(y_t|\hat{\mu}, \hat{\sigma}^2)$ を図 1.1 (b) に図示している．また，収益率データのヒストグラムも同時に図示している．推定した統計モデルの分布の裾のところでは収益率データの特徴を捉えきれないものの，収益率データの背景にある構造の (粗い) 近似モデルといえる．

まれに，観測データの背後にある真のモデル $g(\boldsymbol{x})$ が，統計モデル $\{f(\boldsymbol{x}|\boldsymbol{\theta}); \boldsymbol{\theta} \in \Theta\}$ の中に含まれている場合もある．しかし，現実にはそれ自体を検証することができないため，すべての統計モデルは真のモデルと違っているが，ある統計モデルは真のモデルの構造解明に役立つという立場をとったほうが保守的である．つまり，考慮している統計モデル $f(\boldsymbol{x}|\boldsymbol{\theta})$ はどれも真のモデルを完璧には記述できないが，統計的モデリングを上手く行うことで，真のモデルを精度よく近似しようという考えである．真のモデル $g(\boldsymbol{x})$ は未知であるがゆえに，統計モデル $f(\boldsymbol{x}|\boldsymbol{\theta})$ との比較は実際に不可能であるが，現実的視点からは，これはきわめて自然である．

図 1.2 に，真のモデル $g(\boldsymbol{x})$，観測データ $\boldsymbol{X}_n$ によって構成された経験分布関数 $\hat{g}(\boldsymbol{X}_n)$，統計モデル $\{f(\boldsymbol{x}|\boldsymbol{\theta}); \boldsymbol{\theta} \in \Theta\}$ に関する位置関係のイメージを示した．ここで，観測データ $\boldsymbol{X}_n$ が 1 次元データとすると，経験分布関数は

$$\hat{g}(x; \boldsymbol{X}_n) = \frac{1}{n} \sum_{\alpha=1}^{n} I(x \leq x_\alpha)$$

で定義される．ここで，$I(x \leq x_\alpha)$ は定義関数で，$x \leq x_\alpha$ が真ならば $I(x \leq x_\alpha) = 1$，それ以外は 0 をとる関数である．また，統計モデルのパラメータ $\boldsymbol{\theta}$ を固定すると，統計モデルの曲面上の一点を固定することに対応する．

まず，観測データの背後にある真のモデル $g(\boldsymbol{x})$ があり，そこから観測データ $\boldsymbol{X}_n$ という情報が得られる．真のモデル $g(\boldsymbol{x})$ の近似として統計モデル $\{f(\boldsymbol{x}|\boldsymbol{\theta}); \boldsymbol{\theta} \in \Theta\}$ を利用する．真のモデル $g(\boldsymbol{x})$ と統計モデル $f(\boldsymbol{x}|\boldsymbol{\theta})$ は乖離している設定のため，真のモデルは統計モデルの曲面上 $\{f(\boldsymbol{x}|\boldsymbol{\theta}); \boldsymbol{\theta} \in \Theta\}$ にはない．真のモデル $g(\boldsymbol{x})$ がある $\boldsymbol{\theta}_0$ に対して統計モデル $f(\boldsymbol{x}|\boldsymbol{\theta}_0)$ と同一となるときのみ，つまり真のモデル $g(\boldsymbol{x})$ が統計モデル $\{f(\boldsymbol{x}|\boldsymbol{\theta}); \boldsymbol{\theta} \in \Theta\}$ に属している場合，図 1.2 の $g(\boldsymbol{x})$ が位置する点は，統計モデル $\{f(\boldsymbol{x}|\boldsymbol{\theta}); \boldsymbol{\theta} \in \Theta\}$ の曲面上にある．

図 1.2 真のモデル $g(\boldsymbol{x})$, 観測データ $\boldsymbol{X}_n$ によって構成された経験分布関数 $\hat{g}(\boldsymbol{X}_n)$, 統計モデル $\{f(\boldsymbol{x}|\boldsymbol{\theta}); \boldsymbol{\theta} \in \Theta\}$ に関する位置関係のイメージ. 統計モデルのパラメータを $\boldsymbol{\theta}$ を固定することは,統計モデルの曲面上の一点を固定することに対応している.

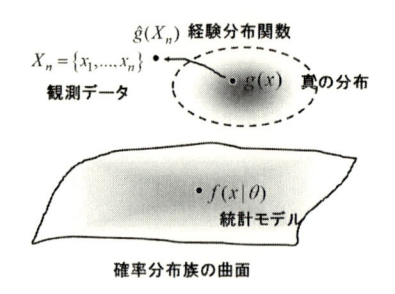

このように,数理的に取り扱いが容易な統計モデルを通じて現実の現象を把握し,それをさらに意思決定へ活用することとなる.

1.2 統計的モデリングとは

前節では,東京証券取引所株価指数 (TOPIX) の日次収益率の分析を通して統計モデルとは何かについて解説した. 本節では,統計的モデリングの概念を解説する.

一般に,分析したい現象に関する観測データ $\boldsymbol{X}_n = \{\boldsymbol{x}_1, \ldots, \boldsymbol{x}_n\}$ を取得して,統計モデルを定式化する. 当然ながら,さまざまな確率分布族 $\{f(\boldsymbol{x}|\boldsymbol{\theta}); \boldsymbol{\theta} \in \Theta\}$ に基づく統計モデルを考えることができる. 前節の例では,正規分布を統計モデルとして利用した. 自明ではあるが,ステューデントの t 分布,コーシー分布などの統計モデルも利用可能である. では,どの統計モデルを利用するべきかという疑問が自然に生じるが,統計的モデリングにおいてはモデル選択の過程があり,構築した統計モデルのなかで最も適切なモデルを選択するのが通常である. 統計モデルの適切さはモデル評価基準に依存し,評価基準によって最も適切な統計モデルが異なる場合が生じる. では,どのモデル評価基準を利用すればいいのかと疑問に思うであろうが,分析の目的に照らし合わせて考えることとなる. 統計的モデリングの一般的な手順を以下に示す.

1.2 統計的モデリングとは

統計的モデリングの手順

1. 観測データ $\boldsymbol{X}_n = \{\boldsymbol{x}_1, \ldots, \boldsymbol{x}_n\}$ に対して，ある統計モデル $f(\boldsymbol{x}|\boldsymbol{\theta})$ を設定する．
2. ある推定法 (例えば，最尤推定法，一般化モーメント法，罰則付き最尤推定法，ロバスト推定法など) により，統計モデル $f(\boldsymbol{x}|\boldsymbol{\theta})$ に含まれるパラメータ $\boldsymbol{\theta}$ を推定し，得られた推定値 $\hat{\boldsymbol{\theta}}$ を統計モデルのパラメータに代入する．
3. 2 で構成された統計モデル $f(\boldsymbol{x}|\hat{\boldsymbol{\theta}})$ のよさをあるモデル評価基準により評価する．構成された統計モデルが十分満足するものであれば，$f(\boldsymbol{x}|\hat{\boldsymbol{\theta}})$ を利用し，逆に，統計モデルのさらなる改善が必要な場合などは，それを反映させて 1 に戻り，この手順を繰り返す．

以降では，ある統計モデル $f(\boldsymbol{x}|\boldsymbol{\theta})$ を定式化したとし，そのパラメータ推定に触れていく．理想的には，パラメータの値 $\boldsymbol{\theta}$ を，統計モデル $f(\boldsymbol{x}|\boldsymbol{\theta})$ と真のモデル $g(\boldsymbol{x})$ との距離が最も近くなるようにしたい．しかしながら，図 1.2 に描写された真のモデル $g(\boldsymbol{x})$ の位置は実際には未知であり，観測データ $\boldsymbol{X}_n$ によって構成された経験分布関数 $\hat{g}(\boldsymbol{X}_n)$ に関する情報のみを我々は知っている．そのため，観測データ $\boldsymbol{X}_n$ の情報を利用して，パラメータ推定を一般的におこなう．頻繁に利用されるパラメータ推定法としては，最尤推定法，一般化モーメント法，罰則付き最尤推定法，ロバスト推定法，ベイズ推定法などがある．さまざまなモデル推定法については 1.3 節で解説している．

図 1.3 は，最尤推定法のイメージを図示している．以降，観測データに独立性を仮定して議論を進める．最尤推定法においては，経験分布関数 $\hat{g}(\boldsymbol{X}_n)$ と統計モデル $\{f(\boldsymbol{x}|\boldsymbol{\theta}); \boldsymbol{\theta} \in \Theta\}$ の距離を尤度関数

$$f(\boldsymbol{X}_n|\boldsymbol{\theta}) = \prod_{\alpha=1}^{n} f(\boldsymbol{x}_\alpha|\boldsymbol{\theta})$$

によって計測し，尤度関数を最大化することでパラメータを推定する．推定量 $\hat{\boldsymbol{\theta}}$ は，最尤推定量と呼ばれる．パラメータの推定後，統計モデル $f(\boldsymbol{x}|\boldsymbol{\theta})$ のパラメータ $\boldsymbol{\theta}$ を，推定したパラメータ値 $\hat{\boldsymbol{\theta}}$ で置き換えることにより，統計モデル

$\hat{g}(X_n)$ 経験分布関数

$X_n = \{x_1, ..., x_n\}$ 観測データ

$g(x)$ 真の分布

$f(x|\hat{\theta})$ 推定された統計モデル

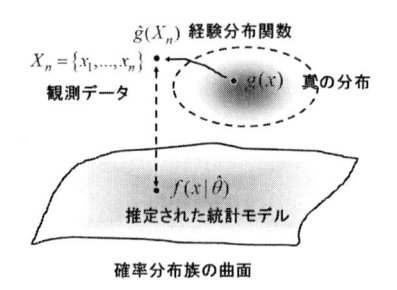

確率分布族の曲面

図 1.3 最尤推定法のイメージ．統計モデル $f(x|\theta)$ のパラメータは尤度関数最大化による．それは，経験分布関数 $\hat{G}(X_n)$ との距離を最小化することに対応する．ただし，距離は尤度関数で計測されている．

$f(x|\hat{\theta})$ が構成される．

ここで注意すべきは，経験分布関数 $\hat{g}(X_n)$ との距離を最小化することにより構成した統計モデル $f(x|\hat{\theta})$ のよさは，真のモデル $g(x)$ との距離で評価すべきことにある．これは，問題の出発点に戻ればごく自然な考え方である．なぜならば，我々の目的は観測データに内在する情報からその背後にある構造を把握して，現象の予測，知識発見，構造探索などをおこなうことにあるからである．無限個の観測データがあれば，経験分布関数 $\hat{g}(X_n)$ は真のモデル $g(x)$ と見なせるが，現実には観測データは有限個である．そのため，経験分布関数 $\hat{g}(X_n)$ と真のモデル $g(x)$ は一致せず，その結果，経験分布関数 $\hat{g}(X_n)$ との距離が最小となるように構成した統計モデル $f(x|\hat{\theta})$ は，真のモデル $g(x)$ との距離が最小となるように構成した統計モデルとは通常一致しないこととなる．さまざまなモデル選択法については 1.4 節において解説している．

1.3 統計モデルの推定

伝統的な線形回帰モデルを通して，統計モデル，およびその推定法について基礎的な内容を復習する．いま，p 次元説明変数 $x = (x_1, ..., x_p)$ と目的変数 y に関する n 組のデータ $\{(y_\alpha, x_\alpha); \alpha = 1, 2, ..., n\}$ が観測されたとし，以下の線形回帰モデルを考える．

$$y_\alpha = \sum_{j=1}^{p} \beta_j x_{j\alpha} + \varepsilon_\alpha, \qquad \alpha = 1, \ldots, n. \tag{1.1}$$

ただし,誤差項 ε_α は互いに独立に,平均 0,分散 σ^2 の正規分布 $N(0, \sigma^2)$ に従うと仮定する.また,説明変数と誤差項も独立とする.ここでは,説明変数の次元 p は固定されているものとし,そのうち p_0 ($\leq p < n$) 個の説明変数のみが目的変数 y に影響を与えるものとする.簡単のため,最初の p_0 個の説明変数 $\{x_1, \ldots, x_{p_0}\}$ に対応する回帰係数 $\{\beta_1, \ldots, \beta_{p_0}\}$ は 0 以外の値であり,残りの説明変数 $\{x_{p_0+1}, \ldots, x_p\}$ に対応する回帰係数は 0 とする.すなわち,真の回帰係数は $\boldsymbol{\beta}_0 = (\beta_{10}, \ldots, \beta_{p_0 0}, 0, \ldots, 0)'$ とする.

この線形回帰モデルは,$\boldsymbol{y} = \boldsymbol{X}\boldsymbol{\beta} + \boldsymbol{\varepsilon}$, $\boldsymbol{\varepsilon} \sim N(0, \sigma^2 I)$ もしくは

$$f\left(\boldsymbol{y}|\boldsymbol{X}, \boldsymbol{\beta}, \sigma^2\right) = \frac{1}{(2\pi\sigma^2)^{n/2}} \exp\left[-\frac{(\boldsymbol{y} - \boldsymbol{X}\boldsymbol{\beta})'(\boldsymbol{y} - \boldsymbol{X}\boldsymbol{\beta})}{2\sigma^2}\right] \tag{1.2}$$

と表現される.ここで,

$$\boldsymbol{X} = \begin{pmatrix} x_{11} & \cdots & x_{1p} \\ \vdots & \ddots & \vdots \\ x_{n1} & \cdots & x_{np} \end{pmatrix}, \quad \boldsymbol{y} = \begin{pmatrix} y_1 \\ \vdots \\ y_n \end{pmatrix}, \quad \boldsymbol{\varepsilon} = \begin{pmatrix} \varepsilon_1 \\ \vdots \\ \varepsilon_n \end{pmatrix}, \quad \boldsymbol{\beta} = \begin{pmatrix} \beta_1 \\ \vdots \\ \beta_p \end{pmatrix}$$

とする.以上のように,回帰分析においては,y の平均構造 (ここでは説明変数 $\boldsymbol{x}$ の線形和),および確率構造 (ここでは正規分布) を規定することにより,統計モデル $f(\boldsymbol{y}|\boldsymbol{X}, \boldsymbol{\beta}, \sigma^2)$ が定式化される.

1.3.1 最尤推定法

定式化した (1.2) 式の統計モデル $f(\boldsymbol{y}|\boldsymbol{X}, \boldsymbol{\beta}, \sigma^2)$ には,未決定のパラメータ $\boldsymbol{\theta} = (\boldsymbol{\beta}', \sigma^2)'$ が含まれる.この $\boldsymbol{\theta}$ の値を n 組の観測データに含まれる情報を利用して決定するプロセスを,統計的推定という.統計科学分野においては,最尤推定法が頻繁に利用されている.直観的には,最尤推定法では観測データと統計モデルの分布が整合的になるように $\boldsymbol{\theta}$ の値が決定される.数学的には,対数尤度関数

$$\ell(\boldsymbol{\theta}) = \log f\left(\boldsymbol{y}|\boldsymbol{X}, \boldsymbol{\beta}, \sigma^2\right)$$

$$= -\frac{n}{2}\log(2\pi\sigma^2) - \frac{(\boldsymbol{y}-\boldsymbol{X\beta})'(\boldsymbol{y}-\boldsymbol{X\beta})}{2\sigma^2}$$

が最大となる $\hat{\boldsymbol{\theta}}$ を見つけることに対応する．この場合には，最尤推定量 $\hat{\boldsymbol{\theta}}_{\mathrm{MLE}}$ は解析的に

$$\hat{\boldsymbol{\beta}}_{\mathrm{MLE}} = (\boldsymbol{X'X})^{-1}\boldsymbol{X'y}, \quad \hat{\sigma}^2_{\mathrm{MLE}} = \frac{1}{n}(\boldsymbol{y}-\boldsymbol{X\hat{\beta}})'(\boldsymbol{y}-\boldsymbol{X\hat{\beta}}) \quad (1.3)$$

と与えられる．

1.3.2　ベイズ推定法

ベイズモデリングは，観測データの情報と事前知識を融合して目的に沿った情報解析をおこなうことができ，それは非常に便利な道具である．ベイズモデリングのプロセスは一般に以下のようになる．まず，観測データに対して確率密度関数を，その確率密度関数に含まれるパラメータなどすべての未知量に対しては事前分布を設定する．これにより，すべての未知量と観測データの情報の関係を同時確率分布で表す．すべての未知量に関する推測は，観測データ，および事前分布の情報が与えられたもとでの未知量に関する条件付きの確率分布，すなわち事後分布により実行される．事後分布により得られた未知量に関する情報は，意思決定問題，現象予測，確率的な構造探索などのさまざまな目的に使用される．

ベイズ推定においては，定式化した (1.2) 式の統計モデル $f(\boldsymbol{y}|\boldsymbol{X},\boldsymbol{\beta},\sigma^2)$ に含まれるパラメータ $\boldsymbol{\theta}$ に事前分布を設定する．ここでは，無情報事前分布

$$\pi(\boldsymbol{\beta},\sigma^2) = \pi(\boldsymbol{\beta})\pi(\sigma^2),$$
$$\pi(\boldsymbol{\beta}) \propto C,$$
$$\pi(\sigma^2) \propto \sigma^{-1}$$

を利用することとする．観測データ $\{(y_\alpha, \boldsymbol{x}_\alpha); \alpha = 1, 2, \ldots, n\}$ が与えられたもとでの事後分布は，尤度関数と事前分布の積に比例し

$$\pi(\boldsymbol{\beta},\sigma^2|\boldsymbol{y},\boldsymbol{X}) \propto f(\boldsymbol{y}|\boldsymbol{X},\boldsymbol{\beta},\sigma^2)\pi(\boldsymbol{\beta},\sigma^2)$$
$$\propto (\sigma^2)^{-p}\exp\left[-\frac{(\boldsymbol{\beta}-\hat{\boldsymbol{\beta}}_{\mathrm{MLE}})'\boldsymbol{X'X}(\boldsymbol{\beta}-\hat{\boldsymbol{\beta}}_{\mathrm{MLE}})}{2\sigma^2}\right]$$

$$\times (\sigma^2)^{n-p+1} \exp\left[-\frac{(\boldsymbol{y}-\boldsymbol{X}\hat{\boldsymbol{\beta}}_{\mathrm{MLE}})'(\boldsymbol{y}-\boldsymbol{X}\hat{\boldsymbol{\beta}}_{\mathrm{MLE}})}{2\sigma^2}\right]$$

となる．この場合，事後分布は以下のように解析的に表現できる．

$$\pi(\boldsymbol{\beta}, \sigma^2|\boldsymbol{y}, \boldsymbol{X}) = \pi(\boldsymbol{\beta}|\sigma^2, \boldsymbol{y}, \boldsymbol{X})\pi(\sigma^2, \boldsymbol{y}, \boldsymbol{X})$$
$$\pi(\boldsymbol{\beta}|\sigma^2, \boldsymbol{y}, \boldsymbol{X}) = N\left(\hat{\boldsymbol{\beta}}_{\mathrm{MLE}}, \sigma^2(\boldsymbol{X}'\boldsymbol{X})^{-1}\right)$$
$$\pi(\sigma^2|\boldsymbol{y}, \boldsymbol{X}) = IG\left(\frac{\hat{\nu}_n}{2}, \frac{\hat{\lambda}_n}{2}\right)$$

ここで $\hat{\boldsymbol{\beta}}_{\mathrm{MLE}}$ は最尤推定量とし，

$$\hat{\nu}_n = \nu_0 + n,$$
$$\hat{\lambda}_n = (\boldsymbol{y}-\boldsymbol{X}\hat{\boldsymbol{\beta}}_{\mathrm{MLE}})'(\boldsymbol{y}-\boldsymbol{X}\hat{\boldsymbol{\beta}}_{\mathrm{MLE}})$$

である．この場合，事後分布は解析的に求められるが，事後分布が解析的に表現できない場合，ラプラス近似，マルコフ連鎖モンテカルロ法などにより事後分布の推定をおこなう．統計的ベイズ推定に関連する書籍は Ando (2010), Albert (2007), Ibrahim et al. (2007), Koop (2003), Koop et al. (2007), Lancaster, T. (2004), Rossi et al. (2005), Zellner (1971) などがある．

1.3.3 罰則付き最尤推定法

最尤推定法においては，対数尤度関数 $\ell(\boldsymbol{\theta})$ の最大化によりパラメータの推定量が得られ，統計モデルは観測データへ非常に適合するように構築される．いま，観測データの構造に非線形性が想定されるような場合，非線形回帰モデルを考えることもできる．(1.2) 式の線形回帰モデルにおいて，計画行列 $\boldsymbol{X}$ はさまざまな形式を含む．例えば，p 次元説明変数それぞれについての多項式表現，加法モデル (Hastie and Tibshirani (1990))，基底関数展開 (Hastie et al. (2009)) などは (1.2) 式の $\boldsymbol{X}$ の形式に帰着する．例えば，加法モデルは各説明変数 x_k $(k=1,\ldots,p)$ に基づく非線形関数 $h_k(x_k)$ の線形和

$$y_\alpha = \sum_{j=1}^{p}\sum_{k=1}^{m}\beta_{jk}h_{jk}(x_{j\alpha}) + \varepsilon_\alpha, \qquad \alpha = 1,\ldots,n$$

で定式化される．非線形関数 $h_k(x_k)$ の例としては，B スプライン関数 (Eilers

and Marx (1996)), スプライン関数 (Green and Silverman (1994)), ウェーブレット関数 (Donoho and Johnston (1994, 1995), Antoniadis and Fan (2001)) 等がある.

いま,

$$\boldsymbol{X}_j \boldsymbol{\beta}_j = \begin{pmatrix} h_{j1}(x_{j1}) & \cdots & h_{jm}(x_{j1}) \\ & \vdots & \\ h_{j1}(x_{jn}) & \cdots & h_{jm}(x_{jn}) \end{pmatrix} \begin{pmatrix} \beta_{j1} \\ \vdots \\ \beta_{jm} \end{pmatrix}, \quad j=1,\ldots,p$$

と表すと,

$$\sum_{j=1}^{p} \sum_{k=1}^{m} \beta_{jk} h_{jk}(x_{j\alpha}) = \boldsymbol{X}_1 \boldsymbol{\beta}_1 + \cdots + \boldsymbol{X}_p \boldsymbol{\beta}_p$$

となる. すなわち (1.2) 式において $\boldsymbol{X} = (\boldsymbol{X}_1, \ldots, \boldsymbol{X}_p)$, $\boldsymbol{\beta} = (\boldsymbol{\beta}_1', \ldots, \boldsymbol{\beta}_p')'$ とすることで, 非線形回帰モデル $y_\alpha = \sum_{j=1}^{p} \sum_{k=1}^{m} \beta_{jk} h_{jk}(x_{j\alpha}) + \varepsilon_\alpha$ も (1.2) 式の尤度関数 $f(\boldsymbol{y}|\boldsymbol{X}, \boldsymbol{\beta}, \sigma^2)$ に帰着する. また, その他の基底関数展開を利用した場合においても, (1.2) 式の尤度関数に帰着することは自明である.

非線形回帰モデルを推定する場合, モデルの柔軟さゆえにデータへの過適合問題に直面する場合がある. また, 行列 $(\boldsymbol{X}'\boldsymbol{X})^{-1}$ の計算が不安定になり, パラメータ推定の困難さに直面することも頻繁にある. このような問題を解決するため, 罰則付き推定では, 定式化した統計モデル $f(\boldsymbol{y}|\boldsymbol{X}, \boldsymbol{\beta}, \sigma^2)$ のデータへの適合度に加え, 統計モデルの自由度を制御することが考慮される.

代表例としては, 罰則付き最尤推定法が挙げられる. 罰則付き最尤推定法により統計モデルを推定する場合, 罰則付き対数尤度関数

$$\ell(\boldsymbol{\theta}) = \log f\left(\boldsymbol{y}|\boldsymbol{X}, \boldsymbol{\beta}, \sigma^2\right) - \frac{n\lambda}{2} \xi(\boldsymbol{\beta})$$

が最大となるように $\boldsymbol{\theta} = (\boldsymbol{\beta}', \sigma^2)'$ は決定される. ここで $\xi(\boldsymbol{\beta})$ は統計モデルの自由度をある観点から計測したものであり, $\boldsymbol{\beta}$ についての 2 次形式を利用する場合が多い. 例えば

$$\xi(\boldsymbol{\beta}) = \boldsymbol{\beta}'\boldsymbol{\beta}$$

などがある. この場合, 罰則付き対数尤度関数 $\ell(\boldsymbol{\theta})$ は

1.4 統計的モデル選択

$$\ell(\boldsymbol{\theta}) = -\frac{n}{2}\log(2\pi\sigma^2) - \frac{(\boldsymbol{y}-\boldsymbol{X}\boldsymbol{\beta})'(\boldsymbol{y}-\boldsymbol{X}\boldsymbol{\beta})}{2\sigma^2} - \frac{n\lambda}{2}\boldsymbol{\beta}'\boldsymbol{\beta}$$

となり，罰則付き最尤推定量 $\hat{\boldsymbol{\theta}}_{PL}$ は解析的に

$$\hat{\boldsymbol{\beta}}_{\mathrm{PL}} = \left(\boldsymbol{X}'\boldsymbol{X} + n\hat{\sigma}_{\mathrm{PL}}^2 I\right)^{-1}\boldsymbol{X}'\boldsymbol{y}, \quad \hat{\sigma}_{\mathrm{PL}}^2 = \frac{1}{n}(\boldsymbol{y}-\boldsymbol{X}\hat{\boldsymbol{\beta}}_{\mathrm{PL}})'(\boldsymbol{y}-\boldsymbol{X}\hat{\boldsymbol{\beta}}_{\mathrm{PL}})$$

と与えられる．罰則付き推定とベイズ推定には密接な関連がある．

1.3.4 重み付き最尤推定法

前項までに紹介した推定法は，分析対象となっている現象の分布全体に関心がある場合非常に有益である．意思決定を行う際には，分析対象となっている現象の分布全体というよりはある特定の部分に関心がある場合もある．例えば，自然災害リスク管理において降雨量がある閾値を超える確率，金融資産のリスク管理でのある一定額の損失を被る確率などである．ここでは，分布の特定部分に興味がある場合について提案された推定手法 (So and Ando (2013)) を紹介したい．いま，n 個の観測データ y_α $(\alpha = 1, \ldots, n)$ が与えられたとし，その観測データに対する重要性を表す重みを $w(y_\alpha)$ $(\alpha = 1, \ldots, n)$ とする．統計モデル $\log f(y|\boldsymbol{\theta})$ のパラメータ推定においては，

$$\ell_w(\boldsymbol{\theta}) = \frac{1}{n}\left[\sum_{\alpha=1}^{n} w(y_\alpha) \log f(y_\alpha|\boldsymbol{\theta})\right]$$

の最大化による．つまり，分布の特定部分 (関心がある部分) に重みをかけて推定をおこなう．So and Ando (2013) はこの手法をロジスティック回帰モデルによる医学データ分析，分位点回帰モデルによる降雨量予測，金融リスク管理のためのコピュラモデリングに応用している．また，罰則項を導入して非線形回帰モデルの推定にも応用している．So and Ando (2013) は罰則重み付き最尤推定法により推定された統計モデルのモデル評価基準も導出している．基準導出の詳細は巻末を参照されたい．

1.4 統計的モデル選択

統計モデリングにおいて，モデル選択とは複数の候補となる統計モデルのな

かから (ある基準で) 最適なモデルを決定するプロセスである．前節の線形回帰モデルの解説においては，すべての説明変数に基づき統計モデルの定式化，推定を実行した．しかし，説明変数の組み合わせは 2^p 通りあり，この場合，候補となる統計モデルは説明変数の組み合わせのみで 2^p 個ある．正規分布を誤差項に仮定したが，実際には，誤差項の分布系についてもコーシー分布，混合正規分布などさまざまな候補も考えられる．以降は，正規分布を仮定したもとでのモデル選択，つまり変数選択について考える．

通常の最尤推定法においては，すべての回帰係数にゼロ以外の推定値 $\hat{\beta}$ を与える．しかしながら，実際には目的変数とは関係がない説明変数も線形回帰モデル (1.2) に含まれており，最初の p_0 個の説明変数 $\{x_1,\ldots,x_{p_0}\}$ のみに基づく統計モデルがもっともらしいと考えるのは自然である．そのため，変数選択を実行する場合，あるモデル評価基準に基づき逐次的に変数選択をおこなう場合が多い．ここでは，モデル評価基準について触れていきたい．

1.4.1 情報量規準

よく知られているモデル評価基準の一つとして，情報量規準 AIC (Akaike (1973)) が挙げられる．いま，推定された統計モデルを $f(y|\hat{\theta})$，実際には観測することができない真のモデルを $g(y)$ とする．推定量 $\hat{\theta}$ は，真のモデル $g(y)$ から生成，および観測されたデータの情報に基づき得られた (例えば，最尤推定法により) ものである．情報量規準の枠組みでは，統計モデル $f(y|\hat{\theta})$ と真のモデル $g(y)$ の近さを分布全体で計測し，その距離が近ければ近いほどよいモデルとされる．特に，カルバック–ライブラー情報量距離 (Kullback and Leibler (1951))

$$\begin{aligned} I\{g(y), f(y|\hat{\theta})\} &= E_{G(y)}\left[\log \frac{g(y)}{f(y|\hat{\theta})}\right] \\ &= \int \log g(y) g(y) dy - \int \log f(y|\hat{\theta}) d(y) dy \end{aligned}$$

で分布間の距離が定義される．

真のモデルが定式化した統計モデルに含まれ，かつ $\hat{\theta}$ が最尤推定量 $\hat{\theta}_{\text{MLE}}$ の場合，AIC (Akaike (1973)) は

$$\mathrm{AIC} = -2\sum_{\alpha=1}^{n} \log f(y_\alpha|\hat{\boldsymbol{\theta}}_{\mathrm{MLE}}) + 2p \tag{1.4}$$

である．ここで，p はパラメータ $\boldsymbol{\theta}$ の次元である．第 1 項目が観測データへの当てはまりの度合，第 2 項目が統計モデルの自由度である．つまり，観測データへの当てはまりがよく，そのなかでも自由度が小さい統計モデルが選択される．線形回帰モデル (1.2) の変数選択においては，(1.4) 式の AIC は

$$\mathrm{AIC} = n + n\log(2\pi\hat{\sigma}_{\mathrm{MLE}}^2) + 2(p+1) \tag{1.5}$$

となる．ここで，p は計画行列 $\boldsymbol{X}$ に含まれる説明変数の個数である．さまざまな説明変数の組み合わせについて AIC の値を計算し，AIC が最小となる説明変数の組み合わせが選択される．

AIC では，真のモデルは定式化した統計モデルに含まれると仮定したが，実際にはその仮定を確認すること自体が難しい．保守的な観点からは，真のモデルは定式化した統計モデルに含まれないとしてモデル選択を実行するほうがよい．また，真のモデルは定式化した統計モデルに含まれないとし，かつ $\hat{\boldsymbol{\theta}}$ が罰則付き最尤推定 $\hat{\boldsymbol{\theta}}_{\mathrm{PL}}$ の場合，GIC (Konishi and Kitagawa (1996)) が提案されている．情報量規準 GIC は AIC の拡張ではあるものの，実際にはその計算式が複雑になる．罰則付き最尤推定法により推定された統計モデルを簡便な計算式で評価したい場合，モデルの自由度を簡便に計算する修正情報量規準 (Hastie and Tibshirani (1990), Hurvich et al. (1998)) がある．罰則付き最尤推定法により推定された線形回帰モデル (1.2) の変数選択においては，

$$\mathrm{AIC}_M = n + n\log(2\pi\hat{\sigma}_{\mathrm{PL}}^2) + 2\mathrm{tr}\{\boldsymbol{H}_\lambda\} \tag{1.6}$$

となる．ここで，

$$\boldsymbol{H}_\lambda = \mathrm{tr}\left\{\boldsymbol{X}(\boldsymbol{X}'\boldsymbol{X} + n\hat{\sigma}_{\mathrm{PL}}^2\lambda I)^{-1}\boldsymbol{X}'\right\}$$

である．いま，正則化パラメータを $\lambda = 0$ とすると，罰則付き最尤推定法は最尤推定法になる．そのとき，$\mathrm{tr}\boldsymbol{H}_\lambda = \mathrm{tr}\{\boldsymbol{X}(\boldsymbol{X}'\boldsymbol{X})^{-1}\boldsymbol{X}'\} = p$，$\hat{\sigma}_{\mathrm{PL}}^2 = \hat{\sigma}_{\mathrm{MLE}}^2$ となり，修正情報量規準 AIC_M は AIC に帰着する．ここで，(1.5) 式の第 2 項目は $p+1$ となっているが，分散パラメータ数がカウントされているためであ

る.しかし,分散パラメータ数はすべての統計モデルに共通であるため,結果的に,正則化パラメータの値を $\lambda = 0$ とした場合,(1.6) 式により選択される説明変数の組み合わせは,(1.5) 式により選択される組み合わせと結果的に同一となる.情報量規準については,Konishi and Kitagawa (2008) が詳しい.

1.4.2 ベイズ情報量規準

観測データ $\bm{X}_n = \{\bm{x}_1, \ldots, \bm{x}_n\}$ が与えられたもとで,M 個の統計モデル $M_1, \ldots, M_M$ を考える.線形回帰モデル (1.2) の変数選択を考える場合,$M = 2^p$ である.それぞれの統計モデル M_k の尤度関数は $f_k(\bm{x}|\bm{\theta}_k)$ で表現されているものとする.ここで $\bm{\theta}_k$ ($\bm{\theta}_k \in \Theta_k \subset R^{p_k}$) は p_k 次元のパラメータとする.また,統計モデル M_k のパラメータ $\bm{\theta}_k$ に関する事前分布を $\pi_k(\bm{\theta}_k)$ とし,$P(M_k)$ を統計モデル M_k の事前確率とする.もし M 個の統計モデルが一様に確からしい場合には,統計モデル M_k の事前確率 $P(M_k)$ を一様分布 $P(M_j) = 1/M$ に設定する方法などがある.

このとき,観測データ $\bm{X}_n$,事前分布 $\pi_k(\bm{\theta}_k)$,統計モデル M_k の事前確率が与えられたもとでの統計モデル M_k の事後確率は以下で与えられる.

$$P(M_k|\bm{X}_n) = \frac{P(M_k) \int f_k(\bm{X}_n|\bm{\theta}_k) \pi_k(\bm{\theta}_k) d\bm{\theta}_k}{\sum_{j=1}^{M} P(M_j) \int f_j(\bm{X}_n|\bm{\theta}_j) \pi_j(\bm{\theta}_j) d\bm{\theta}_j}$$

統計モデル M_k の事前確率 $P(M_k)$ は観測データ $\bm{X}_n$ が得られる前の時点における統計モデル M_k の確からしさを表しており,尤度関数 $f(\bm{X}_n|\bm{\theta})$ を事前分布 $\pi(\bm{\theta})$ で積分した周辺尤度

$$P(\bm{X}_n|M_k) = \int f_k(\bm{X}_n|\bm{\theta}_k) \pi_k(\bm{\theta}_k) d\bm{\theta}_k$$

は設定した統計モデル,および事前分布が観測データと整合的であるかを計測しており,観測データ $\bm{X}_n$ の情報により,統計モデル M_k の確からしさを事後確率 $P(M_k|\bm{X}_n)$ で表現していることとなる.

伝統的ベイズアプローチに基づいたモデル選択の枠組みにおいては,モデルの事後確率が最も大きい統計モデル,つまり,

$$P(M_k) \int f_k(\boldsymbol{X}_n|\boldsymbol{\theta}_k)\pi_k(\boldsymbol{\theta}_k)d\boldsymbol{\theta}_k \qquad (1.7)$$

を最大とする統計モデルを選択する.

しかし,一般の統計モデルにおいては,解析的な周辺尤度が求められない場合がほとんどである.そのような場合,ラプラス近似法による周辺尤度の近似計算が行われることもある (Tierney and Kadane (1986), Kass and Raftery (1995)).いま,$f(\boldsymbol{X}_n|\boldsymbol{\theta})$ をある統計モデル (例えば時系列モデル,空間統計モデルなど) の n 個の観測データ $\boldsymbol{X}_n = \{\boldsymbol{x}_1,\ldots,\boldsymbol{x}_n\}$ に基づく尤度関数,$\pi(\boldsymbol{\theta})$ をその統計モデルに含まれる p 次元パラメータ $\boldsymbol{\theta}$ の事前分布とし,事後分布 $\pi(\boldsymbol{\theta}|\boldsymbol{X}_n) \propto f(\boldsymbol{X}_n|\boldsymbol{\theta})\pi(\boldsymbol{\theta})$ は,唯一の事後モード $\hat{\boldsymbol{\theta}}_n = \mathrm{argmax}_\theta \pi(\boldsymbol{\theta}|\boldsymbol{X}_n)$ をもつとする.このとき,ラプラス近似法を用いると統計モデルの周辺尤度は,

$$\int f(\boldsymbol{X}_n|\boldsymbol{\theta})\pi(\boldsymbol{\theta})d\boldsymbol{\theta} \approx f(\boldsymbol{X}_n|\hat{\boldsymbol{\theta}}_n)\pi(\hat{\boldsymbol{\theta}}_n) \times \frac{(2\pi)^{p/2}}{n^{p/2}|\boldsymbol{S}_n(\hat{\boldsymbol{\theta}})|^{1/2}} \qquad (1.8)$$

と近似される.ここで,$\boldsymbol{S}_n(\hat{\boldsymbol{\theta}}_n)$ は $-n^{-1}\log\{f(\boldsymbol{X}_n|\boldsymbol{\theta})\pi(\boldsymbol{\theta})\}$ の 2 階微分を事後モード $\hat{\boldsymbol{\theta}}_n$ で評価した行列

$$\boldsymbol{S}_n(\hat{\boldsymbol{\theta}}_n) = -\frac{1}{n}\frac{\partial^2 \log\{f(\boldsymbol{X}_n|\boldsymbol{\theta})\pi(\boldsymbol{\theta})\}}{\partial\boldsymbol{\theta}\partial\boldsymbol{\theta}'}\bigg|_{\boldsymbol{\theta}=\hat{\boldsymbol{\theta}}_n}$$

である.パラメータ $\boldsymbol{\theta}$ の次元が固定されている場合,観測データ数 n が大きくなるにつれて近似の精度は向上する.

さらに $\log\pi(\boldsymbol{\theta}) = O_p(1)$ とすると,観測データ数 n が十分に大きい場合,事後モード $\hat{\boldsymbol{\theta}}_n$ は最尤推定量 $\hat{\boldsymbol{\theta}}_{\mathrm{MLE}}$ で近似される.(1.8) 式の対数をとり $O_p(1)$ 項を無視すると,ベイズ情報量規準 (Schwarz (1978))

$$\mathrm{BIC} = -2\log f(\boldsymbol{X}_n|\hat{\boldsymbol{\theta}}_{\mathrm{MLE}}) + p\log n \qquad (1.9)$$

が導出される.このベイズ情報量規準は最尤推定法により推定されたモデルを評価する基準となる.事前分布に内在する情報の強さにより,(1.8) 式のラプラス近似の結果が変わってくる (Konishi et al. (2004)).ベイズ情報量規準を含め,ベイズモデルの選択については Ando (2010) が詳しい.

このように伝統的ベイズアプローチに基づいたモデル選択の枠組みでは,周辺尤度が非常に重要な役割を果たしている.しかし,非正則な事前分布の下では周辺

尤度の評価が理論的にも不可能な場合がある．非正則な事前分布は $\pi(\boldsymbol{\theta}) \propto h(\boldsymbol{\theta})$ と表現され，$h(\boldsymbol{\theta})$ を確率密度関数とするための規格化定数 $\int h(\boldsymbol{\theta})d\boldsymbol{\theta} = \infty$ が発散している事前分布である．その場合，何らかの新しいモデル選択アプローチが必要となる．

例えば，Spiegelhalter et al. (2002) は，ベイズ推定によって構築されたモデルを評価するために DIC (deviance information criterion) を提案している．DIC の利点としてはその計算の簡便さにある．マルコフ連鎖モンテカルロ法などにより事後分布 $\pi(\boldsymbol{\theta}|\boldsymbol{X}_n)$ から発生させた事後サンプルを利用して DIC は容易に計算される．しかし，観測データに過適合したモデルを選択する傾向があるという理論的な問題が Ando (2007) などにより指摘されている．観測データへの過適合を防ぎつつ，簡便に計算できるベイズモデル評価基準として，Ando (2011) は予測型ベイズ情報量規準を提案している．

$$\mathrm{IC} = -2\int \log\{f(\boldsymbol{X}_n|\boldsymbol{\theta})\}\pi(\boldsymbol{\theta}|\boldsymbol{X}_n)d\boldsymbol{\theta} + 2P_D$$

ここで，

$$P_D = 2\log\{f(\boldsymbol{X}_n|\bar{\boldsymbol{\theta}}_n)\} - 2\int \log\{f(\boldsymbol{X}_n|\boldsymbol{\theta})\}\pi(\boldsymbol{\theta}|\boldsymbol{X}_n)d\boldsymbol{\theta}$$

は実質的パラメータ数 (effective number of parameters) と呼ばれており，モデルの複雑さを計る指標であり，$\bar{\boldsymbol{\theta}}_n$ はパラメータ $\boldsymbol{\theta}$ の事後平均である．事後分布 $\pi(\boldsymbol{\theta}|\boldsymbol{X}_n)$ から発生させたサンプル $\{\boldsymbol{\theta}^{(1)},\ldots,\boldsymbol{\theta}^{(L)}\}$ を利用して，$\int \log f(\boldsymbol{X}_n|\boldsymbol{\theta})\pi(\boldsymbol{\theta}|\boldsymbol{X}_n)d\boldsymbol{\theta} \approx L^{-1}\sum_{k=1}^{L}\log f(\boldsymbol{X}_n|\boldsymbol{\theta}^{(k)})$，$\bar{\boldsymbol{\theta}}_n \approx L^{-1}\sum_{k=1}^{L}\boldsymbol{\theta}^{(k)}$ と容易に計算可能である．このモデル評価基準を最小とする事前分布，および統計モデルを選択することとなる．また，Ando (2014) は擬似ベイズ法に基づき推定されたモデルのベイズモデル評価基準を提案している．

1.5 統計的モデリングから意思決定へ

ここでは，統計的モデリングに基づき構築した統計モデルが，さまざまな場面における意思決定問題に活用できることを述べていきたい．ここでは，ファイナンスにおける金融資産ポートフォリオの構築，マーケティングにおけるプライシング，および商品デザインの決定についてとりあげる．

1.5.1　意思決定 1：金融資産ポートフォリオの構築

本項では，金融資産ポートフォリオの構築について解説する．いま，m 種類の金融資産があり，時点 t においての無リスク資産に対する超過収益率を $\boldsymbol{r}_t = (r_{1t},\ldots,r_{mt})'$ とする．超過収益率 $\boldsymbol{r}_t$ は，p 個の経済ファクター $\boldsymbol{x}_t = (x_{1t},\ldots,x_{pt})'$ で説明されるとする．経済ファクターとしては，米国株式市場指数，為替レート，国債利回り，原油先物価格，金先物価格などさまざまである．実際には，意思決定者が重要と考える経済ファクターをあらかじめ準備している場合がほとんどであろう．このとき，$\boldsymbol{r}_t$ に以下のマルチファクターモデルを仮定する．

$$\begin{pmatrix} r_{1t} \\ \vdots \\ r_{mt} \end{pmatrix} = \begin{pmatrix} \alpha_1 \\ \vdots \\ \alpha_m \end{pmatrix} + \begin{pmatrix} \boldsymbol{\beta}'_1 \\ \vdots \\ \boldsymbol{\beta}'_m \end{pmatrix} \begin{pmatrix} x_{1t} \\ \vdots \\ x_{pt} \end{pmatrix} + \begin{pmatrix} \varepsilon_{1t} \\ \vdots \\ \varepsilon_{mt} \end{pmatrix}, \quad (1.10)$$

$t = 1,\ldots,n$．ここで m 次元ベクトル $\boldsymbol{\varepsilon}_t = (\varepsilon_{1t},\ldots,\varepsilon_{mt})'$ は p 個の経済ファクターで説明できない金融資産固有の要因による部分を表す．ここでは，平均 $\boldsymbol{0}$ 分散共分散行列 Σ の正規分布に独立に従うとする．また，$\boldsymbol{\alpha} = (\alpha_1,\ldots,\alpha_m)'$，$\boldsymbol{\beta}_j = (\beta_{j1},\ldots,\beta_{jp})'$ はマルチファクターモデルのパラメータである．各金融資産に対して固有の経済ファクター (例えば，各金融資産の流動性，ボラティリティなど) を利用することも考えられるが，説明の簡略化のため，共通の経済ファクターで各金融資産の超過収益率を説明することとする．

このモデルを行列式で表現すると，

$$\boldsymbol{R} = \boldsymbol{X}\boldsymbol{B} + \boldsymbol{E}$$

となる．ここで

$$\boldsymbol{R} = \begin{pmatrix} \boldsymbol{r}_1 \\ \vdots \\ \boldsymbol{r}_n \end{pmatrix}, \quad \boldsymbol{X} = \begin{pmatrix} 1 & \boldsymbol{x}'_1 \\ \vdots & \vdots \\ 1 & \boldsymbol{x}'_n \end{pmatrix}, \quad \boldsymbol{B} = \begin{pmatrix} \alpha_1 & \boldsymbol{\beta}'_1 \\ \vdots & \vdots \\ \alpha_m & \boldsymbol{\beta}'_m \end{pmatrix}', \quad \boldsymbol{E} = \begin{pmatrix} \boldsymbol{\varepsilon}_1 \\ \vdots \\ \boldsymbol{\varepsilon}_n \end{pmatrix}$$

である．このとき尤度関数は

$$L(\boldsymbol{\Sigma}, \boldsymbol{B}) = (2\pi)^{-nm/2} |\boldsymbol{\Sigma}|^{-n/2} \exp\left[-\frac{1}{2}\mathrm{tr}\left\{\boldsymbol{\Sigma}^{-1}(\boldsymbol{R} - \boldsymbol{X}\boldsymbol{B})'(\boldsymbol{R} - \boldsymbol{X}\boldsymbol{B})\right\}\right]$$

で与えられる．いま，

$$\Sigma^{-1}(R-XB)'(R-XB)$$
$$=\Sigma^{-1}R'R-\Sigma^{-1}R'XB-\Sigma^{-1}B'X'R+\Sigma^{-1}B'X'XB$$

および，

$$\frac{\partial}{\partial B}\mathrm{tr}\{\Sigma^{-1}R'XB\}=\Sigma^{-1}R'X,$$
$$\frac{\partial}{\partial B}\mathrm{tr}\{\Sigma^{-1}B'X'R\}=\Sigma^{-1}R'X,$$
$$\frac{\partial}{\partial B}\mathrm{tr}\{\Sigma^{-1}B'X'XB\}=2\Sigma^{-1}B'X'X$$

より

$$\frac{\partial}{\partial B}\log L(\Sigma,B)=-\Sigma^{-1}R'X+\Sigma^{-1}B'X'X=0$$

を B について解くと

$$\widehat{B}=(X'X)^{-1}X'R$$

を得る．また，

$$\frac{\partial}{\partial \Sigma}\log|\Sigma|=\Sigma^{-1},$$
$$\frac{\partial}{\partial \Sigma}\mathrm{tr}\left\{\Sigma^{-1}(R-XB)'(R-XB)\right\}$$
$$=-\Sigma^{-1}(R-XB)'(R-XB)\Sigma^{-1}$$

より

$$\frac{\partial}{\partial \Sigma}\log L(\Sigma,B)=-\frac{n}{2}\Sigma^{-1}+\frac{1}{2}\Sigma^{-1}(R-XB)'(R-XB)\Sigma^{-1}=0$$

を Σ について解くと

$$\hat{\Sigma}=\frac{1}{n}(R-XB)'(R-XB)$$

を得る．B は未知の値となっているが，$\widehat{B}$ を代入することで Σ の推定量を得る．

ここでは，米国 10 業種株式指数 (10 industry portfolios) を利用した金融資

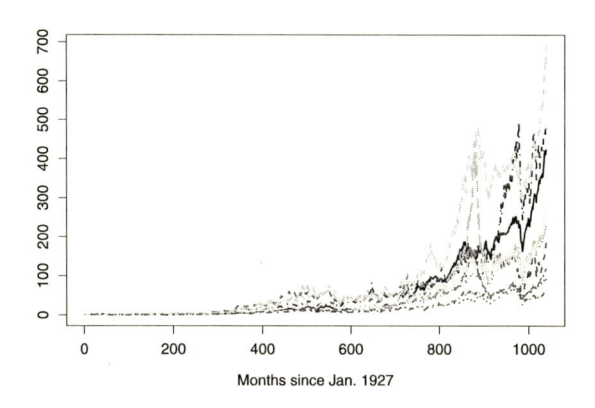

1.5 統計的モデリングから意思決定へ

図 1.4 1927 年 1 月～2013 年 7 月までのデータで計算された各業種株式指数の累積超過リターン.

産ポートフォリオの構築に応用する.ここで使用するデータは公開サイト [*1] より取得可能である.また,後述の R スクリプト ch1-01.r により,ここで解説するすべての分析は実行可能である (R スクリプトは朝倉書店 Web サイトより入手することができる).10 業種株式指数は,産業分類コード (SIC コード) に基づきニューヨーク証券取引所 (NYSE),アメリカン証券取引所 (AMEX),およびナスダック株式市場 (NASDAQ) に上場している株式の分類に基づき計算されている.ここで,10 業種は非耐久財 (NoDur),耐久財 (Durbl),工業製品 (Manuf),エネルギー (Enrgy),ハイテク (HiTec),電信 (Telcm),小売 (Shops),健康 (Hlth),公益セクター (Utils),その他 (Other) である.図 1.4 は,1927 年 1 月～2013 年 7 月までのデータで計算された各業種株式指数の累積超過リターンである.業種により累積超過リターンの挙動が異なっていることがわかる.

▶ R プログラムによる実行 (ch1-01.r)

```
#データの読み込み
IndustryPortfolio <-  read.table("10_Industry_Portfolios.txt",
    header=T)
FF3 <-  read.table("F-F_Research_Data_Factors.txt",header=T)
```

[*1] http://mba.tuck.dartmouth.edu/pages/faculty/ken.french/data_library.html

```
MM <-   read.table("F-F_Momentum_Factor.txt",header=T)
X <- cbind(FF3[,2:4],MM[,2]) #ファクターリターンのパネル
R <- IndustryPortfolio[,2:11]-FF3[,5]%*%t(rep(1,len=10)) #10 業種
    株式指数の超過収益率

#累積リターンの計算
AccumR <- matrix(0,nrow=nrow(R),ncol=ncol(R))
AccumR[1,] <- t(as.vector(1+R[1,]/100))

for(j in 1:ncol(R)){
for(i in 2:nrow(R)){
AccumR[i,j] <- AccumR[i-1,j]*(1+R[i,j]/100)
}
}

#累積リターン図示
par(cex.lab=1.2)
par(cex.axis=1.2)
plot(c(1,nrow(R)),c(min(AccumR),max(AccumR)),ylab="",xlab="
    Months since Jan. 1927",type="n")
for(j in 1:ncol(R)){lines(AccumR[,j],lwd=2,lty=j,col=j)}
dev.copy2eps(file="Accum-plot.ps")
```

金融資産ポートフォリオ組成の意思決定

ここでは，まず，10 業種株式指数を説明する共通のファクターとして，Fama and French (1993) の無リスク資産に対する市場ポートフォリオの超過収益率 (Mkt)，サイズファクター (SMB)，グロースファクター (HML) に加え，モーメンタムファクター (MM) を利用する．すなわち，(1.10) 式は

$$\begin{pmatrix} r_{\text{NoDur},t} \\ r_{\text{Dur},t} \\ \vdots \\ r_{\text{Other},t} \end{pmatrix} = \begin{pmatrix} \alpha_{\text{NoDur}} \\ \alpha_{\text{Dur}} \\ \vdots \\ \alpha_{\text{Other}} \end{pmatrix} + \begin{pmatrix} \boldsymbol{\beta}'_{\text{NoDur}} \\ \boldsymbol{\beta}'_{\text{Dur}} \\ \vdots \\ \boldsymbol{\beta}'_{\text{Other}} \end{pmatrix} \begin{pmatrix} x_{\text{Mkt},t} \\ x_{\text{SMB},t} \\ x_{\text{HML},t} \\ x_{\text{MM},t} \end{pmatrix} + \begin{pmatrix} \varepsilon_{\text{NoDur},t} \\ \varepsilon_{\text{Dur},t} \\ \vdots \\ \varepsilon_{\text{Other},t} \end{pmatrix} \quad (1.11)$$

と表現される．

金融資産ポートフォリオの最適化においては，しばしば平均分散最適化がおこなわれる．現時点を t とし，ポートフォリオを特徴づける各資産への投資金額比率を $\boldsymbol{w}_t = (w_{1t}, \ldots, w_t)'$ とし，その投資可能領域 P を次のように定める．

1.5 統計的モデリングから意思決定へ

$$P = \left\{ \boldsymbol{w}_t \in R^m \;\middle|\; \sum_{j=1}^{m} w_{jt} = 1, w_{jt} \geq 0 \right\}$$

つまり，空売りの制約があり，手持ち資産すべてを 10 業種株式指数に投資することを意味する．いま，過去 n 時点の超過収益率 $\{\boldsymbol{r}_{t-1}, \ldots, \boldsymbol{r}_{t-n}\}$，およびファクター $\{\boldsymbol{x}_{t-1}, \ldots, \boldsymbol{x}_{t-n}\}$ に関するデータを用いてパラメータを推定し，それを $\widehat{\boldsymbol{B}}_t$, $\widehat{\boldsymbol{\Sigma}}_t$ とする．いま，時点 t でのファクター $\boldsymbol{x}_t$ が観測されたとすると時点 t における 10 業種株式指数の期待される超過収益率 $\hat{\boldsymbol{r}}_t$ は

$$\hat{\boldsymbol{r}}_t = \widehat{\boldsymbol{B}}_t \boldsymbol{x}_t$$

で与えられる (後述の R プログラム ch1-02.r の★1 を参照)．いま，$\hat{\boldsymbol{r}}_t$, $\widehat{\boldsymbol{\Sigma}}_t$ の情報は期待される超過収益率，超過収益率の分散，株式指数間の超過収益率の相関を提供する．以降，各時点での $\hat{\boldsymbol{r}}_t$, $\widehat{\boldsymbol{\Sigma}}_t$ により金融資産ポートフォリオの組成について意思決定をおこなう．例えば，業種の期待超過収益率の平均 $\hat{\boldsymbol{r}}'_t \boldsymbol{1}/m$ (★3 を参照) を κ% 以上の超過する分散 (リスク) 最小ポートフォリオ

$$\hat{\boldsymbol{w}}_t = \min_{w_t \in P} \left[\boldsymbol{w}'_t \widehat{\boldsymbol{\Sigma}}_t \boldsymbol{w}_t \right] \quad \text{s.t.} \quad \hat{\boldsymbol{r}}'_t \boldsymbol{1}/m \leq \boldsymbol{w}'_t \hat{\boldsymbol{r}}_t (1 + \kappa) \tag{1.12}$$

を構築する ($\hat{\boldsymbol{w}}_t$ は★4，$\widehat{\boldsymbol{\Sigma}}_t$ は★2 を参照)．

以下，R プログラムによる実行例である．ここでは，$n = 60$ とし，1932 年 1 月を開始時点として金融資産ポートフォリオを継時的にリバランスしていく．その場合，1927 年 1 月 (1927,01)〜1931 年 12 月 (1931,12) の過去 60 ヶ月のデータを用いて 1932 年 1 月に対応する $\hat{\boldsymbol{r}}_{1932,01}$, $\widehat{\boldsymbol{\Sigma}}_{1932,01}$ を計算する．いま得られた $\hat{\boldsymbol{r}}_{1932,01}$, $\widehat{\boldsymbol{\Sigma}}_{1932,01}$ を (1.12) に代入すると各資産への投資金額比率 $\hat{\boldsymbol{w}}_{1932,01}$ を得る．次に，1 ヶ月分データのローリングをおこない，1927 年 2 月 (1927,02)〜1932 年 1 月 (1932,01) のデータを用いて 1932 年 2 月の $\hat{\boldsymbol{r}}_{1932,02}$, $\widehat{\boldsymbol{\Sigma}}_{1932,02}$ を計算し，(1.12) により 1932 年 2 月の投資金額比率 $\hat{\boldsymbol{w}}_{1932,02}$ を得る．この操作を繰り返し行うことで各時点でのポートフォリオが得られる．

▶ R プログラムによる実行 (ch1-02.r)

```
library(quadprog)
```

```
m <- ncol(R) #金融資産の種類
kappa <- 1.05 #達成する超過収益率
n <- 60 #推定に利用する過去データのサイズ
Portfolio <- matrix(0,nrow=nrow(R),ncol=m) #ポートフォリオ
Risk <- rep(0,len=nrow(R)) #ポートフォリオの分散 (リスク)

#ローリングによるポートフォリオの構築
for(i in (n+1):(nrow(R))){

E <- as.matrix(cbind(1,X[(i-n):(i-1),]))
Z <- as.matrix(R[(i-n):(i-1),])
B <- solve(t(E)%*%E)%*%t(E)%*%Z
xt <- as.matrix(cbind(1,X[i,]),ncol=1)

r <- as.vector(1+xt%*%B/100) #期待超過収益率       ……★1
S <- t(Z-E%*%B)%*%(Z-E%*%B)/n #分散共分散行列      ……★2
meanr <- mean(r)                                   ……★3

d <- rep(0,m)
b <- c(1, meanr, rep(0,len=m))
D <- S
A <- cbind(rep(1,len=m),r,diag(1,m))
fit <- solve.QP(S,d,A,b,meq=2) #二次計画法によるポートフォリオ組成
w <- fit$solution #投資金額比率                    ……★4

Portfolio[i,] <- t(w)
Risk[i] <- t(w)%*%S%*%w                            ……★5

}

#ポートフォリオの図示

par(cex.lab=1.2)
par(cex.axis=1.2)
a <- (n+1):nrow(R)
b <- nrow(R):(n+1)
ss <- terrain.colors(m)

plot(c(n+1,nrow(R)),c(0,1),type="n",xlab="Months since Jan. 1927
    ",ylab="")

xx <- c(a,b)
yy <- c(rep(0,len=nrow(R)-n),Portfolio[b,1])
polygon(xx, yy, col=ss[1], border="black",lwd=10^-4)
yy <- c(Portfolio[a,1],Portfolio[b,1]+Portfolio[b,2])
```

```
polygon(xx, yy, col=ss[2], border="black",lwd=10^-4)
for(i in 3:m){
yy <- c(Portfolio[a,1:(i-1)]%*%rep(1,len=i-1),Portfolio[b,1:i]%*
    %rep(1,len=i))
polygon(xx, yy, col=ss[i], border="black",lwd=10^-4)
}

dev.copy2eps(file="Portfolio.ps")

#ポートフォリオ分散の図示

par(cex.lab=1.2)
par(cex.axis=1.2)
a <- (n+1):nrow(R)
plot(c(n+1,nrow(R)),c(0,max(Risk)),type="n",xlab="Months since
    Jan. 1927",ylab="")

xx <- c(a,b)
yy <- c(rep(0,len=nrow(R)-n),Portfolio[b,1])
polygon(xx, yy, col=ss[1], border="black",lwd=10^-4)

dev.copy2eps(file="PortfolioRisk.ps")
```

図 1.5 は，前述の操作により得られた各業種株式指数に対する投資金額比率の時系列を示している．図の下から非耐久財 (NoDur)，耐久財 (Durbl)，工業製品 (Manuf)，エネルギー (Enrgy)，ハイテク (HiTec)，電信 (Telcm)，小売 (Shops)，健康 (Hlth)，公益セクター (Utils)，その他 (Other) の株式指数に対する投資金額比率 $\boldsymbol{w}_t$ を示しており，投資金額比率が経時的に変化することを示している．図 1.6 は各業種株式指数に対する投資金額比率に基づくポートフォリオの分散 $\boldsymbol{w}_t'\hat{\boldsymbol{\Sigma}}_t\boldsymbol{w}_t$ (ch1-02.r ★5 を参照) である．ポートフォリオの分散も経時的に変化している．

次に 10 業種株式指数を説明する共通のファクターとして，capital asset pricing model (CAPM) を考える．この場合，無リスク資産に対する市場の超過収益率 (Mkt) のみを (1.10) 式に利用する．

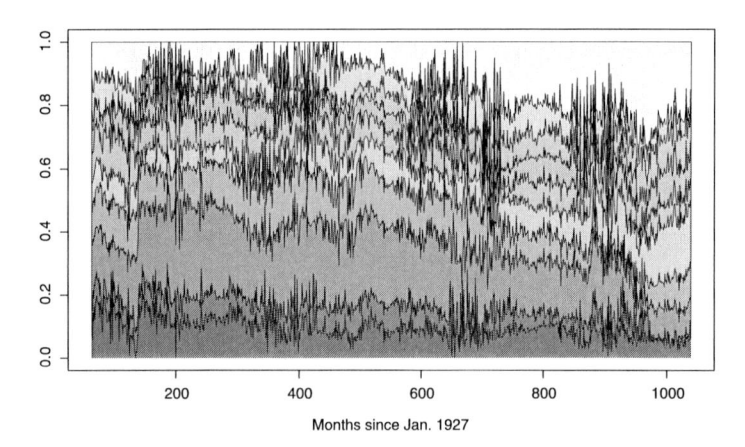

図 1.5 1927 年 1 月〜2013 年 7 月までのデータで計算された各業種株式指数に対する投資金額比率.

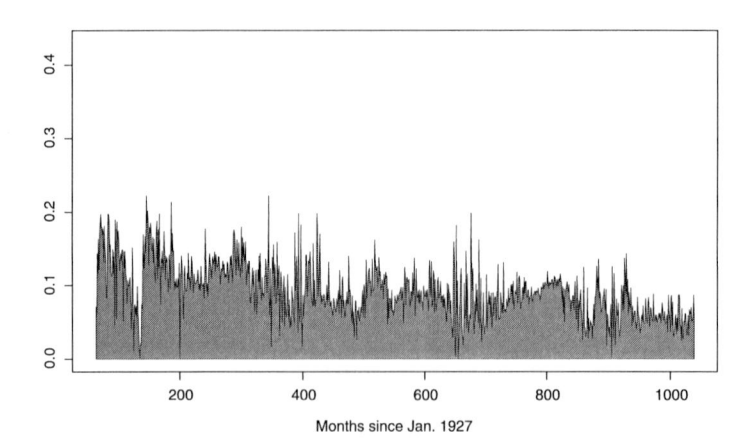

図 1.6 1927 年 1 月〜2013 年 7 月までのデータで計算された各業種株式指数に対する投資金額比率に基づくポートフォリオの分散. 下から非耐久財 (NoDur), 耐久財 (Durbl), 工業製品 (Manuf), エネルギー (Enrgy), ハイテク (HiTec), 電信 (Telcm), 小売 (Shops), 健康 (Hlth), 公益セクター (Utils), その他 (Other) の株式指数に対する投資金額比率 w_t である.

$$\begin{pmatrix} r_{\text{NoDur},t} \\ r_{\text{Dur},t} \\ \vdots \\ r_{\text{Other},t} \end{pmatrix} = \begin{pmatrix} \alpha_{\text{NoDur}} \\ \alpha_{\text{Dur}} \\ \vdots \\ \alpha_{\text{Other}} \end{pmatrix} + \begin{pmatrix} \beta_{\text{NoDur}} \\ \beta_{\text{Dur}} \\ \vdots \\ \beta_{\text{Other}} \end{pmatrix} (x_{\text{Mkt},t}) + \begin{pmatrix} \varepsilon_{\text{NoDur},t} \\ \varepsilon_{\text{Dur},t} \\ \vdots \\ \varepsilon_{\text{Other},t} \end{pmatrix} \quad (1.13)$$

1.5 統計的モデリングから意思決定へ

前述の操作をおこない，各業種株式指数に対する投資金額比率を経時的に計算する．R プログラム ch1-03.r で実行できる．図 1.7 はその結果であるが，図 1.5 のマルチファクターモデルに基づくポートフォリオと比較すると，結果が異なっている．同一の意思決定基準を採用しても，どの資産収益率モデルを採用するかにより最適なポートフォリオが異なるのである．その結果，「どちらのポートフォリオのリバランス結果を採用すべきか？」と疑問が生じる．

再度，確認しておきたいことは，モデルとは複雑な様相を呈する現実の金融市場現象を簡略化して表現したものでしかないことである．結局，(1.11) 式のマルチファクターモデルや，(1.13) 式の CAPM モデルを介して現実の金融市場を解釈し，このようなモデルがある程度正確に現実の金融市場の構造を捉えているという暗黙の前提のもとにポートフォリオを組成している．各業種株式指数の背後にある市場構造は未知であり，モデルは現実の近似であるという立場を無視してはならない．もし，(1.11) 式や (1.13) 式のモデルが市場構造を十分に捉えきれていない場合，組成されたポートフォリオはもともとの意思決定基準で意図したものとは異なるであろう．さらに，モデルの構築を難しくしているのは現実の金融市場の構造は実態経済におけるイベント，金融市場におけるイベント，各国政府のアナウンス・財政政策，中央銀行のアナウンス・金融政策などにより日々変化していることにもある．いままでみたように，モデルは現在までに観測された情報のみ (ここでは，過去 n 時点の超過収益率 $\{r_{t-1}, \ldots, r_{t-n}\}$，およびファクター $\{\boldsymbol{x}_{t-1}, \ldots, \boldsymbol{x}_{t-n}\}$) によって推定されており，将来の情報を織り込んではいないのである．すなわち，計算された超過収益率に関する量 $\hat{\boldsymbol{r}}_t$，$\hat{\boldsymbol{\Sigma}}_t$ は時点 $t+1$ まで変化しないという前提のもとでポートフォリオを組成しているのである．実際の問題は尽きないが，少なくとも「どのモデルを意思決定の際に採用するのか？」というモデル選択の重要性は認識しておきたい．

▶ R プログラムによる実行 (ch1-03.r)

```
m <- ncol(R) #金融資産の種類
kappa <- 1.05 #達成する超過収益率
n <- 60 #推定に利用する過去データのサイズ
Portfolio <- matrix(0,nrow=nrow(R),ncol=m) #ポートフォリオ
Risk <- rep(0,len=nrow(R)) #ポートフォリオの分散 (リスク)
```

```
#ローリングによるポートフォリオの構築
for(i in (n+1):(nrow(R))){

E <- as.matrix(cbind(1,X[(i-n):(i-1),1]))
Z <- as.matrix(R[(i-n):(i-1),])
B <- solve(t(E)%*%E)%*%t(E)%*%Z
xt <- as.matrix(cbind(1,X[i,1]),ncol=1)

r <- as.vector(1+xt%*%B/100) #期待超過収益率
S <- t(Z-E%*%B)%*%(Z-E%*%B)/n #分散共分散行列
meanr <- mean(r)

d <- rep(0,m)
b <- c(1, meanr, rep(0,len=m))
D <- S
A <- cbind(rep(1,len=m),r,diag(1,m))
fit <- solve.QP(S,d,A,b,meq=2) #二次計画法によるポートフォリオ組成
w <- fit$solution #投資金額比率

Portfolio[i,] <- t(w)
Risk[i] <- t(w)%*%S%*%w

}

#ポートフォリオの図示

par(cex.lab=1.2)
par(cex.axis=1.2)
a <- (n+1):nrow(R)
b <- nrow(R):(n+1)
ss <- terrain.colors(m)

plot(c(n+1,nrow(R)),c(0,1),type="n",xlab="Months since Jan. 1927
    ",ylab="")

xx <- c(a,b)
yy <- c(rep(0,len=nrow(R)-n),Portfolio[b,1])
polygon(xx, yy, col=ss[1], border="black",lwd=10^-4)
yy <- c(Portfolio[a,1],Portfolio[b,1]+Portfolio[b,2])
polygon(xx, yy, col=ss[2], border="black",lwd=10^-4)
for(i in 3:m){
yy <- c(Portfolio[a,1:(i-1)]%*%rep(1,len=i-1),Portfolio[b,1:i]%*
    %rep(1,len=i))
polygon(xx, yy, col=ss[i], border="black",lwd=10^-4)
```

```
}
dev.copy2eps(file="PortfolioCAPM.ps")
```

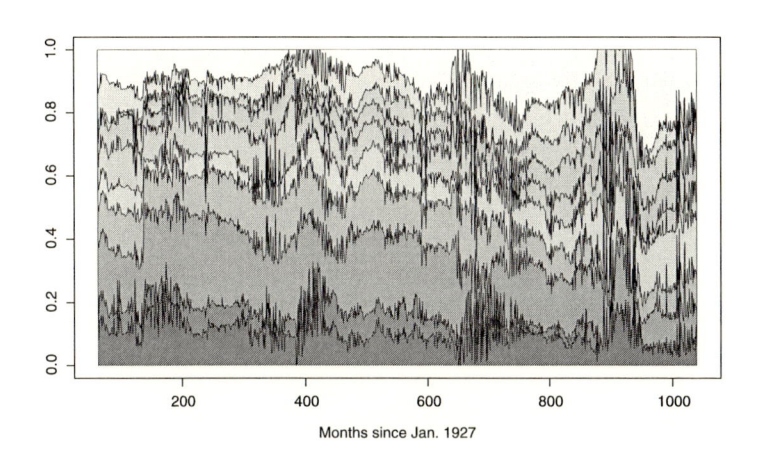

図 1.7　1927 年 1 月〜2013 年 7 月までのデータで計算された各業種株式指数に対する投資金額比率．ただし，CAPM モデルを利用している．下から非耐久財 (NoDur)，耐久財 (Durbl)，工業製品 (Manuf)，エネルギー (Enrgy)，ハイテク (HiTec)，電信 (Telcm)，小売 (Shops)，健康 (Hlth)，公益セクター (Utils)，その他 (Other) の株式指数に対する投資金額比率 w_t である．

1.5.2　意思決定 2：価格設定とプロモーションプラニング

メーカーは小売店を通じてさまざまな商品を販売している．ここでは，米国のスライスチーズ (Borden sliced cheese) 販売データを利用して，小売の価格決定問題に統計モデルを活用する．観測データは小売店舗 (全米各地 (ニューヨーク，シカゴ，ロサンゼルスなど) の 88 小売店 R)，販売数 (個 Q)，販売プロモーション (セント $Prom$)，価格 (ドル P) である．消費者の需要を把握するため，以下の線形回帰モデルを考える．

$$\log(Q_\alpha) = \beta_p \log(P_\alpha) + \beta_{prom} Prom_\alpha + \sum_{k=1}^{88} \beta_k R_\alpha(k) + \varepsilon_\alpha,$$
$$\alpha = 1,\ldots,5555$$

ここで，$R_\alpha(k)$ は小売店舗を表す数量化変数で，1 もしくは 0 をとる．

▶ R プログラムによる実行　　　　　　　　　　　　　　　(ch1-04.r)

```
library(PERregress)
data(cheese)
Q <- log(cheese$VOLUME)
P <- log(cheese$PRICE)
Prom <- cheese$DISP
Stores <- unique(cheese[,1])
L <- matrix(0,nrow=nrow(cheese),ncol=88)
for(i in 1:nrow(cheese)){
ind <- subset(1:88,(cheese[i,1]==Stores)==1)
L[i,ind] <- 1
}
fit <- lm(Q~0+P+Prom+L)                                    ……★6
print(summary(fit))
```

R プログラムにより推定した結果，すべての変数が有意水準 1% で統計的に有意となり以下のモデルが得られた (ch1-04.r ★6 を参照)．

$$\log(Q_\alpha) = -2.388\log(P_\alpha) + 0.914 Prom_\alpha + \sum_{k=1}^{88} \hat{\beta}_k R_\alpha(k) + \varepsilon_\alpha$$

推定された回帰係数が大きい小売店舗はシカゴ市にある JEWEL $\hat{\beta}_5 = 12.369$ やロサンジェルス市にある LUCKY $\hat{\beta}_{78} = 11.969$ などである．逆に，推定された回帰係数が小さい小売店舗はフロリダ市にある FOOD LION $\hat{\beta}_{75} = 8.747$ などであるこのように，地域によって需要にばらつきがあることもわかる．

ここでは，地域・店舗によって異なる需要を考慮しつつ，利益が最大となるような価格設定，販売プロモーション設定について考える．地域・店舗 k ($k = 1, \ldots, 88$)，価格 P_k，販売プロモーション (全地域共通) の設定が与えられると，以下のように販売個数が予測される．

$$\hat{Q}_k(P_k, Prom) = \exp\left\{-2.388\log(P_k) + 0.914 Prom + \hat{\beta}_k\right\}$$
$$k = 1, \ldots, 88$$

ここでは，利益構造 $\Pi(P_1, \ldots, P_{88}, Prom)$ を以下のように仮定し (ch1-05.r ★7 を参照)，

1.5 統計的モデリングから意思決定へ

$$\Pi(P_1,\ldots,P_{88},Prom) = \sum_{k=1}^{88} \hat{Q}_k(P_k,Prom) \times (P_k - MC)$$
$$- \left\{\sum_{k=1}^{88} \hat{Q}_k(P_k,Prom)\right\} \times Prom/100.$$

この利益を最大とするように価格 P_k, 販売プロモーションを設定する．ここではコスト構造を $MC = 1.00$ ドルとする．図 1.8 は，ロサンジェルス市にある店舗 VONS のみを考えた場合の利益の挙動である．横軸は価格設定 (ドル)，縦軸はプロモーション (セント) であり，利益が最小となる価格 P_k, 販売プロモーションを選択する．このように計量的方法で得られた最適な価格についての情報を把握したのち，さまざまな情報を織り込みながら価格決定をおこなえばよい．

▶ R プログラムによる実行 　　　　　　　　　　　　　(ch1-05.r)

```
Location <- (fit$coefficients)[-(1:2)]

#価格水準の範囲設定
MINp <-  min(exp(P))
MAXp <- max(exp(P))

#販売プロモーション水準の範囲設定
MINprom <- min(Prom)
MAXprom <- max(Prom)

#利益関数                                    ……★7
profit <- function(x){
prom <- x[89]
Quantity <- rep(0,len=88)
for(i in 1:88){
price <- x[i]
Quantity[i] <- exp(-2.388*log(price)+0.914*prom+Location[i])
}
Pi <- sum( Quantity*(x[1:88]-1.00)-sum(Quantity)*prom/100 )
-Pi
}

#利益を最大とするように最適化
Int.para <- c(rep(mean(exp(P)),len=88),mean(Prom))
fit <- optim(Int.para,fn=profit,method="L-BFGS-B",lower=c(rep(
```

```
       MINp,len=88),MINprom),upper=c(rep(MAXp,len=88),MAXprom))
#最適化された設定
print(fit$par)

#作図
p <- seq(MINp,MAXp,len=100)
q <- seq(MINprom,MAXprom,len=100)
Profit <- matrix(0,100,100)
for(Q1 in 1:length(p)){
for(Q2 in 1:length(q)){
price <- p[Q1]
prom <- q[Q2]
Quantity <- exp(-2.388*log(price)+0.914*prom+Location[3])
Pi <- sum( Quantity*(price-1.00)-sum(Quantity)*prom/100 )
Profit[Q1,Q2] <- Pi
}}
par(cex.lab=1.2)
par(cex.axis=1.2)
contour(p,q,Profit,col=terrain.colors(12),xlab="Price",ylab="
    Promotion",lwd=2)
dev.copy2eps(file="Cheese-Plot.ps")
```

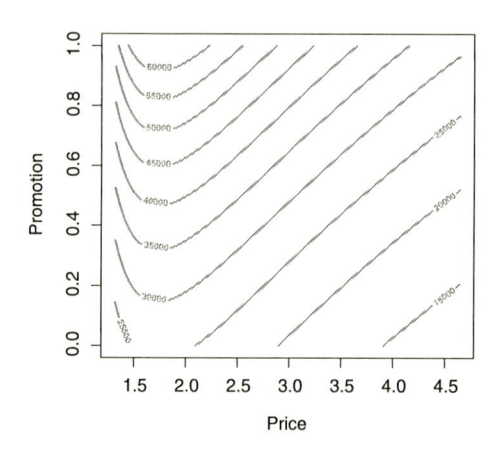

図 1.8 ロサンジェルス市にある店舗 VONS のみを考えた場合の利益の挙動である．横軸は価格設定 (ドル)，縦軸はプロモーション (セント) である．

ここでは，経済の状況，代替品などの競合ブランドの影響，流通・メディア戦略，ブログなどのオンライン情報，顧客ロイヤリティなどについては説明の簡略化のため省略している．しかし，実際の意思決定においては，このような要素と将来の競争環境などの予測を織り交ぜながら実行する必要がある．自明であるが，このような情報へのアクセスには取得コストがかかるため，コストとベネフィットのバランスをとりながら意思決定に必要となる情報を取得していくべきであろう．

1.5.3　意思決定 3：オンラインプラットフォーム市場における商品設計

情報技術の飛躍的な発達の恩恵を受け，膨大かつ多様な市場データが収集・蓄積されている．本項では，大規模な情報が観測・蓄積されているオンラインプラットフォーム市場の分析，特に，共同購入型割引クーポンにおいてのプライシングについて考えていきたい．共同購入型割引クーポンとは，一定期間内に一定の購入希望数が揃えば，大幅な割引率で商品・サービスが提供されるクーポンで，日本においても多数の企業が 2010 年夏以降に参入している．ここでは Ando (2013b) を単純化したモデリング手法を利用して，統計的モデリングが意思決定にどのように貢献できるかみていきたい．

本項で分析する共同購入型割引クーポン市場データには，最終消費者 (クーポンの購入・消費者)，東京近辺の飲食店 (クーポンの購入者にサービスを提供する) プラットフォーム企業 (最終消費者の需要と飲食店から供給されるサービスをマッチングさせる Web サイトを運営し，クーポンの決済サービスも同時に提供する) と三つのプレイヤーグループがある．飲食店とプラットフォーム企業は，提供する商品の割引率など具体的な条件について決定後，その割引クーポンはプラットフォーム企業の Web サイトを通じて販売される．最終消費者に魅力的な割引クーポンがプラットフォーム企業の Web サイトで提供している場合，その Web サイトは最終消費者に人気となる．最終消費者は，すべてのプラットフォーム企業の Web サイトに訪問可能であり，プラットフォーム企業数も多いため，プラットフォーム企業間の競争は一般に激しい．

時刻 t において，総数 N_t 種類の割引クーポンが各プラットフォーム企業の Web サイトにおいて販売されているとする．各割引クーポンには提供上限数が

設定されている場合もあることから，ある割引クーポン C_{kt} について最終消費者の需要 D_{kt} が供給 S_{kt} を上回る場合，市場均衡に到達しない．そのため，以下のような市場構造をもつ．

$$\begin{cases} \text{Demand} & : D_{kt} \\ \text{Fixed supply} & : S_{kt} \\ \text{Quantity of transactions} & : Q_{kt} = \min\{D_{kt}, S_{kt}\} \end{cases} \quad (1.14)$$

$k = 1,\ldots,N_t$. ここで Q_{kt} は割引クーポン C_{kt} の取引数である．このように需要と供給が市場均衡に到達しない経済モデルの概念は，Fair and Jaffee (1972), Fair and Kelejian (1974), Hartley (1976) などにより導入され，市場不均衡モデル (disequilibrium model) と呼ばれている．共同購入型割引クーポン市場の分析 (Ando (2013b)), 消費者ローン市場の分析 (Atanasova and Wilson (2004)), マクロ経済の分析 (Velupillai (2006)), 住宅市場の分析 (Riddel (2004)), クレジットカード市場の分析 (Hurlin and Kierzenkowski (2007)), などに応用されている．

割引クーポン C_{kt} の消費需要 D_{kt} を分析するために，以下の需要方程式を考える．

$$D_{kt} = \beta_0 p_{kt} + \sum_{j=1}^{s} \beta_j x_{kjt} + \varepsilon_{kt} = \boldsymbol{\beta}' \boldsymbol{x}_{kt} + \varepsilon_{kt} \quad (1.15)$$

ここで，$\varepsilon_{kt} \sim N(0,\sigma^2)$ は誤差項，p_{kt} は割引クーポン C_{kt} の価格，$\boldsymbol{x}_{kt} = (p_{kt}, x_{kt1}, \ldots, x_{kts})$ はクーポンを提供しているプラットフォーム企業，割引率，レストランの種類 (和食，中華，イタリアンなど)，レストランの立地 (最寄駅など)，プロモーション期間などの情報である．$F(D_{kt}|\boldsymbol{x}_{kt}, \boldsymbol{\beta}, \sigma^2)$, $f(D_{kt}|\boldsymbol{x}_{kt}, \boldsymbol{\beta}, \sigma^2)$ を割引クーポン C_{kt} に対する需要 D_{kt} の条件付き分布関数，および確率密度関数とする．このとき，観測される取引数 Q_{kt} の尤度関数は

$$g(Q_{kt}|\boldsymbol{x}_{kt}, \boldsymbol{\beta}, \sigma^2) = \begin{cases} f(Q_{kt}|\boldsymbol{x}_{kt}, \boldsymbol{\beta}, \sigma^2) & Q_{kt} < S_{kt} \\ 1 - F(Q_{kt}|\boldsymbol{x}_{kt}, \boldsymbol{\beta}, \sigma^2) & Q_{kt} = S_{kt} \end{cases}$$

で定式化される．ただし，割引クーポン C_{kt} の供給数に上限が設定されていない場合 $S_{kt} = \infty$ である．いま $n = \sum_{t=1}^{T} N_t$ 個の取引データ $\{(Q_{kt}, \boldsymbol{x}_{kt}); k = 1,\ldots,N_k, t = 1,\ldots,T\}$ が観測されているとし，τ_D を $Q_{kt} < S_{kt}$ となった取

引データ τ_S を $Q_{kt} = S_{kt}$ となった取引データとする．このとき，モデルのパラメータ $\{\boldsymbol{\beta}, \sigma^2\}$ は対数尤度関数

$$\begin{aligned}\ell(\boldsymbol{\theta}) &= \sum_{t=1}^{T}\sum_{k=1}^{N_t} \log g(Q_{kt}|\boldsymbol{x}_{kt}, \boldsymbol{\beta}, \sigma^2) \\ &= \sum_{\tau_D} \log\left[f(Q_{kt}|\boldsymbol{x}_{kt}, \boldsymbol{\beta}, \sigma^2)\right] + \sum_{\tau_S} \log\left[1 - F(Q_{kt}|\boldsymbol{x}_{kt}, \boldsymbol{\beta}, \sigma^2)\right]\end{aligned} \tag{1.16}$$

の最大化により推定される．ここで，$\boldsymbol{\theta} = (\boldsymbol{\beta}', \sigma^2)'$ である．

推定されたパラメータの統計的有意性についての検定は以下のように考えればよい．記号の簡略化のため，$g(Q_{kt}|\boldsymbol{x}_{kt}, \boldsymbol{\beta}, \sigma^2)$ を $g(Q_{kt}|\boldsymbol{\theta})$ とし，$\boldsymbol{\theta}_0$ を真の分布と定式化したモデルとのカルバック–ライブラー距離を最小とするパラメータ $\boldsymbol{\theta}$ の値とする．いま $\partial \ell(\hat{\boldsymbol{\theta}})/\partial \boldsymbol{\theta} = \mathbf{0}$ に注意すると，

$$\begin{aligned}\mathbf{0} &= \frac{1}{\sqrt{n}}\sum_{t=1}^{T}\sum_{k=1}^{N_t} \frac{\partial g(Q_{kt}|\hat{\boldsymbol{\theta}})}{\partial \boldsymbol{\theta}} \\ &= \frac{1}{\sqrt{n}}\sum_{t=1}^{T}\sum_{k=1}^{N_t} \frac{\partial g(Q_{kt}|\boldsymbol{\theta}_0)}{\partial \boldsymbol{\theta}} + \frac{1}{n}\sum_{t=1}^{T}\sum_{k=1}^{N_t} \frac{\partial^2 g(Q_{kt}|\boldsymbol{\theta}_0)}{\partial \boldsymbol{\theta}\partial \boldsymbol{\theta}'}\sqrt{n}(\hat{\boldsymbol{\theta}} - \boldsymbol{\theta}_0) + o_p(1)\end{aligned}$$

から

$$\sqrt{n}(\hat{\boldsymbol{\theta}} - \boldsymbol{\theta}_0) = \left[-\frac{1}{n}\sum_{t=1}^{T}\sum_{k=1}^{N_t} \frac{\partial^2 g(Q_{kt}|\boldsymbol{\theta}_0)}{\partial \boldsymbol{\theta}\partial \boldsymbol{\theta}'}\right]^{-1} \frac{1}{\sqrt{n}}\sum_{t=1}^{T}\sum_{k=1}^{N_t} \frac{\partial g(Q_{kt}|\boldsymbol{\theta}_0)}{\partial \boldsymbol{\theta}} + o_p(1)$$

を得る．いま，

$$\frac{1}{\sqrt{n}}\sum_{t=1}^{T}\sum_{k=1}^{N_t} \frac{\partial g(Q_{kt}|\boldsymbol{\theta}_0)}{\partial \boldsymbol{\theta}} \to N(0, \boldsymbol{\Gamma}(\boldsymbol{\theta}_0)),$$

$$-\frac{1}{n}\sum_{t=1}^{T}\sum_{k=1}^{N_t} \frac{\partial^2 g(Q_{kt}|\boldsymbol{\theta}_0)}{\partial \boldsymbol{\theta}\partial \boldsymbol{\theta}'} \to \boldsymbol{R}(\boldsymbol{\theta}_0)$$

と仮定すると $\sqrt{n}(\hat{\boldsymbol{\theta}} - \boldsymbol{\theta}_0)$ は漸近的に平均 0 分散

$$\boldsymbol{H} = \boldsymbol{R}(\boldsymbol{\theta}_0)^{-1}\boldsymbol{\Gamma}(\boldsymbol{\theta}_0)\boldsymbol{R}(\boldsymbol{\theta}_0)^{-1}$$

の正規分布に従う (ch1-06.r ★8 を参照)．推定量 $\hat{\boldsymbol{\theta}}$ の漸近分布を利用することで統計的検定が実行可能となる．実際には $\boldsymbol{R}$ および $\boldsymbol{\Gamma}$ は未知であるため，

$$\widehat{\mathbf{\Gamma}}(\widehat{\boldsymbol{\theta}}) = \frac{1}{n}\sum_{t=1}^{T}\sum_{k=1}^{N_t}\frac{\partial g(Q_{kt}|\widehat{\boldsymbol{\theta}})}{\partial \boldsymbol{\theta}}\frac{\partial g(Q_{kt}|\widehat{\boldsymbol{\theta}})}{\partial \boldsymbol{\theta}'},$$

$$\widehat{\mathbf{R}}(\widehat{\boldsymbol{\theta}}) = -\frac{1}{n}\sum_{t=1}^{T}\sum_{k=1}^{N_t}\frac{\partial^2 g(Q_{kt}|\widehat{\boldsymbol{\theta}})}{\partial \boldsymbol{\theta}\partial \boldsymbol{\theta}'}$$

を利用することとなる (ch1-06.r ★9, ★10 を参照).

以下,需要方程式 (1.15) を $D_{kt} = \mu_{kt} + \varepsilon_{kt}$, $S_{kt} = \text{Int}(\mu_{kt} + u_{kt})$, $\mu_{kt} = -2p_{k1t} + 1 + 4x_{k2t} + 6x_{k3t} + 3x_{k4t}$ と特定して実行した数値例である.ここで,$\text{Int}(\cdot)$ は小数点以下を打ち切る関数,ε_{kt}, u_{kt} はそれぞれ標準正規分布,$[0.5, 3]$ の一様分布に独立に従うとした.また,(1.16) 式の対数尤度関数では $T = 1$, $N_1 = 200$ としている.表 1.1 は推定結果をまとめたものである.検定する帰無仮説 $\boldsymbol{\beta}_0 = \mathbf{0}$ は棄却されている.

表 1.1 推定結果.左から真のパラメータ $\boldsymbol{\beta}_0$,推定されたパラメータ $\widehat{\boldsymbol{\beta}}$,計算された t 値,および p 値.検定する帰無仮説は $\boldsymbol{\beta}_0 = \mathbf{0}$ である.

	$\boldsymbol{\beta}_0$	$\widehat{\boldsymbol{\beta}}$	t-value	p-value
β_0	-2.000	-2.105	-3.496	0.000
β_1	1.000	1.056	6.313	0.000
β_2	4.000	4.046	3.810	0.000
β_3	6.000	6.123	5.775	0.000
β_4	3.000	2.688	4.423	0.000

▶ R プログラムによる実行 (ch1-06.r)

```
#データ発生
n <- 100
X <- cbind(1,matrix(runif(4*n,0,2),n,4))
b0 <- c(1,-2,4,6,3)

D <- X%*%b0+rnorm(n,0,1)
S <- trunc(X%*%b0+runif(n,0.5,3))
for(i in 1:n){
if(D[i]>S[i]){D[i] <-S[i]}
}
```

1.5 統計的モデリングから意思決定へ

```
i1 <- subset(1:n,D<S)
i2 <- subset(1:n,S<=D)

#パラメータ推定
fit1 <- lm(D~0+X)
beta <- (fit1$coefficients)
p <- length(beta)
theta <- c(beta,1) #パラメータの初期値

#対数尤度関数 (1.16)
Like <- function(theta){
beta <- theta[1:p]
sigma <- theta[p+1]
L1 <- -sum( -log(sigma^2) - ((D-X%*%beta)[i1])^2/sigma^2 )
j <- pnorm((X%*%beta-S)[i2]/sigma);
if(sum(j==0)!=0){i <- subset(1:length(j),j==0); j[i] <- 10^-100}
L2 <- sum( log( j ) )
sum(L1+L2)
}

fit <- optim(theta,Like,hessian=T)
theta <- fit$par

#推定されたパラメータの統計的検定
beta <- theta[1:p]
sigma <- theta[p+1]

#$\hat{R}(\hat{\theta})$ の計算                                        ……★10
R <- -fit$hessian/n

#$\hat{\Gamma}(\hat{\theta})$ の計算                                   ……★9
library(numDeriv)
Grad <- matrix(0,n,p+1)
for(i in 1:n){
Likegrad <- function(theta){
like <- rep(0,len=n)
beta <- theta[1:p]
sigma <- theta[p+1]
L1 <- -( -log(sigma^2) - ((D-X%*%beta)[i1])^2/sigma^2 )
j <- pnorm((X%*%beta-S)[i2]/sigma);
if(sum(j==0)!=0){k <- subset(1:length(j),j==0); j[k] <- 10^-100}
L2 <- log(j)
like[i1] <- L1; like[i2] <- L2
like[i]
}
```

```
Grad[i,] <- grad(Likegrad,theta)
}
Gamma <- t(Grad)%*%Grad/n

#H の計算                                              ……★8
H <- solve(R)%*%Gamma%*%solve(R)

#t 値の計算
Tvalue <- sqrt(n)*theta/sqrt( diag(H) )

#p 値の計算
Pvalue <- 1-2*abs(pnorm(Tvalue)-0.5)

#結果の表示
Result <-cbind(theta,trunc(Tvalue*10^3)/10^3,trunc(Pvalue*10^3)/
    10^3)
print(Result)
```

クーポンデザインに関する意思決定

ここでは，プラットフォーム市場の需要・供給データを分析し，その結果利用したクーポンデザインに関する意思決定問題を考える．まず，(1.14) 式，および (1.15) 式のモデルを定式化し，そのパラメータを推定する必要がある．ここでは，2011 年 7 月～2012 年 7 月の約一年間で，約 40 プラットフォーム企業から販売された約 6,000 のクーポン需要・供給データを分析する．プラットフォーム企業からプロモーションされたクーポンは，東京都内のレストラン (和食，洋食，中華，その他) についてであり，レストランは 250 以上の最寄駅に立地している．

表 1.2 の説明変数を (1.15) 式の需要方程式に採用してモデルを推定する．表 1.2 には各パラメータの推定値，t 値，p 値なども報告されている．表が示すように，価格水準 p_{kt} が上昇すると消費需要 D_{kt} が減少する，高水準の割引率は需要を喚起する，という通常の結果がみてとれる．また，クーポンを提供しているプラットフォーム企業もクーポンの需要 D_{kt} を説明している．プラットフォーム企業 A～E は，その他のプラットフォーム企業よりも最終消費者をクーポン購入まで結びつける販売力があることがみてとれる．その他の企業と比較しても販売力がある．レストランは，和食，洋食，中華，その他のタイプに分類し

1.5 統計的モデリングから意思決定へ

て説明変数 (0 もしくは 1) に利用している. 多重共線性の問題を回避するように, その他タイプは利用していない. 四つのレストランタイプを比較すると, 洋食, および中華タイプの消費需要がみてとれる. 最寄駅については, 新宿近辺, 渋谷・表参道近辺が六本木近辺, およびその他の地域よりも需要があることがみてとれる. 興味深いことに, 同企業内での最大割引率 (現時点で購買可能な) も, クーポンの需要に大きな影響を与えており, 最終消費者が割引率に対して非常に敏感であることを示唆している.

表 1.2 (1.15) 式の需要方程式に採用した説明変数とその推定結果.

	Estimate	t-value	p-value
定数項	3.623	4.277	0.000
プロモーション期間	0.047	10.415	0.000
価格 (対数変換後)	−0.640	−17.390	0.000
割引率	1.612	4.735	0.000
最寄駅からの距離 (徒歩 (分))	−0.015	−1.529	0.126
レストラン：和食	0.116	1.248	0.211
レストラン：洋食	0.465	5.540	0.000
レストラン：中華	0.381	4.778	0.000
プラットフォーム企業 A	0.756	9.479	0.000
プラットフォーム企業 B	1.722	8.670	0.000
プラットフォーム企業 C	2.107	20.035	0.000
プラットフォーム企業 D	1.748	10.289	0.000
プラットフォーム企業 E	1.249	8.444	0.000
新宿近辺	0.442	5.787	0.000
渋谷・表参道近辺	0.346	4.214	0.000
六本木近辺	0.169	1.551	0.120
プラットフォーム企業数	0.303	1.362	0.173
プロモーション商品総数 (現時点で購買可能な)	−0.052	−0.921	0.356
同企業内でのプロモーション商品数 (現時点で購買可能な)	0.208	2.986	0.002
同食事種類のプロモーション商品数 (現時点で購買可能な)	0.079	2.131	0.033
過去 7 日間の同種類クーポン販売数	0.477	1.378	0.168
同企業内での最大割引率 (現時点で購買可能な)	1.285	83.240	0.000

プラットフォーム企業 $\mathscr{F}_f$ が新規にプロモーションするクーポン C_{kt} について価格決定権 (すなわち, 割引率の設定について) をもつと仮定し, プラットフォーム企業 $\mathscr{F}_f$ の利益最大化問題を考えてみる. 説明の簡略化のため, レストラン (タイプ, 立地等), 最大のクーポン供給数 S_{kt} については決定しており, 価格設定についてのみ考える. 自明であるが, どのレストランを選択するか,

最大のクーポン供給数をどの程度にするか，プロモーション期間をどの程度にするか，のようなクーポン設計についても以下の議論は適用可能であることを指摘しておきたい．

クーポン C_{kt} の価格水準は，もともとの商品価格水準 op_{kt} と割引率 d_{kt} で表せるため，価格水準を $p_{kt}(d_{kt}) = op_{kt} \times (1 - d_{kt})$ と表す．表 1.2 の推定されたモデル (1.15) に基づくと，期待されるクーポンの需要は

$$\hat{D}_{kt}(d_{kt}) = \hat{\beta}_0 p_{kt}(d_{kt}) + \sum_{j=1}^{s} \hat{\beta}_j x_{kjt}$$

となる．結果，期待されるクーポン取引数は以下で与えられる．

$$\hat{Q}_{kt}(d_{kt}) = \min\{\hat{D}_{kt}(d_{kt}), S_{kt}\}$$

ここでは，期待されるクーポン取引数は設定される割引率 d_{kt} によって変化するため，$\hat{Q}_{kt}(d_{kt})$ としている．時点 t において，プラットフォーム企業 $\mathscr{F}_f$ の利益は以下のように与えられる．

$$\begin{aligned}
\Pi_{\mathscr{F}_f}&(d_{kt}|k \in \mathscr{F}_f) \\
&= \sum_{k \in \mathscr{F}_f,} (p_{kt}(d_{kt}) - mc_{kt}) \hat{Q}_{kt}(d_{kt}) \\
&\quad + \sum_{k' \in \mathscr{F}_f, t' < t} (p_{k't'}(d_{k't'}) - mc_{k't'}) \hat{Q}_{k't'}(d_{k't'}) \quad (1.17)
\end{aligned}$$

ここで，$k \in \mathscr{F}_f$ はクーポン C_{kt} はプラットフォーム企業 $\mathscr{F}_f$ により市場に供給されることを意味し，mc_{kt} はコスト構造 (ここでは $mc_{kt} = 0$ とする) である．第 1 項目 $\Pi_{\mathscr{F}_f}(d_{kt}|k \in \mathscr{F}_f)$ は時点 t においてプラットフォーム企業 $\mathscr{F}_f$ が供給するクーポンから得られる利益，第 2 項目は，すでに供給を開始したクーポンで時点 t においても購入可能なクーポンからの利益である．新規にプロモーションするクーポンのみならず，既存のクーポンとの利益共食い可能性も考慮する必要がある．

以下が R プログラムによる実行例 ch1-07.r である．ここでは，プラットフォーム企業 C の商品について (1.17) 式を最大化するように割引率を最適化する．最適化すべき割引率は，三つの新規クーポンについてである．すでに供給を開始したクーポンで，この時点においても購入可能な 9 クーポンからの利益につい

ても考慮されている．割引率 d_{kt} のとりうる範囲を 30%〜75% として最適化する．その結果，最適化された三つの新規クーポンについての割引率は，61%，55%，52% となった．

▶ R プログラムによる実行 (ch1-07.r)

```
#オリジナル価格
OP <- as.vector(scan("GP-OP.txt"))
#最大供給クーポン数
S <- as.vector(scan("GP-S.txt"))
#計画行列
E <- X <- matrix(scan("GP-X.txt"),ncol=21,byrow=T)
#推定パラメータ
beta <- as.vector(scan("GP-Beta-est.txt"))
#クーポンのインデックス
I1 <- 1:8 #すでに供給しているクーポン
I2 <- 9:11 #今回供給するクーポン
#すでに供給しているクーポンの割引率
DC1 <- X[I1,4]

#割引率の初期値
DISC <- rep(0.5,len=length(I2))

#割引率の範囲設定
MIN <- 0.30
MAX <- 0.75

#利益関数 (1.17)
Profit <- function(DISC){
E[I2,3] <- log(OP[I2]*(1-DISC))
E[I2,4] <- DISC
E[,ncol(E)] <- max(max(E[,ncol(E)]),DISC)
Q <- exp(E%*%beta)
Q <- (Q<S)*Q+(S<=Q)*S
Q1 <- Q[I1]
Q2 <- Q[I2]
Markup <- sum(OP[I1]*(1-DC1)*Q1)+sum(OP[I2]*(1-DISC)*Q2)
-Markup
}

#利益を最大とするように割引率を最適化
profit <- optim(DISC,fn=Profit,method="L-BFGS-B",lower=rep(MIN,
    len=length(DISC)),upper=rep(MAX,len=length(DISC)))
```

```
#最適化された割引率
print(profit$par)

#最適化された割引率のもとでの期待利益
print(abs(profit$value))
```

本項では，クーポン市場の購買情報を利用して (1.14) 式のモデルを構築した．しかし，クーポン市場の情報のみならず，最終消費者の属性情報 (性別，年齢など) や，コールセンターなどに寄せられる消費者からのクレーム，ブログ・Twitter を通じて発信される情報のようなオンライン・オフライン上の多様な情報を統合して分析することで，市場における消費者ニーズや競争環境の変化を迅速に把握・予測できる可能性がある．結果的に，意思決定に関連する情報の質，幅の向上が期待される．現在の情報処理技術を「上手に」活用することで，的確かつ効率的な情報分析をおこなうことはある程度実践可能な時代になっている．幅広い情報の効率的な活用は，インターネットを介するビジネスにおいてのみならず，さまざまな経営場面の意思決定において重要な支援ツールの一つとなるであろう．

1.5.4 ま と め

本節では，統計モデルがどのように実際の意思決定に応用できるのか紹介した．もちろん，実際の意思決定において，統計的モデリングからの情報はその「質」が問われることとなる．しかし，統計的モデリングは質の高いデータが観測されたあとの情報分析についてであり，質の高い情報が収集されていることを暗黙の前提としている．つまり，統計的モデリングも重要であるが，質が高いデータベースをあらかじめ準備することも非常に重要となる．

例えば，あるサービス・商品を継続的な購買につなげたいような場合，顧客の需要に (直接的・および間接的に) 関連する幅広いデータを適切に収集し，最新の顧客情報と統合しながら統計的モデリングをおこなう必要がある．このように統合した情報の分析があることで，継続的な購買のためにはどのような戦略をデザインすべきかという課題に「情報」が役立つようになる．実際には，

統計的モデリングの情報に基づき意思決定を実行する都度効果を検証し，情報の更新をおこない，現在の戦略を「長期的視点」から修正していく．

　自然科学，社会科学を含む諸科学のさまざまな場面においてデータが収集されているが，質の高いデータを確保する必要がある．

2

高次元データの統計的モデリング

　本章においては，高次元データを想定した統計的モデリングについて紹介しつつ，さまざまな変数選択法についても解説していく．近年，社会科学，自然科学の諸分野で，観測データ数 n と比較して説明変数の次元 p が高いデータが観測されるようになった．このようなデータは小標本高次元データと呼ばれている．まず，このようなデータの分析においてはどのような問題に直面するのか，(1.1) 式の線形回帰モデルを通じて確認していきたい．まず，説明変数の数 p が観測データ数 n を超える場合，(1.1) 式にある線形回帰モデルの最尤推定 (最小二乗推定) はパラメータ推定の困難さに直面する．なぜならば，(1.3) 式の最尤推定量 $\hat{\boldsymbol{\beta}}_{\mathrm{MLE}}$ に含まれる行列 $(\boldsymbol{X}'\boldsymbol{X})^{-1}$ が退化するためである．この問題を避けたい場合，現象を表現する回帰モデルに関連がない (もしくは重要度が低い) 説明変数を除外したあとに，最尤推定法が利用される．この場合，説明変数の次元 p が大きいと説明変数の組み合わせ数が非常に大きくなるため，組み合わせの空間全体を探索することが計算上実行不可能となる．例えば，説明変数の次元が $p=30$ の場合でも，その組み合わせ数となると 10 億を超える．さらに，変数増減法においては，逐次的に変数選択がおこなわれるが，その結果はグローバルな最適解ではなく局所最適解である可能性も否定できない．いま述べたように，(現時点で) 古典的な統計手法の枠組みでは高次元データの分析に対して十分に対応できない場合がある．

　情報化時代を迎え，発生頻度，量，種類など多様な軸において大規模なデータが取得・蓄積されている．ここで紹介する手法は，構造化された (きれいに整理された) 大規模データにのみ適用可能であると読者は誤解するかもしれない．しかし，Web サイトやブログ，Twitter などの文字データ，音声データ，

映像データのような非構造化データも，構造化データへ変換する前処理を実行することで本書で紹介する手法が適用可能であることは指摘したい．実際，前処理の方法については，抱えている意思決定についての問題，非構造化データの特徴などに依存するため，オーダーメイドで実行する必要がある．本書では詳しくは触れていないが，その分野に明るく問題の全体像を把握している人たちが，意思決定者などを含む周囲の人たちと連携し，非構造化データを構造化データへ変換する作業をおこなうべきであろう．

高次元データの分析においては，少なくとも二つの重要な課題がある．一つは，高い予測精度を保障することである．将来データの予測を念頭に置いた場合，これは自然な課題である．もう一つが，分析対象となる現象と真に関連する変数の選択であり，高次元データの分析においては特に重要となる．なぜならば，統計モデルのパラメータ数が観測データ数 n より大きい場合，推定量の漸近正規性が保証されないことも起こりうるからである．その場合，推定された統計モデルの構造について統計的検定を実行できない可能性もある．

近年，効率的に変数選択を実行し，また同時に統計モデルのパラメータ推定もおこなうさまざまな手法が提案されている．本節では，冗長な (目的変数と関連しないという意味で) 説明変数に対応する回帰係数 $\boldsymbol{\beta}$ の推定量を 0 にすることで，変数選択問題に対処する正則化法について紹介していく．一般に正則化法においては，以下の目的関数

$$\ell(\boldsymbol{\beta}) = \frac{1}{n}\sum_{\alpha=1}^{n} \log f\left(y_\alpha | \boldsymbol{x}_\alpha, \boldsymbol{\beta}\right) - p\left(\boldsymbol{\beta}\right) \tag{2.1}$$

を最大化する．$\ell(\boldsymbol{\beta})$ の第 1 項目は対数尤度関数であり，第 2 項目 $p(\boldsymbol{\beta})$ は罰則項である．例えば，lasso (least absolute shrinkage and selection operator) 推定量 (Tibshirani (1996)) は

$$p\left(\boldsymbol{\beta}\right) = \lambda \sum_{j=1}^{p} |\beta_j|$$

を罰則項に提案している．この罰則項は，説明変数の選択と回帰係数 $\boldsymbol{\beta}$ の推定を同時に実行する (詳しい解説は，2.1 節を参照されたい)．さまざまな罰則項を紹介する前に，高次元データのモデリングで重要な概念の一つについて述べておきたい．

いま，説明変数の次元 p は固定されているものとし，そのうち p_0 個の説明変数のみが目的変数 y に影響を与えるものとする．しかし，候補となる説明変数 p が観測データ数 n を超える場合もある．いま，$\boldsymbol{\beta}_0' = (\boldsymbol{\beta}_{01}', \boldsymbol{\beta}_{02}') = (\boldsymbol{\beta}_{01}', \mathbf{0}')$ を真の回帰係数，$\hat{\boldsymbol{\beta}} = (\hat{\boldsymbol{\beta}}_1', \hat{\boldsymbol{\beta}}_2')$ を何らかの方法で推定された回帰係数とし，A, A^* を以下のように定義する．

$$A = \{j; \beta_{0j} \neq 0\}, \quad A^* = \{j; \hat{\beta}_j \neq 0\}$$

つまり，A は目的変数と真に関連する説明変数の集合，A^* は目的変数と関連すると推定された説明変数の集合である．

Fan and Li (2001) は以下の特徴をもつ推定法を oracle procedure と定義した．

$$\lim_{n \to \infty} P(A^* = A) = 1,$$
$$\sqrt{n}(\boldsymbol{\beta}_{01} - \hat{\boldsymbol{\beta}}_1) \to N(\mathbf{0}, \Sigma^*)$$

ただし，$\boldsymbol{\beta}_{01}$ は目的変数と真に関連する説明変数の集合 A についての回帰係数ベクトル，$\hat{\boldsymbol{\beta}}_1$ は対応する推定された回帰係数ベクトル，Σ^* は推定量 $\hat{\boldsymbol{\beta}}_1$ の分散共分散行列である．高次元データを想定した統計モデルの推定においては，oracle procedure であることが一つの重要な点と考えられる．

以降，lasso 推定量に加え，adaptive lasso 推定量，elastic net 推定量，group lasso 推定量，SCAD 推定量，MCP 推定量，Dantzig selector 推定量，Bayesian lasso 推定量，quantile lasso 推定量などさまざまな推定量を解説していくが，特に断りがない限り各データは独立に観測されるとする．また，推定量の一致性，漸近正規性，変数選択の一致性等を導くためには，もちろん，何らかの仮定を統計モデル，および罰則項 (特に，正則化パラメータの漸近的オーダー) に課す必要がある．紹介するすべての推定量について，その詳細 (特に oracle procedure であることの証明) を解説するとかなりの分量となるため，本書ではその部分についてはある程度省略している．その代わり，解説する手法をどのように実行するのかについて，数値例を利用しながら解説している．また，正則化パラメータの選択についても解説していく．

2.1 lasso 推定量

説明変数の次元 p が比較的高い状況下で，線形回帰モデルの推定と変数選択に一つの方法を提示していると考えられるのが，lasso type の推定量である．最も代表的な lasso 推定量 (Tibshirani (1996)) は，以下の L_1 罰則

$$p(\boldsymbol{\beta}) = \lambda \sum_{j=1}^{p} |\beta_j|$$

を利用する．この罰則項を (2.1) 式に利用すると lasso 推定量が得られる．例えば，線形回帰モデルにおいては，

$$\ell(\boldsymbol{\beta}) = (\boldsymbol{y} - \boldsymbol{X}\boldsymbol{\beta})'(\boldsymbol{y} - \boldsymbol{X}\boldsymbol{\beta}) - \lambda \sum_{j=1}^{p} |\beta_j|$$

を最小とする $\boldsymbol{\beta}$ を見つけることで，説明変数の選択と回帰係数 $\boldsymbol{\beta}$ の推定が同時に実行される．

2.1.1 変数選択の一致性

lasso 推定においては，変数選択の一致性が問題となるが (Yuan and Lin (2005); Zhao and Yu (2006))，ここでは，Zou (2006) で証明された必要条件を紹介する．いま $\lim_{n \to \infty} P(A^* = A) = 1$ が成立するとし，$p \times p$ 次元正定値行列 $\boldsymbol{C}$ を

$$\frac{1}{n}\boldsymbol{X}'\boldsymbol{X} \to \boldsymbol{C} = \begin{pmatrix} \boldsymbol{C}_{11} & \boldsymbol{C}_{12} \\ \boldsymbol{C}_{21} & \boldsymbol{C}_{22} \end{pmatrix}$$

と定義する．ただし，$\boldsymbol{C}_{11}$ は $p_0 \times p_0$ 行列で，説明変数の集合 A に対応し，$(p - p_0) \times (p - p_0)$ 行列 $\boldsymbol{C}_{22}$ は目的変数に影響を与えない説明変数の集合に対応している．このとき，サインベクトル $\boldsymbol{s} = (s_1, \ldots, s_{p_0})'$ $(s_j \in \{1, -1\})$ が存在し，

$$\boldsymbol{C}_{21}\boldsymbol{C}_{11}^{-1}\boldsymbol{s} \leq 1 \qquad (2.2)$$

が成立する．つまり，この条件が満たされない場合，lasso 推定量は変数選択の

一致性を満たさない．実際場面においては，観測データの背後にある真の構造は未知であるため，行列 C_{11} (例えば，その次元 p_0 など) はわからない．また，(2.2) 式の条件が満たされない設定は容易に作成できる．そのため，lasso 推定量による変数選択が機能するという仮定を認識したうえで，lasso 推定を実行するべきである．

2.1.2 推定アルゴリズム

lasso 推定における罰則項 $p(\boldsymbol{\beta})$ は，パラメータ $\boldsymbol{\beta}$ に関して微分不可能なため，推定量の解析的な導出が困難となる．そのため，lasso 推定量を近似的に導出する方法として，Efron et al. (2004) によって提案された LARS (least angle regression) などが提案されている．LARS アルゴリズムの計算コストは，最小二乗法とあるモデル評価基準 (例えば，情報量規準) に基づき最適な説明変数の組み合わせを候補となる空間全体から探索する計算コストと比較して非常に少ない特徴をもっており，計算の効率性からも魅力的なアルゴリズムである．

実際の応用例として，R の bayesm パッケージにあるツナ缶の売り上げデータ tuna の分析をとりあげる．ここでは，表 2.1 の説明変数を利用して，Star Kist 6 オンスサイズの売り上げ (対数変換後) を予測する回帰分析モデルを作成する．LARS アルゴリズムに基づく lasso 推定量は，lars パッケージの関数

表 2.1 Star Kist 6 オンスサイズの売り上げを説明する変数．

x_1	P_{SK6}	Star Kist 6 オンス商品の価格 (対数変換後)
x_2	P_{CS6}	Chicken of the Sea 6 オンス商品の価格 (対数変換後)
x_3	$P_{\text{BBS6.12}}$	Bumble Bee Solid 6.12 オンス商品の価格 (対数変換後)
x_4	$P_{\text{BBC6.12}}$	Bumble Bee Chunk 6.12 オンス商品の価格 (対数変換後)
x_5	P_{G6}	Geisha 6 オンス商品の価格 (対数変換後)
x_6	P_{BBLC}	Bumble Bee Large Can 商品の価格 (対数変換後)
x_7	$P_{\text{HHCL6.5}}$	HH Chunk Lite 6.5 オンス商品の価格 (対数変換後)
x_8	AC_{SK6}	Star Kist 6 オンス商品の陳列活動
x_9	AC_{CS6}	Chicken of the Sea 6 オンス商品の陳列活動
x_{10}	$AC_{\text{BBS6.12}}$	Bumble Bee Solid 6.12 オンス商品の陳列活動
x_{11}	$AC_{\text{BBCS6.12}}$	Bumble Bee Chunk 6.12 オンス商品の陳列活動
x_{12}	AC_{G6}	Geisha 6 オンス商品の陳列活動
x_{13}	AC_{BBLC}	Bumble Bee Large Can 商品の陳列活動
x_{14}	$AC_{\text{HHCK6.5}}$	HH Chunk Lite 6.5 商品の陳列活動
x_{15}	V	来店顧客数 (対数変換後)

lars により得られる．以下，R プログラムによる実行例である．

▶ R プログラムによる実行 (ch2-01.r)

```
library(lars)
library(bayesm)
data(tuna)
x <- as.matrix(cbind(tuna[,16:22],tuna[,9:15],log(tuna[,30]))) #
    説明変数
y <- log(tuna[,2]) #Star Kist 6 オンスサイズの売り上げ
fit <- lars(x,y,type="lasso") #lasso 推定量
lambda <- fit$lambda #使用された正則化パラメータの値
beta <- fit$beta #推定された回帰係数の値
print(fit$beta) #推定された回帰係数の表示
print(lambda)   #使用された正則化パラメータの表示
#推定結果の図示
p <- ncol(x)
range.lam <- c(min(lambda),max(lambda))
range.beta <- c(min(beta),max(beta))
par(cex.lab=1.2)
par(cex.axis=1.2)
plot(range.lam,range.beta,xlab=expression(lambda),ylab="
    Estimated Coefficients",type="n")
for(i in 1:p){lines(lambda,beta[-1,i],pch=1,cex=0.5,type="p")}
for(i in 1:p){lines(lambda,beta[-1,i],lwd=2,lty=i,col=i)}
dev.copy2eps(file="Lasso-tuna-plot.ps") #図の保存
```

図 2.1 は，さまざまな正則化パラメータのもとで得られた推定値 $\hat{\beta}_j$ である．各曲線がそれぞれの変数に対する係数の推定値 $\hat{\beta}_j$ に対応しており，説明変数の次元に対応する $p = 18$ 個の曲線が図示されている．例えば，最下部にある曲線は Star Kist 6 オンスサイズの価格 (対数変換後) に対する係数の推定値であり，常にマイナスの値をとっている．Star Kist 6 オンスサイズの価格が上がると Star Kist 6 オンスサイズの売り上げが下がるという一般によく観察される結果が得られている．lasso 推定量は固定された正則化パラメータ λ のもとで得られる．そのため，正則化パラメータの値を変化させるとモデルに取り込まれる説明変数のセットも変化する．図 2.1 からも，正則化パラメータの値が大きくなるに従い，モデルに取り込まれる説明変数が減少していることがわかる．

例えば，正則化パラメータ $\lambda = 2.34$ のもとでは，以下の回帰モデルが得ら

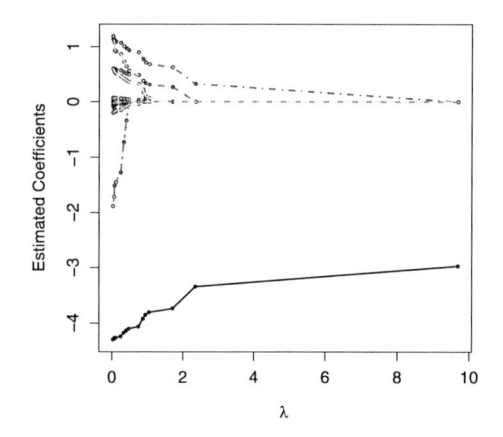

図 2.1 さまざまな正則化パラメータのもとで得られた推定値 $\hat{\beta}_j$. 縦軸：推定値 $\hat{\beta}_j$. 横軸：正則化パラメータ.

れる.

$$\log(Q_{\text{SK6}}) = -2.969\log(P_{\text{SK6}}) + 0.325\log(P_{\text{BBC6.12}}) + \varepsilon.$$

つまり，Star Kist 6 オンス商品の売り上げ Q_{SK6} は，その価格水準 P_{SK6}，および Bumble Bee Chunk 6.12 オンス商品の価格水準 $P_{\text{BBC6.12}}$ に依存し，その価格弾力性は -2.969 と推定される．また，Bumble Bee Chunk 6.12 オンス商品の価格水準が上昇すると売り上げが増加すると推定されるため，この 2 商品は代替品であることが推測される．さらに正則化パラメータを小さくし，$\lambda = 0.75$ の設定では，以下の回帰モデルが得られる．

$$\begin{aligned}\log(Q_{\text{SK6}}) &= -3.922\log(P_{\text{SK6}}) + 0.381\log(P_{\text{CS6}}) + 0.771\log(P_{\text{BBC6.12}}) \\ &+ 0.214\log(P_{\text{G6}}) + 0.173\log(P_{\text{HHCL6.5}}) + 0.008\log(AC_{\text{SK6}}) + \varepsilon\end{aligned}$$

その価格弾力性は -3.969 と価格水準に対してさらに敏感となっており，また，代替品と推測される商品数が増加していることもわかる．この回帰モデルは，Star Kist 6 オンス商品の陳列活動が，その売り上げにプラスの貢献をしていることも示唆している．さらに，極端に大きい正則化パラメータを設定してしまうと，すべての説明変数がモデルに採用されない．逆に，極端に小さい正則化

パラメータのもとでは，余分な説明変数までもモデルに取り込んでしまう．

企業の観点からは，どのモデルを採用するかによって，Star Kist 6 オンス商品の価格水準の設定や Star Kist 6 オンス商品の陳列活動に関する意思決定が変化する．例えば，Star Kist 6 オンス商品の陳列活動が売り上げに貢献しない回帰モデル (AC_{SK6} の係数が 0 と推定される) が採用された場合を考える．利益を優先させた場合には，陳列活動のコストを考慮すると，Star Kist 6 オンス商品の陳列活動を中止するという意思決定となる．また，Star Kist 6 オンス商品の陳列活動が売り上げに貢献する回帰モデルが採用された場合，その売り上げに対する貢献度合と陳列活動のコストの両方を比較して意思決定をおこなう必要がある．また，Star Kist 6 オンス商品からの利益が最大となるように価格水準の調整をおこなう場合，その価格弾力性の水準も問題となる．このように，どの回帰モデルを採用するかによって意思決定の結果も変化するため，適切な正則化パラメータの選択が本質的な問題となる．

2.1.3 正則化パラメータの選択

前述のように，lasso 推定法に基づき回帰モデルを推定する場合，正則化パラメータの値に依存してさまざまなモデルが構成される．したがって，どのように正則化パラメータの値を選択すればよいかということが本質となる．ここでは，lasso 推定法によって推定されたモデルを評価するためのさまざまな評価基準について解説する．まず，罰則項がパラメータ $\boldsymbol{\beta}$ に関して微分不可能であるため，情報量規準，ベイズ情報量規準など枠組みを厳密な理論体系で展開するのが難しいことに注意する．ここでは一般的に利用されている交差検証法 (cross-validation, Stone (1974)) により適切な正則化パラメータを決定する．いま，正則化パラメータ λ を固定し，観測データ $\{(y_\alpha, \boldsymbol{x}_\alpha); \alpha = 1, \ldots, n\}$ から k 番目のデータを取り除いた $n-1$ 個のデータを利用して得られた lasso 推定量を $\hat{\boldsymbol{\beta}}_{-k}(\lambda)$ とする．このとき，予測値 $\hat{\boldsymbol{\beta}}_{-k}(\lambda)' \boldsymbol{x}_k$ と，推定に使用していない観測データ y_k の二乗予測誤差をすべての k について累積すると

$$\mathrm{CV}(\lambda) = \sum_{k=1}^{n} \left\{ y_k - \hat{\boldsymbol{\beta}}_{-k}(\lambda)' \boldsymbol{x}_k \right\}^2 \tag{2.3}$$

が得られる．さまざまな正則化パラメータ λ のもとで $\mathrm{CV}(\lambda)$ を計算し，それ

を最小とする正則化パラメータを適切な値として選択する．最適な Lasso 推定量 $\hat{\boldsymbol{\beta}}$ も選択された正則化パラメータのもとで得られる．

また，計算時間を節約したい場合などには K 分割交差検証法 (K-fold cross-validation) もよく利用される．いま，観測データ $\{(y_\alpha, \boldsymbol{x}_\alpha); \alpha = 1, \ldots, n\}$ を K 分割し R 番目のデータセットを取り除いた観測データに基づき lasso 推定量を $\hat{\boldsymbol{\beta}}_{-R}(\lambda)$ とする．このとき，R 番目のデータセットに関して予測値と，推定に使用していない観測データの二乗予測誤差和 $\sum_{k \in R} \{y_k - \hat{\boldsymbol{\beta}}_{-k}(\lambda)' \boldsymbol{x}_k\}^2$ が計算される．この二乗予測誤差和をすべての R について累積すると

$$\mathrm{KCV}(\lambda) = \sum_{R=1}^{K} \sum_{k \in R} \left\{ y_k - \hat{\boldsymbol{\beta}}_{-k}(\lambda)' \boldsymbol{x}_k \right\}^2 \tag{2.4}$$

が得られる．先程と同様に，さまざまな正則化パラメータ λ のもとで KCV(λ) を計算し，それを最小とする正則化パラメータを適切な値として選択することができる．

また，Zou et al. (2007) は正則化パラメータの選択に C_p 基準を提案している．いま，$\hat{\boldsymbol{\beta}}(\lambda)$ を正則化パラメータ λ のもとで得られた推定量とし，$\hat{\mu}_\alpha(\lambda) = \hat{\boldsymbol{\beta}}(\lambda)' \boldsymbol{x}_\alpha$ と定義する．一般に $C_p(\lambda)$ 基準は

$$\mathrm{C}_p(\lambda) = \frac{1}{n} \sum_{\alpha=1}^{n} \{y_k - \hat{\mu}_\alpha(\lambda)\}^2 + \frac{2}{n} \hat{df}(\hat{\boldsymbol{\mu}}(\lambda)) \sigma^2$$

で与えられる．ここで，$\hat{\boldsymbol{\mu}}(\lambda) = (\hat{\mu}_1(\lambda), \ldots, \hat{\mu}_n(\lambda))'$ は回帰モデルの予測ベクトル，$\hat{df}(\hat{\boldsymbol{\mu}}(\lambda))$ は推定された回帰モデルの自由度 (degrees of freedom)，σ^2 は分散パラメータである．一般に，σ^2 は説明変数の次元が最大となる回帰モデルに基づく分散の不偏推定量 $\hat{\sigma}^2$ で置き換えられる．Zou et al. (2007) は，lasso 推定量の自由度 $\hat{df}(\hat{\boldsymbol{\mu}}(\lambda))$ が lasso 推定値 $\hat{\boldsymbol{\beta}}$ のうち 0 でないパラメータの個数で置き換えられることを証明した．まとめると，

$$\mathrm{C}_p(\lambda) = \frac{1}{n} \sum_{\alpha=1}^{n} \{y_k - \hat{\mu}_\alpha(\lambda)\}^2 + \frac{2}{n} \hat{p} \sigma^2$$

を最小とする正則化パラメータを適切な値として選択する．ここで，$\hat{p}$ はモデルに含まれる説明変数の次元 (つまり，lasso 推定値 $\hat{\boldsymbol{\beta}}$ のうち 0 でないパラメータの個数) である．しかし，説明変数の次元 p が観測データ数 n より大きい場

合には，すべての説明変数を取り込んだ lasso 推定量が得られないため $\hat{\sigma}^2$ が計算できない．なんらかの方法で分散 σ^2 の不偏推定量を構成する必要があり，今後の研究の進展が期待される．

Wang et al. (2007) は以下のベイズ情報量規準

$$\mathrm{BIC}(\lambda) = \log\left[\frac{1}{n}\sum_{\alpha=1}^{n}\{y_k - \hat{\mu}_\alpha(\lambda)\}^2\right] + \hat{p}\log(p)\frac{\log(n)}{n}$$

を提案している．ここで，p はすべての説明変数の次元，$\hat{p}$ はモデルに含まれる説明変数の次元である．この基準の理論的背景には，説明変数の次元 p が観測データ数 n とともに増加する場合を想定していることがある．そのため，観測データ数 n と関係なく説明変数の次元 p が固定されている場合には，第 2 項目を $\hat{p}\log(n)/n$ とすることを提案している．

2.1.4 実 行 例

R プログラムによる実行例を解説する．説明変数の個数を $p = 30$，観測データ数 $n = 100$ としてデータを発生させ，いくつかの正則化パラメータのもとで lasso 推定量を得ている．誤差項は平均 0 分散 2^2 の正規分布から発生させている．ここで注意すべきは，真の回帰係数 $\boldsymbol{\beta} = (1, -2, 1.5, 0.5, 0, \ldots, 0)'$ としており，4 個の説明変数 $\{x_1, x_2, x_3, x_4\}$ 以外は，目的変数 y と関連がないことである．

▶ R プログラムによる実行　　　　　　　　　　　　　　　　（ch2-02.r）

```
library(lars)
p <- 30 #説明変数の個数
n <- 100 #データ数
x <- matrix(rnorm(n*p),nrow=n,ncol=p) #計画行列の作成
b <- c(1,-2,1.5,0.5,rep(0,len=p-4)) #真の回帰係数
z <- x%*%b #真の平均構造
y <- z+rnorm(n,0,2) #観測データの生成
fit <- lars(x,y,type="lasso") #lasso 推定量
lambda <- fit$lambda #使用された正則化パラメータの値
print(fit$beta) #推定された回帰係数の表示
print(lambda)   #使用された正則化パラメータの表示
```

表 2.2 さまざまな正則化パラメータに対する推定された回帰係数 $\hat{\boldsymbol{\beta}}$ の値. 第 1 列 $\hat{\beta}_1$ の第 5 行目の数字 0.51 は正則化パラメータ $\lambda = 3.18$ のもとで推定された β_1 の値である.

真の値 β	λ	25.18	22.67	3.18	1.33	0.03
1.00	$\hat{\beta}_1$	0.00	0.00	0.51	0.79	1.12
-2.00	$\hat{\beta}_2$	0.00	0.00	-1.98	-2.15	-2.27
1.50	$\hat{\beta}_3$	0.00	0.96	1.74	2.08	2.21
0.50	$\hat{\beta}_4$	0.00	0.00	0.19	0.32	0.11
0.00	$\hat{\beta}_5$	0.00	0.00	0.00	0.00	-0.11
0.00	$\hat{\beta}_6$	0.00	0.00	0.00	0.00	0.25
0.00	$\hat{\beta}_7$	0.00	0.00	0.00	0.16	-0.24
0.00	$\hat{\beta}_8$	0.00	0.00	0.00	0.00	0.18
0.00	$\hat{\beta}_9$	0.00	0.00	0.00	0.00	-0.11
0.00	$\hat{\beta}_{10}$	0.00	0.00	0.00	0.00	-0.08
0.00	$\hat{\beta}_{11}$	0.00	0.00	0.00	0.03	-0.08
0.00	$\hat{\beta}_{12}$	0.00	0.00	0.00	0.00	0.07
0.00	$\hat{\beta}_{13}$	0.00	0.00	0.00	0.00	-0.11
0.00	$\hat{\beta}_{14}$	0.00	0.00	0.00	0.00	0.01
0.00	$\hat{\beta}_{15}$	0.00	0.00	0.00	0.00	0.00
0.00	$\hat{\beta}_{16}$	0.00	0.00	0.00	0.05	0.07
0.00	$\hat{\beta}_{17}$	0.00	0.00	0.00	0.00	0.15
0.00	$\hat{\beta}_{18}$	0.00	0.00	0.00	0.00	0.12
0.00	$\hat{\beta}_{19}$	0.00	0.00	0.00	0.00	-0.07
0.00	$\hat{\beta}_{20}$	0.00	0.00	0.00	0.00	-0.14

このとき問題となるのが適切な正則化パラメータの決定である. 表 2.2 はさまざまな正則化パラメータに対する推定された回帰係数 $\hat{\boldsymbol{\beta}}$ の値である. 例えば, 第 1 列 $\hat{\beta}_1$ の第 4 行目の数字 0.79 は正則化パラメータ $\lambda = 1.33$ のもとで推定された β_1 の値である. 正則化パラメータの値が大きすぎると目的変数と関連する説明変数がモデルに取り込まれず, 反対に正則化パラメータの値が小さすぎると余分な説明変数がモデルに取り込まれる.

さらに, さまざまな正則化パラメータに対する平均構造の予測値 $\hat{\mu}$ も得られる. 推定された回帰係数 $\hat{\boldsymbol{\beta}}$ の値を利用すると, 説明変数 $\boldsymbol{x}$ が与えられたもとで, それは

$$\hat{\mu} = \sum_{j=1} \hat{\beta}_j x_j$$

で与えられる. 図 2.2 はさまざまな正則化パラメータに対する平均構造の予測値 $\hat{\mu}$ と真の平均構造の比較である. 縦軸は真の平均構造 $\mu = \sum_{j=1} \beta_{j0} x_j$, 横

2.1 lasso 推定量

軸は平均構造の予測値 $\hat{\mu}$ であり，直線 $x = y$ 上に点があればあるほど予測精度が高い．また，$\hat{\mu}$ と μ の二乗予測誤差

$$\frac{1}{n} \sum_{\alpha=1}^{n} (\mu_\alpha - \hat{\mu}_\alpha)^2$$

を計算することも可能である．結果，必要以上に大きい正則化パラメータは二乗予測誤差を大きくすることが確認される．これは以下のスクリプトにより実行できる．

▶ R プログラムによる実行 (ch2-03.r)

```
lambda <- fit$lambda #使用された正則化パラメータの値
coef <- fit$beta
coef1 <- coef[2,] #正則化パラメータ lambda[2] のもとでの lasso 推定量
coef2 <- coef[5,] #正則化パラメータ lambda[5] のもとでの lasso 推定量
coef3 <- coef[10,] #正則化パラメータ lambda[20] のもとでの lasso 推定量
coef4 <- coef[20,] #正則化パラメータ lambda[30] のもとでの lasso 推定量
mu.est1 <- x%*%coef1 #正則化パラメータ lambda[2] のもとでの予測値
mu.est2 <- x%*%coef2 #正則化パラメータ lambda[5] のもとでの予測値
mu.est3 <- x%*%coef3 #正則化パラメータ lambda[20] のもとでの予測値
mu.est4 <- x%*%coef4 #正則化パラメータ lambda[30] のもとでの予測値

#結果の図示
par(mfrow=c(2,2))
par(mar=c(4,4,4,4))
plot(mu.est1,z,xlab=expression(hat(mu)),ylab=expression(mu),xlim
    =c(-6,6),ylim=c(-6,6))
lines(c(-6,6),c(-6,6),lwd=2)
plot(mu.est2,z,xlab=expression(hat(mu)),ylab=expression(mu),xlim
    =c(-6,6),ylim=c(-6,6))
lines(c(-6,6),c(-6,6),lwd=2)
plot(mu.est3,z,xlab=expression(hat(mu)),ylab=expression(mu),xlim
    =c(-6,6),ylim=c(-6,6))
lines(c(-6,6),c(-6,6),lwd=2)
plot(mu.est4,z,xlab=expression(hat(mu)),ylab=expression(mu),xlim
    =c(-6,6),ylim=c(-6,6))
lines(c(-6,6),c(-6,6),lwd=2)
dev.copy2eps(file="Lasso-plot.ps") #図の保存

#二乗予測誤差の計算
print(mean( (z-mu.est1)^2) ) #正則化パラメータ lambda[2] での二乗予測
    誤差
```

```
print(mean( (z-mu.est2)^2) ) #正則化パラメータ lambda[5] での二乗予測
    誤差
print(mean( (z-mu.est3)^2) ) #正則化パラメータ lambda[20] での二乗予
    測誤差
print(mean( (z-mu.est4)^2) ) #正則化パラメータ lambda[30] での二乗予
    測誤差
```

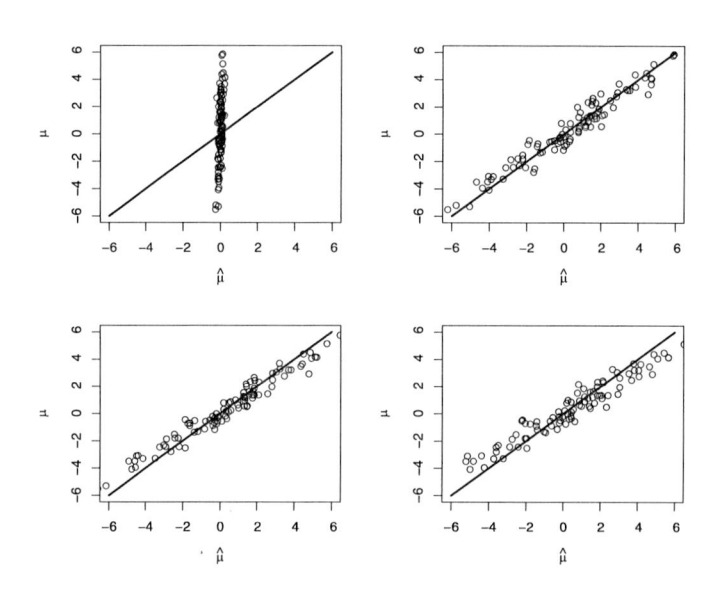

図 2.2 さまざまな正則化パラメータに対する平均構造の予測値 $\hat{\mu}$, と真の平均構造の比較. 縦軸：真の平均構造 $\mu = \sum_{j=1} \beta_{j0} x_j$. 横軸：平均構造の予測値 $\hat{\mu}$. 直線 $x = y$ 上に点があればあるほど予測精度が高い. 左上：正則化パラメータ $\lambda = 15.26$, 二乗予測誤差 6.854, 右上：正則化パラメータ $\lambda = 3.112$, 二乗予測誤差 0.427, 左下：正則化パラメータ $\lambda = 1.337$, 二乗予測誤差 0.523, 右下：正則化パラメータ $\lambda = 0.034$, 二乗予測誤差 0.996.

ここでは，以下のスクリプトで $K = 5$ 分割交差検証法により正則化パラメータを選択する．図 2.3 に，各正則化パラメータの値 (横軸) に対する CV スコア (縦軸) をプロットした．正則化パラメータが $\log(\lambda) = -3.3$ あたりで，(2.4) 式で与えられる KCV(λ) スコアが最小となっており，KCV(λ) スコアを最小とするように正則化パラメータを決定できることがわかる．

▶ R プログラムによる実行 (ch2-04.r)

```r
#K = 5 分割交差検証法を実行
library(glmnet)
lambda <- 10^(seq(-2,0,len=100))
K <- 5
cv.fit <- cv.glmnet(x=x,y=y,lambda=lambda,family="gaussian",
    alpha=1,nfolds=K)
cv.score <- cv.fit$cvm #各正則化パラメータ下での CV スコア
opt.lam <- lambda[subset(1:length(lambda),cv.score==min(cv.score
    ))]  #最適な正則化パラメータの選択
fit <- glmnet(x=x,y=y,lambda=opt.lam,family="gaussian",alpha=1)
beta <- fit$beta #推定された回帰係数
print(beta)
#正則化パラメータ (横軸) と CV スコア (縦軸) の表示
par(cex.lab=1.2)
par(cex.axis=1.2)
plot(log(lambda),cv.score,xlab="log(Regularization parameter)",
    ylab="CV.score",type="l",lwd=2)
dev.copy2eps(file="Lasso-CVplot.ps")
```

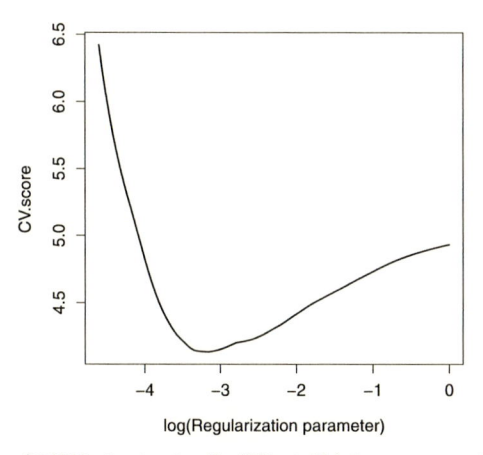

図 2.3　各正則化パラメータの値 (横軸) に対する CV スコア (縦軸).

最後に，lasso 推定量は過剰な罰則を大きい回帰係数に与えるため，oracle procedure ではないことが知られている (Zou (2006))．そのため，lasso 推定量の罰則項を修正したさまざまな手法が考案されている．例えば，adaptive lasso

推定量,SCAD 推定量,MCP 推定量などであり,次節以降,lasso 推定量を改良したさまざまな推定量について解説している.

lasso 推定量についての関連文献としては以下などを参照されたい.Bickel et al. (2009), Caner (2009), Meinshausen and Yu (2009), Park and Hastie (2007), Rosset and Zhu (2004, 2007), Tibshirani et al. (2005), Turlach (2004), Wang and Leng (2007), Wang et al. (2007a), Yuan and Lin (2007), Zhang and Huang (2008), Zhao and Yu (2006, 2007), Zou (2006).

2.2 adaptive lasso 推定量

ある正則条件下において,lasso 推定量は正しい変数選択と漸近正規性を達成するため,高次元データの分析において有効な oracle 手法と考えられてきた.しかし,lasso 推定量は大きい値の回帰係数にはバイアスをかけるため (Fan and Li (2001)),予測の観点からは改善の余地が残されていた.Meinshausen and Buhlmann (2006) では予測を念頭においた最適な正則化パラメータの値と変数選択の一致性について矛盾した結果を証明している.その問題を緩和するための一つの手法として,adaptive lasso 推定量 (Zou (2006)) が提案されている.adaptive lasso 推定量は

$$p(\boldsymbol{\beta}) = \lambda \sum_{j=1}^{p} w_j |\beta_j|$$

を (2.1) 式の罰則項に利用することで得られる.ここで,

$$w_j = \frac{1}{|\hat{\beta}_j|^\gamma}, \qquad j = 1, \ldots, p$$

は観測データに依存した重みであり $\gamma > 0$ である.adaptive lasso 推定において,$\hat{\beta}_j$ は β_{j0} の一致推定量でなければならず,$p > n$ の場合など一致推定量を得ることが難しい場合が頻繁にあり,その意味で実際適用上の制約がある.中心となるアイデアは,重要な説明変数にかかる回帰係数 (つまり,その絶対値 $|\beta_{j0}|$ が大きい) には,罰則を緩和する点にある.その実行においては真のパラメータ $\boldsymbol{\beta}_0$ の一致推定量が必要となる.

いま,条件 (2.2) が満たされ,さらに正則化パラメータが

$$\frac{\lambda}{\sqrt{n}} \to 0,$$
$$\lambda n^{(\gamma-1)/2} \to 0$$

を満たすとする．このとき，adaptive lasso 推定法は oracle procedure となる．adaptive lasso 推定法は，lasso 推定法を修正することで容易に実行できる (Zou (2006))．それは以下のとおりである．

Step 1: 真のパラメータ $\boldsymbol{\beta}_0$ の一致推定量を構築し，重み w_j を決定する．計画行列 $\boldsymbol{X}$ の各行を $\boldsymbol{x}_j^* = \boldsymbol{x}_j/w_j$ と修正する．その結果得られた行列を $\boldsymbol{X}^*$ とする．

Step 2: 正則化パラメータのもとで，次の lasso 推定量 $\hat{\boldsymbol{\beta}}^*$ を得る．

$$\hat{\boldsymbol{\beta}}^* = \underset{\beta}{\mathrm{argmin}} \left[(\boldsymbol{y} - \boldsymbol{X}^*\boldsymbol{\beta})'(\boldsymbol{y} - \boldsymbol{X}^*\boldsymbol{\beta}) - \lambda \sum_{j=1}^{p} |\beta_j| \right]$$

Step 3: lasso 推定量 $\hat{\boldsymbol{\beta}}^*$ を $\hat{\beta}_j \leftarrow \hat{\beta}_j^*/w_j$ と修正する．結果，adaptive lasso 推定量 $\hat{\boldsymbol{\beta}}$ を得る．

以下，Rによる実行例である．ここでは説明変数の個数を $p = 30$，観測データ数 $n = 100$ としてデータを発生させる．ただし，誤差項は平均 0 分散 0.5^2 の正規分布から発生させている．また，真の回帰係数 $\boldsymbol{\beta} = (1, -2, 1.5, 0.5, 0, \ldots, 0)'$ としており，5 個の説明変数 $\{x_1, x_2, x_3, x_4, x_5\}$ のみ目的変数 y と関連している．

▶ R プログラムによる実行　　　　　　　　　　　　　　　(ch2-05.r)

```
library(lars)
p <- 30 #説明変数の個数
n <- 100 #データ数
x <- matrix(rnorm(n*p),nrow=n,ncol=p) #計画行列の作成
b <- c(1,-2,1.5,0.5,rep(0,len=p-4)) #真の回帰係数
z <- x%*%b #真の平均構造
y <- z+rnorm(n,0,0.2) #観測データの生成

#Step 1 の実行
ls.fit <- lm(y~x) #最小二乗推定
coef.ols <- ls.fit$coeff[-1] #推定された回帰係数
w <- abs(coef.ols) #重みの作成
```

```
xs <- scale(x,center=FALSE,scale=1/w) #計画行列の修正

#Step 2 の実行
fit <- lars(xs,y,type="lasso") #lasso 推定
lambda <- fit$lambda #正則化パラメータ

#Step 3 の実行
coef <- (fit$beta)[5,]*w #正則化パラメータ lambda[5] の下での推定量
print(coef) #推定された adaptive lasso 推定量の表示
coef <- (fit$beta)[10,]*w #正則化パラメータ lambda[10] の下での推定量
print(coef) #推定された adaptive lasso 推定量の表示
```

lasso 推定量と同様に正則化パラメータの選択が問題となるが,(2.3) 式で与えられる $CV(\lambda)$ 基準や,(2.4) 式で与えられる $KCV(\lambda)$ 基準などを利用して最適な正則化パラメータを選択することができる.

2.3 elastic net 推定量

lasso 推定量はその推定における最適化問題の性質により,最大 n 個の説明変数をモデルの中に取り込むことができる.いま,説明変数の数が観測データ数より大きい $(p > n)$ 場合を考える.目的変数に影響を与える説明変数の数 (p_0) が観測データ数より大きい場合,lasso 推定量の性質上,モデルの中に取り込めない説明変数が生じてしまう.その問題に対処できる方法の一つとして,elastic net 推定量 (Zou and Hastie (2005)) がある.elastic net 推定量は

$$p(\boldsymbol{\beta}) = \lambda \left[\alpha \sum_{j=1}^{p} |\beta_j| + (1-\alpha) \sum_{j=1}^{p} \frac{\beta_j^2}{2} \right]$$

を (2.1) 式の罰則項に利用することで得られる.ここで λ は正則化パラメータであり,α $(0 \leq \alpha \leq 1)$ は lasso 推定の罰則とリッジ推定の罰則の大きさを調整するパラメータである.$\alpha = 1$ とすると lasso 推定量が得られ,$\alpha = 0$ とするとリッジ推定量が得られる.また,elastic net 推定量には上で述べた以外の利点もある (詳細は,Zou and Hastie (2005) を参照のこと).

以下,R プログラムによる実行例である.目的変数 y は,以下のように発生させる.

2.3 elastic net 推定量

$$P(y=1|\boldsymbol{x}) = \frac{\exp(\sum_{j=1}^{p}\beta_{j0}x_j)}{1+\exp(\sum_{j=1}^{p}\beta_{j0}x_j)},$$

$$P(y=0|\boldsymbol{x}) = 1 - P(y=1|\boldsymbol{x}) = \frac{1}{1+\exp(\sum_{j=1}^{p}\beta_{j0}x_j)}$$

説明変数の次元を $p=30$,観測データ数 $n=100$ としてデータを発生させる.ここでは,真の回帰係数は $\boldsymbol{\beta}_0 = (1,-2,2,0,\ldots,0)'$ とし,説明変数 $\{x_1,x_2,x_3\}$ 以外は目的変数 y と関連がないとする.このデータに対しロジスティックモデルを統計モデルとして想定する.この場合,尤度関数は

$$f(y_\alpha|\boldsymbol{x}_\alpha,\boldsymbol{\beta}) = \prod_{\alpha=1}^{n} \pi(\boldsymbol{x}_\alpha,\boldsymbol{\beta})^{y_\alpha}(1-\pi(\boldsymbol{x}_\alpha,\boldsymbol{\beta}))^{1-y_\alpha}$$

となる.ただし,

$$\pi(\boldsymbol{x}_\alpha,\boldsymbol{\beta}) = \frac{\exp(\sum_{j=1}^{p}\beta_j x_j)}{1+\exp(\sum_{j=1}^{p}\beta_j x_j)}$$

は目的変数 y が値 1 をとる確率である.以上をまとめると,elastic net 推定量は

$$\ell(\boldsymbol{\beta};\lambda,\alpha) = \log f(y_\alpha|\boldsymbol{x}_\alpha,\boldsymbol{\beta}) - \lambda\left[\alpha\sum_{j=1}^{p}|\beta_j| + (1-\alpha)\sum_{j=1}^{p}\frac{\beta_j^2}{2}\right]$$

$$= \sum_{\alpha=1}^{n}[y_\alpha\log\{\pi(\boldsymbol{x}_\alpha,\boldsymbol{\beta})\}(1-y_\alpha)\log\{1-\pi(\boldsymbol{x}_\alpha,\boldsymbol{\beta})\}]$$

$$-\lambda\left[\alpha\sum_{j=1}^{p}|\beta_j| + (1-\alpha)\sum_{j=1}^{p}\frac{\beta_j^2}{2}\right]$$

の最大化により得られる.いま,$\alpha=0.99$ として,正則化パラメータ λ の選択を交差検証法により実行する.交差検証法を実行する場合,(2.3) 式で与えられる $CV(\lambda)$ 基準の二乗予測誤差をロジスティック回帰モデルの予測尤度関数で置き換えればよい.いま,正則化パラメータ λ を固定し,観測データ $\{(y_\alpha,\boldsymbol{x}_\alpha);\alpha=1,\ldots,n\}$ から k 番目のデータを取り除いた $n-1$ 個のデータを利用して elastic net 推定量 $\hat{\boldsymbol{\beta}}_{-k}(\lambda)$ を計算する.すなわち,$\hat{\boldsymbol{\beta}}_{-k}(\lambda)$ は

$$\sum_{\alpha=1;\alpha\neq k}^{n}[y_\alpha\log\{\pi(\boldsymbol{x}_\alpha,\boldsymbol{\beta})\}(1-y_\alpha)\log\{1-\pi(\boldsymbol{x}_\alpha,\boldsymbol{\beta})\}]$$

$$-\lambda\left[\alpha\sum_{j=1}^{p}|\beta_j| + (1-\alpha)\sum_{j=1}^{p}\frac{\beta_j^2}{2}\right] \qquad (2.5)$$

の最大化により得られる．このとき，elastic net 推定量 $\hat{\boldsymbol{\beta}}_{-k}(\lambda)$ のよさは，推定に使用していない観測データ y_k を用いて

$$y_k \log\{\pi(\boldsymbol{x}_k, \hat{\boldsymbol{\beta}}_{-k}(\lambda))\}(1-y_k)\log\{1-\pi(\boldsymbol{x}_k, \hat{\boldsymbol{\beta}}_{-k}(\lambda))\}$$

で評価することができる．これは，観測データ y_k に関する予測対数尤度に相当する．ただし，これは評価基準の一つであり，判別精度のよさなどの他の評価基準で評価することも可能であることは指摘しておきたい．(2.5) 式をすべての k について累積すると

$$\begin{aligned}&\mathrm{CV}(\lambda)\\&=\sum_{k=1}^{n}\left\{y_k\log\{\pi(\boldsymbol{x}_k,\hat{\boldsymbol{\beta}}_{-k}(\lambda))\}(1-y_k)\log\{1-\pi(\boldsymbol{x}_k,\hat{\boldsymbol{\beta}}_{-k}(\lambda))\}\right\}\end{aligned} \qquad (2.6)$$

が得られる．さまざまな正則化パラメータ λ のもとで $\mathrm{CV}(\lambda)$ を計算し，それを最大とする正則化パラメータを適切な値として選択する．最適な elastic net 推定量 $\hat{\boldsymbol{\beta}}$ も選択された正則化パラメータのもとで $\ell(\boldsymbol{\beta})$ を最大化することで得られる．いま述べたことは以下のスクリプトを利用すればよい．

▶ R プログラムによる実行　　　　　　　　　　　　　　(ch2-06.r)

```
library(glmnet)
p <- 30 #説明変数の個数
n <- 100 #データ数
x <- matrix(rnorm(n*p),nrow=n,ncol=p) #計画行列の作成
b <- c(1,-2,2,rep(0,len=p-3)) #真の回帰係数
pr <- exp(x%*%b)/(1+exp(x%*%b)) #真の確率構造
y <- rbinom(n, size=1,p=pr) #観測データの生成
cv.fit <- cv.glmnet(x,y,alpha=0.99,family="binomial") #交差検証法
    を実行
lambda <- cv.fit$lambda #使用した正則化パラメータの値
cv.score <- cv.fit$cvm #各正則化パラメータ下での CV スコア (2.6)
opt.lambda <- lambda[subset(1:length(lambda),cv.score==min(cv.
    score))] #最適な正則化パラメータの選択
fit <- glmnet(x,y,family="binomial",alpha=0.99,lambda=opt.lambda
    ) #最終的な elastic net 推定量
```

```
print(fit$beta)    #最終的な elastic net 推定量の表示
```

Zhang and Lu (2007) は adaptive lasso 推定量を Cox の比例ハザードモデルに応用している.

2.4 group lasso 推定量

いくつかの説明変数があらかじめ設定されたグループに分かれている状況を想定した場合,説明変数のグループを回帰モデルのなかに同時に選択,または回帰モデルから同時に削除することが適切な場合もある.例えば,ある要因についていくつかの水準を表すダミー変数のセットに対してであったり,ある変数について基底関数の線形和で表す場合などである.この問題に対して,Yuan and Lin (2006) は, group lasso 推定量を提案している.

いま, p 個の説明変数が J 個のグループに分かれているとする.各グループ内の説明変数の次元は $p_1, \ldots, p_J$ とし, $\boldsymbol{\beta}_1, \ldots, \boldsymbol{\beta}_J$ を p 次元ベクトル $\boldsymbol{\beta} = (\boldsymbol{\beta}_1', \ldots, \boldsymbol{\beta}_J')'$ の部分ベクトル, $X_1, \ldots, X_J$ を $n \times p$ 次元計画行列 $X = (X_1, \ldots, X_J)$ の部分計画行列とする.このとき,線形回帰モデルを

$$\boldsymbol{y} = \boldsymbol{X}\boldsymbol{\beta} + \boldsymbol{\varepsilon} = \sum_{j=1}^{J} \boldsymbol{X}_j \boldsymbol{\beta}_j + \boldsymbol{\varepsilon}$$

と表現できることに注意すると,各グループ要因 $\boldsymbol{X}_j \boldsymbol{\beta}_j$ が $\boldsymbol{y}$ を説明する回帰モデルとも解釈することもできる.このとき, group lasso 推定量は

$$\left(\boldsymbol{y} - \sum_{j=1}^{J} \boldsymbol{X}_j \boldsymbol{\beta}_j\right)' \left(\boldsymbol{y} - \sum_{j=1}^{J} \boldsymbol{X}_j \boldsymbol{\beta}_j\right) + \lambda \sum_{j=1}^{J} \sqrt{p_j} (\boldsymbol{\beta}_j' \boldsymbol{\beta}_j)^{1/2}$$

の最小化により得られる.ここで λ は正則化パラメータである.グループ数を説明変数の次元 $(J = p)$ とすると, $\sqrt{p_j}\|\boldsymbol{\beta}_j\|_2 = |\beta_j|$ となり lasso 推定量が得られる.

group lasso 推定における罰則項は

$$p(\boldsymbol{\beta}) = \lambda \sum_{j=1}^{J} \sqrt{p_j} (\boldsymbol{\beta}_j' \boldsymbol{\beta}_j)^{1/2}$$

と定義されているが，各グループの回帰係数の2乗和に対して L_1 ノルムの罰則を課しているため，グループごとの選択が可能となっている．

group lasso 推定量を得たい場合には grplasso パッケージが利用可能である．以下は，R プログラムによる実行例についての説明である．いま，三つの説明変数についてのグループ $\{x_1, x_2\}$, $\{x_3, x_4, x_5\}$, $\{x_6, \ldots, x_p\}$, があるとして，以下の線形回帰モデルを考える．

$$y_\alpha = \sum_{j=1}^{2} \beta_j x_{j\alpha} + \sum_{j=3}^{5} \beta_j x_{j\alpha} + \sum_{j=6}^{p} \beta_j x_{j\alpha} + \varepsilon_\alpha, \quad \alpha = 1, \ldots, n$$

$$(\boldsymbol{y} = \boldsymbol{X}_1 \boldsymbol{\beta}_1 + \boldsymbol{X}_2 \boldsymbol{\beta}_2 + \boldsymbol{X}_3 \boldsymbol{\beta}_3 + \boldsymbol{\varepsilon})$$

ここで注意すべきは，説明変数についての三つのグループが存在することである．そのため，罰則項は

$$p(\boldsymbol{\beta}) = \lambda\sqrt{2}\left|\beta_1^2 + \beta_2^2\right| + \lambda\sqrt{3}\left|\beta_3^2 + \beta_4^2 + \beta_5^2\right| + \lambda\sqrt{p-5}\left|\beta_6^2 + \cdots + \beta_p^2\right|$$

である．

ここでは説明変数の個数を $p = 30$, 観測データ数 $n = 100$ としてデータを発生させる．ただし，誤差項は平均0分散 0.5^2 の正規分布から発生させている．また，真の回帰係数 $\boldsymbol{\beta} = (1, -1, 1, 0.5, -1, 0, \ldots, 0)'$ としており，5個の説明変数 $\{x_1, x_2, x_3, x_4, x_5\}$ 以外，すなわち三つ目のグループに属する説明変数は目的変数 y と関連がない．正則化パラメータは，(2.4) 式で $K = 10$ とした K 分割交差検証法により選択する．

▶ R プログラムによる実行 (ch2-07.r)

```
library(grplasso)
p <- 30 #説明変数の個数
n <- 100 #データ数
x <- matrix(rnorm(n*p),nrow=n,ncol=p) #計画行列の作成
b <- c(1,-1,1,0.5,-1,rep(0,len=p-5)) #真の回帰係数
z <- x%*%b #真の確率構造
y <- z+rnorm(n,0,0.5) #観測データの生成
index <- c(rep(1,len=2), rep(2,len=3), rep(3,len=p-5)) #説明変数
    のグルーピングをおこなう
lambda <- c(100,10,1,0.1,0.01,0.001) #使用する正則化パラメータの値
#以下で交差検証法を実行
```

```
cv.score <- rep(0,len=length(lambda))
for(i in 1:length(lambda)){
lam <- lambda[i]
for(k in 1:10){
l <- ((k-1)*10+1):(k*10)
x.cv <- x[-l,]
y.cv <- as.vector(y[-l])
fit <- grplasso(x=x.cv,y=y.cv,index=index,lambda=lam,model=
    LinReg(),center=F) #group lasso 推定量
b.est <- fit$coefficients #回帰係数の推定値
pred <- x[l,]%*%b.est #目的変数の予測
er <- sum( (y[l]-pred)^2 ) #二乗予測誤差
cv.score[i] <- cv.score[i]+er
}
}

#正則化パラメータ (横軸) と CV スコア (縦軸) の表示
par(cex.lab=1.2)
par(cex.axis=1.2)
plot(log(lambda),cv.score,xlab="log(Regularization parameter)",
    ylab="CV.score",type="l",lwd=2)
dev.copy2eps(file="GRL-CVplot.ps")

#最適な正則化パラメータの選択
opt.lambda <- lambda[subset(1:length(lambda),cv.score==min(cv.
    score))]

#最終的な group lasso 推定量
fit <- grplasso(x=x.cv,y=y.cv,index=index,lambda=opt.lambda,
    model=LinReg(),center=F)
print(fit$coefficients)    #最終的な elastic net 推定量の表示
```

図 2.4 は，各正則化パラメータの値 (横軸) に対する CV スコア (縦軸) である．図から CV スコア最小となるように正則化パラメータを決定できることがわかる．この例では，五つの正則化パラメータの値を用意してグリッドサーチを実行しているが，グリッドを細かくすることにより CV スコアをさらに小さくする正則化パラメータを見つけることができる．実際場面においては，計算機の性能を考慮しながら正則化パラメータの探索を実行すべきである．

group lasso 推定量についての関連文献としては以下などを参照されたい．Lin and Zhang (2006), Zhao et al. (2009).

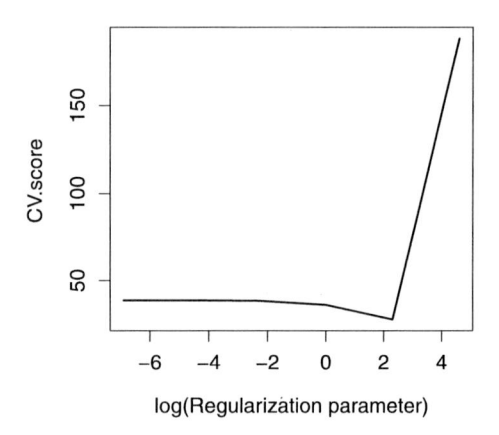

図 2.4 各正則化パラメータの値 (横軸) に対する CV スコア (縦軸).

2.5 SCAD 推定量

Fan and Li (2001) は SCAD (smoothly clipped absolute deviation) 罰則を提案した．Lasso 推定量は大きい値の回帰係数には過剰な罰則を課すためである．SCAD 罰則項 $p(\boldsymbol{\beta}) = \sum_{j=1}^{p} p(\beta_j)$ は

$$p(|\beta_j|) = \begin{cases} \lambda|\beta_j| & (|\beta_j| \leq \lambda) \\ \dfrac{\gamma\lambda|\beta_j| - 0.5(\beta_{ik}^2 + \lambda^2)}{\gamma - 1} & (\lambda < |\beta_j| \leq \gamma\lambda) \\ \dfrac{\lambda^2(\gamma^2 - 1)}{2(\gamma - 1)} & (\gamma\lambda < |\beta_j|) \end{cases} \quad (2.7)$$

と定義される．ここで，$\lambda > 0$ は正則化パラメータであり，$\gamma > 2$ である．Fan and Li (2001) は，ベイズリスク最小化の観点から，$\gamma = 3.7$ を用いている．(2.1) 式に SCAD 罰則項を利用することで，SCAD 推定量が得られる．

SCAD 罰則項は L_1 制約を含むため，推定量を解析的に求めるのが困難である．Fan and Li (2001) は，以下のように解説される局所 2 次近似 (LQA; local quadratic approximation) を提案している．いま β_j の初期値を β_j^* ($\beta_j^* \approx \beta_j$) とする．このとき，(2.7) 式で定義される SCAD 罰則項 $p(\beta_j)$ の微分は

$$[p(|\beta_j|)]' = p'(|\beta_j|)\text{sign}(\beta_j) = \frac{p'(|\beta_j|)}{|\beta_j|} \times \beta_j \approx \frac{p'(|\beta_j^*|)}{|\beta_j^*|} \times \beta_j$$

と近似することができる．ここで $\beta_j \approx \beta_j^*$ を利用している．すなわち，SCAD 罰則項は

$$p(|\beta_j|) \approx p(|\beta_j^*|) + \frac{1}{2}\frac{p'(|\beta_j^*|)}{|\beta_j^*|} \times (\beta_j - \beta_j^*)^2 \qquad (2.8)$$

と近似される．また $\beta_j^* = \beta_j$ のとき，この近似式は (2.7) 式の SCAD 罰則項と一致する．Fan and Li (2001) が考察しているように，(2.8) 式で与えられる近似の問題は，$\beta_j = 0$ と設定すると $p(|\beta_j|) = 0$ となってしまうことである．しかし，(2.8) 式の近似式は β_j に関する 2 次関数であるため，β_j に関して微分可能であり，計算上の問題を緩和する利点をもつ．すなわち，ニュートン–ラフソン法等を利用できるため，パラメータ推定が非常に容易となる．実際には，最適化におけるパラメータ更新の途中でパラメータ β_j がある閾値より小さければ $\beta_j = 0$ と推定することとなる．

2.5.1　SCAD 推定量の理論的性質

さて，lasso type 推定量は (2.2) 式のサイン条件を仮定して推定量の理論的性質を構築していた．Fan and Li (2001) では，伝統的な統計モデルに課されるような制約のもとで SCAD 推定量は oracle procedure であることを証明している．SCAD 推定量は最も頻繁に使用される手法の一つであるため，ここでは統計モデル，罰則項，正則化パラメータに課される仮定などについてまとめたあと，それらについて解説していく．

2.5.2　SCAD 推定における仮定

(A.1) 観測データは独立である．
(A.2) 対数尤度関数 $\ell(\boldsymbol{\beta})$ とする．このとき，対数尤度関数の 1 階微分は以下をみたす．

$$E\left[\frac{\partial \ell(\boldsymbol{\beta})}{\partial \beta_j}\right] = 0, \qquad j = 1, \ldots, p$$

(A.3) 対数尤度関数の 2 階微分は以下を満たす．

$$E\left[-\frac{\partial^2 \ell(\boldsymbol{\beta})}{\partial \beta_j \partial \beta_k}\right] = E\left[\frac{\partial \ell(\boldsymbol{\beta})}{\partial \beta_j}\frac{\partial \ell(\boldsymbol{\beta})}{\partial \beta_k}\right], \qquad j, k = 1, \ldots, p$$

(A.4) フィッシャー情報行列

$$I(\boldsymbol{\beta}) = E\left[\frac{\partial \ell(\boldsymbol{\beta})}{\partial \boldsymbol{\beta}}\frac{\partial \ell(\boldsymbol{\beta})}{\partial \boldsymbol{\beta}'}\right]$$

は有限であり，真のパラメータ $\boldsymbol{\beta} = \boldsymbol{\beta}_0$ において $I(\boldsymbol{\beta}_0)$ は正定値行列である．

(A.5) パラメータ空間内 R^p の部分集合 ω は真のパラメータ $\boldsymbol{\beta} = \boldsymbol{\beta}_0$ を含み，対数尤度関数の 3 階微分の絶対値

$$\left|\frac{\partial^3 \ell(\boldsymbol{\beta})}{\partial \beta_j \partial \beta_k \partial \beta_\ell}\right|$$

はすべての $\boldsymbol{\beta} \in \omega$ について有限である．

(A.6) 正則化パラメータは，以下の漸近的性質をもつ．

$$\lambda \to 0, \quad \sqrt{n}\lambda \to \infty$$

仮定 (A.1)〜(A.5) は従来の統計的モデリングにおいてよくみられる仮定である．しかしながら，ここで注意すべきは真のパラメータ数 p_0 は観測データ数にかかわらず固定されている点である．真のパラメータ数 p_0 が固定されているため，仮定 (A.5) のように，対数尤度関数のテイラー展開に関連する高次オーダー (例えば，対数尤度関数の 4 階微分) については無視するだけでよい．言い換えれば，目的変数に影響を与える説明変数が観測データとともに増大する場合 (つまり，真のパラメータ数 p_0 が $p_0 \to \infty$ $(n \to \infty)$ となる場合)，さらに強い仮定が統計モデルに課されることとなる．仮定 (A.6) はテクニカルな仮定であるが，漸近的に罰則項の影響が小さくなることを意味しており，SCAD 推定量の変数選択の一致性に必要となる条件である．いま，真のパラメータ数 p_0 は固定されているため，十分大きな観測データのもとでは，従来の統計的モデリングの設定 ($p_0 < n$) になるため，自然な仮定である．以上の仮定 (A.1)〜(A.6) のもとでは，SCAD 推定量は oracle procedure であることが証明される．

2.5.3 一致性について

仮定 (A.1)〜(A.3) のもとで，SCAD 推定量 $\hat{\boldsymbol{\beta}}$ の一致性について証明する．いま (2.1) 式に SCAD 罰則 (2.7) を代入した罰則付き対数尤度関数 $R(\boldsymbol{\beta})$, α_n を以下のように定義する．

2.5 SCAD 推定量

$$R(\boldsymbol{\beta}) = \sum_{\alpha=1}^{n} \log f(y_\alpha | \boldsymbol{x}_\alpha, \boldsymbol{\beta}) - n \sum_{j=1}^{p} p(|\beta_j|),$$

$$\alpha_n = n^{-1/2} + d_n$$

ここで $d_n = \max\{p'(\beta_{0k}); \beta_{0k} \neq 0\}$ であり，$\boldsymbol{\beta}_0$ は真のパラメータの値である．Fan and Li (2001) にあるように，任意の $e > 0$ に対してある定数 C があり，確率 $1-e$ 以上で $R(\boldsymbol{\beta})$ を局所最大化する $\boldsymbol{\beta} \in \{\boldsymbol{\beta}_0 + \alpha_n \boldsymbol{u}; \|\boldsymbol{u}\| \leq C\}$ が存在すること，すなわち

$$P\left[\max_{\|\boldsymbol{u}\|=C} R(\boldsymbol{\beta}_0 + \alpha_n \boldsymbol{u}) < R(\boldsymbol{\beta}_0)\right] \geq 1 - e \tag{2.9}$$

を示せばよい．なぜならば，$R(\boldsymbol{\beta})$ を局所最大化する $\hat{\boldsymbol{\beta}}$ があり，$\|\hat{\boldsymbol{\beta}} - \boldsymbol{\beta}_0\| = O_p(\alpha_n)$ が成立するからである．

いま，SCAD 罰則の性質 $p(0) = 0$ に注意すると

$$\begin{aligned}
&R(\boldsymbol{\beta}_0 + \alpha_n \boldsymbol{u}) - R(\boldsymbol{\beta}_0) \\
&= \sum_{\alpha=1}^{n} \log f(y_\alpha | \boldsymbol{x}_\alpha, \boldsymbol{\beta}_0 + \alpha_n \boldsymbol{u}) - n \sum_{j=1}^{p} p(|\beta_{j0} + \alpha_n u_j|) \\
&\quad - \left[\sum_{\alpha=1}^{n} \log f(y_\alpha | \boldsymbol{x}_\alpha, \boldsymbol{\beta}_0) - n \sum_{j=1}^{p_0} p(|\beta_{j0}|)\right] \\
&\leq \sum_{\alpha=1}^{n} \log f(y_\alpha | \boldsymbol{x}_\alpha, \boldsymbol{\beta}_0 + \alpha_n \boldsymbol{u}) - \sum_{\alpha=1}^{n} \log f(y_\alpha | \boldsymbol{x}_\alpha, \boldsymbol{\beta}_0) \\
&\quad - n \sum_{j=1}^{p_0} [p(|\beta_{j0} + \alpha_n u_j|) - p(|\beta_{j0}|)]
\end{aligned}$$

が得られる．ここで，p_0 は真の説明変数の次元である．さらに，テイラー展開により

$$\begin{aligned}
&R(\boldsymbol{\beta}_0 + \alpha_n \boldsymbol{u}) - R(\boldsymbol{\beta}_0) \\
&\leq \alpha_n \sum_{\alpha=1}^{n} \frac{\partial \log f(y_\alpha | \boldsymbol{x}_\alpha, \boldsymbol{\beta}_0)}{\partial \boldsymbol{\beta}'} \boldsymbol{u} \\
&\quad - \frac{1}{2} n \alpha_n^2 \sum_{\alpha=1}^{n} \boldsymbol{u}' \frac{\partial \log f(y_\alpha | \boldsymbol{x}_\alpha, \boldsymbol{\beta}_0)}{\partial \boldsymbol{\beta} \partial \boldsymbol{\beta}'} \boldsymbol{u} \{1 + o_p(1)\}
\end{aligned}$$

$$-\sum_{j=1}^{p_0}\left[n\alpha_n p'(|\beta_{0j}|)\mathrm{sign}(\beta_{0j})u_j + n\alpha_n^2 p''(|\beta_{0j}|)u_j^2\{1+o_p(1)\}\right].$$

いま,$\sum_{\alpha=1}^{n}\partial\log f(y_\alpha|\boldsymbol{x}_\alpha,\boldsymbol{\beta}_0)/\partial\boldsymbol{\beta}=O_p(\sqrt{n})$ に注意すると,第1項目は $O_p(\alpha_n\sqrt{n})=O_p(n\alpha_n^2)$ である.第2項目は $O_p(n\alpha_n^2)$ であり,定数 C を十分大きくとると,第1項目と第2項目の和は負となることが示される.また第3項目は

$$\sqrt{p_0}n\alpha_n\|\boldsymbol{u}\| + n\alpha_n^2\max\{p''(\beta_{j0});\theta_{j0}\neq 0\}\|\boldsymbol{u}\|^2$$

で上限を抑えることができ,定数 C を十分大きくとると第2項目より小さくなる.以上から,(2.9) 式が成立し,$\|\hat{\boldsymbol{\beta}}-\boldsymbol{\beta}_0\|=O_p(n^{-1/2}+\alpha_n)=o_p(1)$ が示された.

2.5.4 変数選択の一致性について

いま示したように,SCAD 推定量の $\sqrt{n}$ 一致性が得られた.ここでは,oracle property の性質の一つである,SCAD 推定量の変数選択の一致性 $P(\hat{\boldsymbol{\theta}}_{20}=\boldsymbol{0})\to 1$ について証明する.ここで,$\boldsymbol{\beta}_0'=(\boldsymbol{\beta}_{01}',\boldsymbol{\beta}_{02}')=(\boldsymbol{\beta}_{01}',\boldsymbol{0}')$ は真の回帰係数,$\hat{\boldsymbol{\beta}}=(\hat{\boldsymbol{\beta}}_1',\hat{\boldsymbol{\beta}}_2')$ が SCAD 推定量であることに注意する.Fan and Li (2001) にあるように,ある小さい $\delta_n=C/\sqrt{n}$ について $\boldsymbol{\beta}_2=(\beta_{21},\ldots,\beta_{2,p-p_0})$ について

$$\frac{\partial R(\boldsymbol{\beta})}{\partial\beta_{2k}}<0, \qquad 0<\beta_{2k}<\delta_n,$$
$$\frac{\partial R(\boldsymbol{\beta})}{\partial\beta_{2k}}>0, \qquad -\delta_n<\beta_{2k}<0$$

を β_{2k} $(k=1,\ldots,p-p_0)$ について示せばよい.テイラー展開により

$$\frac{\partial R(\boldsymbol{\beta})}{\partial\beta_{2k}}$$
$$=\sum_{\alpha=1}^{n}\frac{\partial\log f(y_\alpha|\boldsymbol{x}_\alpha,\boldsymbol{\beta})}{\partial\beta_{2k}} - np'(|\beta_{2k}|)\mathrm{sign}(\beta_{2k})$$
$$=\sum_{\alpha=1}^{n}\frac{\partial\log f(y_\alpha|\boldsymbol{x}_\alpha,\boldsymbol{\beta}_0)}{\partial\beta_{2k}} + \sum_{j=1}^{p}\sum_{\alpha=1}^{n}\frac{\partial^2\log f(y_\alpha|\boldsymbol{x}_\alpha,\boldsymbol{\beta}_0)}{\partial\beta_{2k}\partial\beta_j}(\beta_j-\beta_{0j})$$
$$+\sum_{j=1}^{p}\sum_{\ell=1}^{p}\sum_{\alpha=1}^{n}\frac{\partial^3\log f(y_\alpha|\boldsymbol{x}_\alpha,\boldsymbol{\beta}^*)}{\partial\beta_{2k}\partial\beta_j\partial\beta_\ell}(\beta_j-\beta_{0j})(\beta_\ell-\beta_{0\ell})$$

$$- np'(|\beta_{2k}|)\mathrm{sign}(\beta_{2k}).$$

ここで $\boldsymbol{\beta}^*$ は $\boldsymbol{\beta}$ と $\boldsymbol{\beta}_0$ の中間にあるパラメータの値である．仮定 (A.1)〜(A.5)，および $\|\hat{\boldsymbol{\beta}} - \boldsymbol{\beta}_0\| = O_p(1/\sqrt{n})$ より，

$$\frac{\partial R(\boldsymbol{\beta})}{\partial \beta_{2k}} = n\lambda \left[-\frac{1}{\lambda} p'(|\beta_{2k}|)\mathrm{sign}(\beta_{2k}) + O_p\left(\frac{1}{\sqrt{n}\lambda}\right) \right]$$

が得られる．SCAD 罰則の性質から

$$\liminf_{n\to\infty} \liminf_{\beta\to 0^+} \frac{1}{\lambda} p'(\beta) > 0$$

であり，仮定 (A.6) より $1/(\sqrt{n}\lambda) \to 0$ が成立する．以上をまとめると，変数選択の一致性

$$P(\hat{\boldsymbol{\beta}}_{20} = \boldsymbol{0}) \to 1$$

が証明されたこととなる．

2.5.5 漸近正規性について

SCAD 推定量の変数選択の一致性が得られた．さらに $\hat{\boldsymbol{\beta}}_1$ の漸近正規性を示すことで SCAD 推定量の oracle property が得られる．Fan and Li (2001) に示されているように，目的変数と真に関連がある説明変数に対応する回帰係数の推定量 $\hat{\boldsymbol{\beta}}_1$ は，漸近的に以下の分散共分散行列をもつ．

$$V = \frac{1}{n} \{I_1(\boldsymbol{\beta}_0) + \Sigma\}^{-1} I_1(\boldsymbol{\beta}_0) \{I_1(\boldsymbol{\beta}_0) + \Sigma\}^{-1}$$

ここで，$I_1(\boldsymbol{\beta}_0)$ は目的変数と真に関連がある説明変数に対応するフィッシャー情報行列 $I(\boldsymbol{\beta})$ の $p_0 \times p_0$ 部分行列とし，対角行列 Σ は

$$\Sigma = \mathrm{diag}\left\{p(\beta_{01})', \ldots, p(\beta_{0p_0})'\right\}$$

で与えられる．さらに $\sqrt{n}(\hat{\boldsymbol{\beta}}_1 - \boldsymbol{\beta}_{01})$ は平均 $\boldsymbol{0}$，分散共分散行列 $\boldsymbol{V}$ の正規分布に従うことも証明されている．

そのため，推定された回帰係数の統計的有意性についての検定も実行可能である．実際場面においては，$\boldsymbol{V}$ を推定する必要がある．その場合，$I_1(\boldsymbol{\beta}_0)$, Σ をそれぞれ

$$\hat{I}_{\hat{1}}(\hat{\boldsymbol{\beta}}) = \sum_{\alpha=1}^{n} \frac{\partial \log f(y_\alpha|\boldsymbol{x}_\alpha, \boldsymbol{\beta})}{\partial \boldsymbol{\beta}_{\hat{1}}} \frac{\partial \log f(y_\alpha|\boldsymbol{x}_\alpha, \boldsymbol{\beta})'}{\partial \boldsymbol{\beta}_{\hat{1}}}\Bigg|_{\boldsymbol{\beta}_{\hat{1}}=\hat{\boldsymbol{\beta}}_{\hat{1}}}$$

および,

$$\hat{\Sigma} = \mathrm{diag}\left\{p(\hat{\beta}_1)', \ldots, p(\hat{\beta}_{\hat{p}})'\right\}$$

で置き換えればよい.ここで,$\hat{1}$ は推定された回帰係数が 0 でない説明変数の集合,$\partial/\partial\boldsymbol{\beta}_{\hat{1}}$ は推定された回帰係数が 0 でない回帰係数ベクトルについての微分,$\hat{p}$ は推定された回帰係数が 0 でない説明変数の次元である.

2.5.6 正則化パラメータの選択について

正則化パラメータの選択であるが,線形回帰モデルの場合には (2.3) 式,一般化線形モデルのような尤度関数を利用した場合には (2.6) 式のように,尤度関数に基づく交差検証法を実行すればよい.以下,R スクリプトによる実行例である.ここでは説明変数の個数を $p = 50$,観測データ数 $n = 100$ としてデータを発生させる.ただし,誤差項は平均 0 分散 0.5^2 の正規分布から発生させている.また,真の回帰係数を $\boldsymbol{\beta} = (1, -1, 1, 0.5, -1, 0, \ldots, 0)'$ としており,5 個の説明変数 $\{x_1, x_2, x_3, x_4, x_5\}$ が目的変数 y と関連している.正則化パラメータは,$K = 10$ フォールド交差検証法により選択する.

▶ R プログラムによる実行　　　　　　　　　　　　　(ch2-08.r)

```
library(ncvreg)
p <- 50 #説明変数の個数
n <- 100 #データ数
x <- matrix(rnorm(n*p),nrow=n,ncol=p) #計画行列の作成
b <- c(1,-1,1,0.5,-1,rep(0,len=p-5)) #真の回帰係数
z <- x%*%b #真の確率構造
y <- z+rnorm(n,0,0.5) #観測データの生成
lambda <- c(100,10,1,0.1,0.01,0.001) #使用する正則化パラメータの値

#以下で交差検証法を実行
cv.score <- rep(0,len=length(lambda))
for(i in 1:length(lambda)){
lam <- lambda[i]
for(k in 1:10){
```

```
l <- ((k-1)*10+1):(k*10)
x.cv <- x[-l,]
y.cv <- as.vector(y[-l])
fit <- ncvreg(X=x.cv,y=y.cv,family="gaussian", penalty="SCAD",
    lambda=lam) #SCAD 推定量
b.est <- fit$beta #回帰係数の推定値
pred <- cbind(1,x[l,])%*%b.est #目的変数の予測
er <- sum( (y[l]-pred)^2 ) #二乗予測誤差
cv.score[i] <- cv.score[i]+er
}
}

#正則化パラメータ (横軸) と CV スコア (縦軸) の表示
par(cex.lab=1.2)
par(cex.axis=1.2)
plot(log(lambda),cv.score,xlab="log(Regularization parameter)",
    ylab="CV.score",type="l",lwd=2)

#最適な正則化パラメータの選択
opt.lambda <- lambda[subset(1:length(lambda),cv.score==min(cv.
    score))]

#最終的な SCAD 推定量
fit <- ncvreg(X=x,y=y,family="gaussian", penalty="SCAD",lambda=
    opt.lambda)
print(fit$beta)    #最終的な SCAD 推定量の表示
```

SCAD 推定量についての追加関連文献として以下などを参照されたい．Fan and Li (2002, 2004), Kim et al. (2008), Wang et al. (2007b), Wu and Lange (2008), Zou and Li (2008).

2.6 MC$_+$ 推定量

前節までは，lasso type 推定量，SCAD 推定量などを解説してきた．これ以外にも，高次元データの分析を目的としたさまざまな推定量が提案されている．例えば，Zhang (2010) は，lasso 推定量のバイアスに対処するために，minimax concave 罰則

$$p(\boldsymbol{\beta}) = \lambda \sum_{j=1}^{p} \int_{0}^{|\beta_j|} \left\{1 - \frac{x}{\nu\lambda}\right\}_{+} dx$$

を考案し，MC$_+$ 推定量を提案している．ここで，$\nu \to \infty$ とすると lasso 推定量の罰則になり，$\nu \to 0$ とすると罰則項の影響が小さくなることがわかる．MC$_+$ 推定量の理論的性質などの詳細については，Zhang (2010) を参照されたい．R での実行においては，パッケージ ncvreg を利用すればよい．正則化パラメータの選択が問題となるが交差検証法などで実行可能である．以下が R による実行例である．

▶ R プログラムによる実行　　　　　　　　　　　　　　　　　(ch2-09.r)

```
library(ncvreg)
p <- 50 #説明変数の個数
n <- 100 #データ数
x <- matrix(rnorm(n*p),nrow=n,ncol=p) #計画行列の作成
b <- c(1,-1,1,0.5,-1,rep(0,len=p-5)) #真の回帰係数
z <- x%*%b #真の確率構造
y <- z+rnorm(n,0,0.5) #観測データの生成
lambda <- c(100,10,1,0.1,0.01,0.001) #使用する正則化パラメータの値

#以下で交差検証法を実行
cv.score <- rep(0,len=length(lambda))
for(i in 1:length(lambda)){
lam <- lambda[i]
for(k in 1:10){
l <- ((k-1)*10+1):(k*10)
x.cv <- x[-l,]
y.cv <- as.vector(y[-l])
fit <- ncvreg(X=x.cv,y=y.cv,family="gaussian", penalty="MCP",
    lambda=lam) #MC+ 推定量
b.est <- fit$beta #回帰係数の推定値
pred <- cbind(1,x[l,])%*%b.est #目的変数の予測
er <- sum( (y[l]-pred)^2 ) #二乗予測誤差
cv.score[i] <- cv.score[i]+er
}
}

#最適な正則化パラメータの選択
opt.lambda <- lambda[subset(1:length(lambda),cv.score==min(cv.
    score))]
```

```
#最終的な MC+ 推定量
fit <- ncvreg(X=x,y=y,family="gaussian", penalty="MCP",lambda=
    opt.lambda)
print(fit$beta)   #最終的な MC+ 推定量の表示
```

2.7 Dantzig selector 推定量

Candes and Tao (2007) は Dantzig selector 推定量を提案している．Dantzig selector 推定量は

$$\|\boldsymbol{X}'(\boldsymbol{y}-\boldsymbol{X}\boldsymbol{\beta})\|_\infty < \lambda$$

の制約化で，回帰係数の L1 ノルム $\|\boldsymbol{\beta}\|_1 = \sum_{j=1}^{p}|\beta_j|$ を最小化することで得られる．R での実行においては，パッケージ flare が配布されている．正則化パラメータの選択が問題となるが交差検証法などで選択できる．以下が R による実行例である．

▶ R プログラムによる実行 (ch2-10.r)

```
library(flare)
p <- 80 #説明変数の個数
n <- 100 #データ数
x <- matrix(rnorm(n*p),nrow=n,ncol=p) #計画行列の作成
b <- c(1,-1,1,0.5,-1,rep(0,len=p-5)) #真の回帰係数
z <- x%*%b #真の確率構造
y <- z+rnorm(n,0,0.5) #観測データの生成
lambda <- c(100,10,1,0.1,0.01,0.001) #使用する正則化パラメータの値

#以下で交差検証法を実行
cv.score <- rep(0,len=length(lambda))
for(i in 1:length(lambda)){
lam <- lambda[i]
for(k in 1:10){
l <- ((k-1)*10+1):(k*10)
x.cv <- x[-l,]
y.cv <- as.vector(y[-l])
fit <- flare.slim(X=x.cv,Y=y.cv,method="dantzig",lambda=lam) #
```

```
    Dantzig selector 推定
b.est <- fit$beta  #回帰係数の推定値
pred <- x[1,]%*%b.est  #目的変数の予測
er <- sum( (y[1]-pred)^2 )  #二乗予測誤差
cv.score[i] <- cv.score[i]+er
}
}

#最適な正則化パラメータの選択
opt.lambda <- lambda[subset(1:length(lambda),cv.score==min(cv.
    score))]

#最終的な Dantzig selector 推定量
fit <- flare.slim(X=x.cv,Y=y.cv,method="dantzig",lambda=opt.
    lambda)
print(fit$beta)   #最終的な Dantzig selector 推定量の表示
```

Dantzig selector 推定量についての関連文献として以下などを参照されたい．Cai and Lv (2007), Efron et al. (2007), James et al. (2009),

2.8 Bayesian lasso 推定量

近年の計算機利用環境の飛躍的な進展により，さまざまな数値計算に基づくベイズ推定法が実際に利用されている．ここでは，ベイズ推定の枠組みと lasso 推定法の関係について触れていく (Park and Casella (2008))．lasso 推定法 (Tibshirani (1996)) では，線形回帰モデルのパラメータは罰則項 $\lambda \sum_{j=1}^{p} |\beta_j|$ を利用して推定された．以下，誤差項に正規性 $N(0, \sigma^2)$ を仮定し，Bayesian lasso 推定量について紹介する．

Park and Casella (2008) は，lasso 推定法の罰則項がパラメータ $\boldsymbol{\beta}$ の事前分布として，各成分が独立なラプラス (Laplace) 分布

$$\pi(\boldsymbol{\beta}|\sigma^2) = \prod_{j=1}^{p} \frac{\lambda}{2\sigma} \exp\left[-\lambda \frac{|\beta_j|}{\sigma}\right]$$

に対応していることを示した．さらに，Park and Casella (2008) は，ラプラス分布の別表現

2.8 Bayesian lasso 推定量

$$\frac{a}{2}\exp\{-a|z|\} = \int_0^\infty \frac{1}{2\pi s}\exp\left[-\frac{z^2}{2s}\right]\frac{a^2}{2}\exp\left[-\frac{a^2 s}{2}\right]ds, \quad (a>0)$$

を利用して，階層型事前分布を考案した．

$$\pi(\boldsymbol{\beta}|\sigma^2, \tau_1^2, \ldots, \tau_p^2) = N(\mathbf{0}, \sigma^2 D_\tau),$$
$$\pi(\sigma^2, \tau_1^2, \ldots, \tau_p^2, \lambda) = \pi(\sigma^2)\prod_{j=1}^p \exp\left(-\frac{\lambda^2 \tau_j^2}{2}\right)$$

ここで $D_\tau = \mathrm{diag}(\tau_1^2, \ldots, \tau_p^2)$ とする．さらに，Park and Casella (2008) は，σ^2，および λ の事前分布を

$$\pi(\sigma^2) = \frac{1}{\sigma^2},$$
$$\pi(\lambda^2) = \frac{b^r}{\Gamma(r)}(\lambda^2)^{r-1}\exp[-b\lambda^2]$$

と定式化している．ここで $b, r > 0$ とする．

Park and Casella (2008) では，パラメータ $\boldsymbol{\beta}, \sigma^2, \tau_1^2, \ldots, \tau_p^2, \lambda$ の条件付き事後分布を解析的に求めてあり，それらは以下で与えられる．$\boldsymbol{\beta}$ の条件付き事後分布は，平均 $(\boldsymbol{X}'\boldsymbol{X} + D_\tau^{-1})^{-1}\boldsymbol{X}'\boldsymbol{y}$，共分散行列 $\sigma^2(\boldsymbol{X}'\boldsymbol{X} + D_\tau^{-1})^{-1}$ の多変量正規分布である．σ^2 の条件付き事後分布は，パラメータ $(n+p-1)/2$, $(\boldsymbol{y}-\boldsymbol{X}\boldsymbol{\beta})'(\boldsymbol{y}-\boldsymbol{X}\boldsymbol{\beta})/2 + \boldsymbol{\beta}'D_\tau^{-1}\boldsymbol{\beta}/2$ の逆ガンマ分布となる．τ_j^2 の条件付き事後分布は，パラメータ $\mu = \sqrt{\lambda^2\sigma^2/\beta_j^2}$, $\lambda' = \lambda^2$ の逆正規分布である．ここで，逆正規分布の確率密度関数は

$$f(x) = \sqrt{\frac{\lambda'}{2\pi}}x^{-3/2}\exp\left[-\frac{\lambda'(x-\mu)^2}{2\mu^2 x}\right]$$

で与えられる．最後に λ^2 の条件付き事後分布は，パラメータ $p+r, \sum_{j=1}^p \tau_j^2/2 + b$ のガンマ分布である．パラメータすべての条件付き事後分布が解析的に与えられているので，ギブスサンプリング法を利用して事後サンプリングを実行すればよい．以下，R での実行例である．

▶ R プログラムによる実行 (ch2-11.r)

```
library(monomvn)
p <- 80 #説明変数の個数
```

```
n <- 100 #データ数
x <- matrix(rnorm(n*p),nrow=n,ncol=p) #計画行列の作成
b <- c(1,-1,rep(0,len=p-2)) #真の回帰係数
z <- x%*%b #真の確率構造
y <- z+rnorm(n,0,0.5) #観測データの生成

#Bayesian lasso 推定の実行
library(blasso)
fit <- blasso(x,y,T=10000)

#MCMC サンプル
beta <- fit$beta
beta <- beta[-(1:1000),]

#MCMC サンプルのトレースプロット
par(cex.lab=1.2)
par(cex.axis=1.2)
plot(beta[,1],type="n",xlab="Number of Iteration",ylab="")
lines(beta[,1],lwd=2)
dev.copy2eps(file="BLasso-traceplot-b1.ps")

plot(beta[,2],type="n",xlab="Number of Iteration",ylab="")
lines(beta[,2],lwd=2)
dev.copy2eps(file="BLasso-traceplot-b2.ps")

plot(beta[,3],type="n",xlab="Number of Iteration",ylab="")
lines(beta[,3],lwd=2)
dev.copy2eps(file="BLasso-traceplot-b3.ps")

plot(beta[,4],type="n",xlab="Number of Iteration",ylab="")
lines(beta[,4],lwd=2)
dev.copy2eps(file="BLasso-traceplot-b4.ps")

#MCMC サンプルの密度関数
par(cex.lab=1.2)
par(cex.axis=1.2)
plot(density(beta[,1]),lwd=3,xlab="",main="")
dev.copy2eps(file="BLasso-density-b1.ps")

plot(density(beta[,2]),lwd=3,xlab="",main="")
dev.copy2eps(file="BLasso-density-b2.ps")

plot(density(beta[,3]),lwd=3,xlab="",main="")
dev.copy2eps(file="BLasso-density-b3.ps")
```

```
plot(density(beta[,4]),lwd=3,xlab="",main="")
dev.copy2eps(file="BLasso-density-b4.ps")

#説明変数が含まれる事後確率
for(j in 1:p){print(sum(beta[,j]!=0)/nrow(beta))}
```

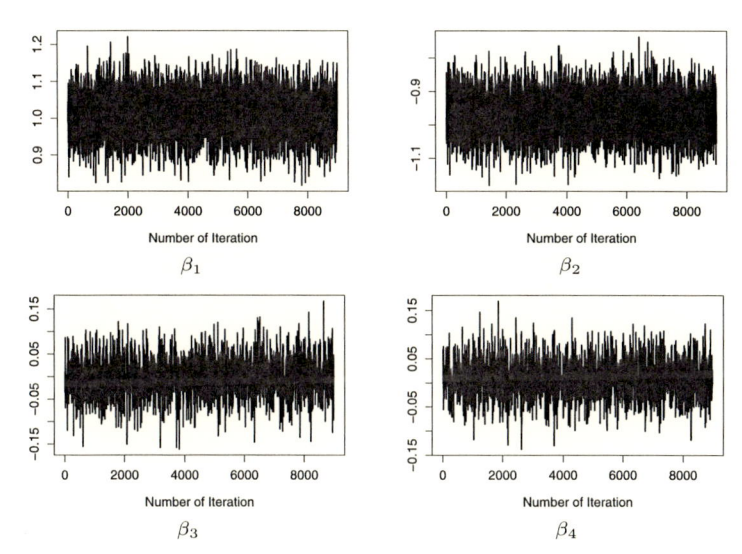

図 2.5 パラメータ β_1, β_2, β_3, β_4 の事後サンプルについてのトレースプロット.

ギブスサンプリング法を利用することにより，事後サンプルを発生させる．実際には，マルコフ連鎖モンテカルロ法により発生させたサンプルを事後分布からのサンプルとして利用する場合，マルコフ連鎖が事後分布に収束しているかどうかを検証する必要がある．一般には，初期値の影響等を取り除き，事後分布に収束したあとのサンプルのみを利用することがほとんどである．その場合，ある時点以降に発生させたサンプルを事後分布からのサンプルとして利用する．ここでは，ギブスサンプリング法により発生させた最初の 1000 個のサンプルを，初期値に依存する期間として捨てて，残りのサンプルを事後分布からのサンプルとして利用する．また，収束を調べる最も簡単な方法はサンプリングパスをプロットし，それがトレンドをもっているかどうかを検証する．もし事後分布に収束していなければ，サンプリングパスがトレンドをもっている

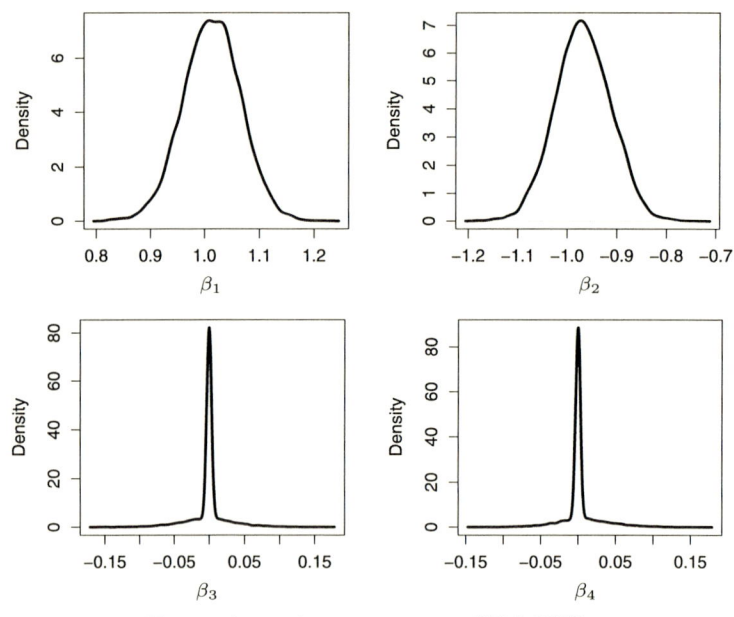

図 2.6 パラメータ β_1, β_2, β_3, β_4 の事後密度関数.

ことが多く，それは明らかに収束していないサインである．例えば，図 2.5 はパラメータ β_1, β_2, β_3, β_4 の事後サンプルについてのトレースプロットである．それぞれのトレースプロットを見てわかるように，サンプリングパスはトレンドをもっておらず，実際には事後分布に収束していると考える．例えば，図 2.6 はパラメータ β_1, β_2, β_3, β_4 の事後密度関数である．

また，説明変数 x_j が回帰モデルに含まれる事後確率も以下で計算できる．

$$\frac{1}{L}\sum_{k=1}^{L}\delta\left(\beta_j^{(k)}\neq 0\right)$$

ここで，L は発生させた事後サンプル数，δ は定義関数，$\beta_j^{(k)}$ はパラメータ β_j についての k 番目の事後サンプルである．

MCMC 法を利用する場合には，前述のとおりさまざまな実際問題を処理する必要がある．MCMC 法に頼らない事後サンプリング法の開発が望まれる．例えば Zellner and Ando (2010), Zellner et al. (2014) などでは，MCMC 法に頼らない事後サンプリング法の開発を試みている．

2.9 quantile lasso 推定量

本章の最後に，lasso 推定による分位点回帰 (quantile lasso) について解説したい．前節までは，目的変数の条件付き期待値についての推定を考えてきた．しかし，分布の期待値ではなく分位点の分析に興味がある場合もある．例えば，金融資産ポートフォリオリスク管理においては，ポートフォリオ収益率の下側 5% 等のモデリングをおこなうことで，どのような経済リスクファクターにポートフォリオ収益率は敏感であるか，期待ショートフォールはどの程度かなどを把握することができる．また，都市防災におけるリスク管理の観点からは，期待される降雨量の予測もさることながら，降雨量がある閾値を超える確率なども重要となる．現在，Koenker and Bassett (1978) により提案された分位点回帰分析はさまざまな場面において利用されている．例えば，Gaglianone et al. (2011) は分位点回帰モデルを value at risk の推定に利用している．Hendricks and Koenker (1992) は電力需要の予測に分位点回帰モデルを応用している．

いま，p 次元説明変数 $\boldsymbol{x}$ 説明変数が与えられたもとでの目的変数 y の条件付き分布関数を $P(Y \leq y|\boldsymbol{x}) = F(y|\boldsymbol{x})$, 条件付き τ 分位点を $Q_\tau(y|\boldsymbol{x}) = \inf\{y|F(y|\boldsymbol{x}) \geq \tau\}$ とする．このとき分位点回帰モデルは

$$Q_\tau(y|\boldsymbol{x}) = \beta_0(\tau) + \sum_{j=1}^{p} \beta_j(\tau)'x_j$$
$$= \boldsymbol{\beta}(\tau)'\boldsymbol{x}$$

と定式化される．ここで，$\boldsymbol{\beta}(\tau) = (\beta_0(\tau), \beta_1(\tau), \ldots, \beta_p(\tau))'$ はパラメータベクトルであり，分位点 τ に依存することに注意されたい．いま，目的変数と説明変数に関する n 個の観測データが与えられたとする．Koenker and Bassett (1978) はパラメータ $\boldsymbol{\beta}(\tau)$ を損失関数

$$\sum_{\alpha=1}^{n} \rho_\tau(y_\alpha - \boldsymbol{\beta}(\tau)'\boldsymbol{x}_\alpha)$$

の最小化により推定している．ここで，関数 $\rho_\tau(u)$ は

$$\rho_\tau(u) = (\tau - \delta(u < 0))u$$

と定義される．だたし，$\delta(a)$ はデルタ関数であり，a が成立すれば $\delta(a) = 1$，成立しない場合には $\delta(a) = 0$ となる．quantile lasso 推定量は，

$$\ell_\tau(\boldsymbol{\beta}) = \sum_{\alpha=1}^{n} \rho_\tau(y_\alpha - \boldsymbol{\beta}(\tau)' \boldsymbol{x}_\alpha) + \lambda \sum_{j=1}^{p} |\beta_j(\tau)|$$

の最小化により得られる．ここで注意すべきは，定数項に対するパラメータ $\beta_0(\tau)$ には罰則を課さないことである．パラメータ $\beta_0(\tau)$ に罰則を課し，かつその真のパラメータの絶対値が大きい場合，バイアスをかけて推定してしまう潜在的リスクを避けるためである．

正則化パラメータの選択が問題となるが，交差検証法などで選択すればよい．(2.3) 式で与えられる $CV(\lambda)$ 基準の二乗予測誤差を分位点回帰モデルの損失関数 $\rho_\tau(\cdot)$ で置き換えればよい．いま，分位点 τ，および正則化パラメータ λ を固定し，観測データ $\{(y_\alpha, \boldsymbol{x}_\alpha); \alpha = 1, \ldots, n\}$ から k 番目のデータを取り除いた $n-1$ 個のデータを利用して quantile lasso 推定量 $\hat{\boldsymbol{\beta}}_{-k}(\tau)$ を計算する．すなわち，$\hat{\boldsymbol{\beta}}_{-k}(\tau)$ は

$$\sum_{\alpha=1; \alpha \neq k}^{n} \rho_\tau(y_\alpha - \boldsymbol{\beta}(\tau)' \boldsymbol{x}_\alpha) + \lambda \sum_{j=1}^{p} |\beta_j(\tau)|$$

の最小化により得られる．このとき，quantile lasso 推定量 $\hat{\boldsymbol{\beta}}_{-k}(\tau)$ のよさは，推定に使用していない観測データ y_k を用いて

$$\rho_\tau(y_k - \hat{\boldsymbol{\beta}}_{-k}(\tau)' \boldsymbol{x}_k)$$

で評価することができる．これは，観測データ y_k に関する予測損失に相当する．いま述べた操作をすべての k について累積すると

$$\mathrm{CV}_\tau(\lambda) = \sum_{k=1}^{n} \rho_\tau(y_\alpha - \hat{\boldsymbol{\beta}}_{-k}(\tau)' \boldsymbol{x}_\alpha)$$

が得られる．さまざまな正則化パラメータ λ のもとで $\mathrm{CV}_\tau(\lambda)$ を計算し，それを最小とする正則化パラメータを適切な値として選択する．最終的な quantile lasso 推定量 $\hat{\boldsymbol{\beta}}(\tau)$ は選択された正則化パラメータのもとで $\ell_\tau(\boldsymbol{\beta})$ を最小化することで得られる．

実際の応用例として，再度，R の bayesm パッケージにあるツナ缶の売り上

2.9 quantile lasso 推定量

げデータ tuna を利用する．再度，表 2.1 の説明変数を利用して，Star Kist 6 オンスサイズの売り上げ (対数変換後) について quantile lasso 推定をおこなう．quantile lasso 推定量は，quantreg パッケージの関数 rq.fit.lasso により得られる．以下，R プログラムによる実行例である．

▶ R プログラムによる実行 　　　　　　　　　　　　　　　　(ch2-12.r)

```
library(quantreg)
library(bayesm)
data(tuna)
tau <- 0.05 #5%分位点
lambda <- 10 #正則化パラメータ
x <- as.matrix(cbind(1,tuna[,16:22],tuna[,9:15],log(tuna[,30])))
    #説明変数
y <- log(tuna[,2]) #Star Kist 6 オンスサイズの売り上げ
n <- nrow(x)
p <- ncol(x)
fit <- rq.fit.lasso(x,y,tau=tau,lambda=lambda) #lasso 推定量
lambda <- fit$lambda #使用された正則化パラメータの値
beta <- trunc(10^10*fit$coefficients)/10^10 #推定された回帰係数の値
print(beta) #推定された回帰係数の表示

#交差検証法を実行
lambda <- 10^(seq(-3,2,len=20)) #使用する正則化パラメータの値
cv.score <- rep(0,len=length(lambda))
for(i in 1:length(lambda)){
lam <- lambda[i]
for(l in 1:n){
x.cv <- x[-l,]
y.cv <- as.vector(y[-l])
fit <- rq.fit.lasso(x,y,tau=tau,lambda=lam) #lasso 推定量
b.est <- trunc(10^10*fit$coefficients)/10^10   #回帰係数の推定値
pred <- sum( c(1,x[l,])*b.est ) #目的変数の予測
er <- y[l]-pred
cv.er <- (abs(er)+(2*tau-1)*er)/2
cv.score[i] <- cv.score[i]+cv.er
}
}

#正則化パラメータ (横軸) と CV スコア (縦軸) の表示
par(cex.lab=1.2)
par(cex.axis=1.2)
plot(log(lambda),cv.score,xlab="log(Regularization parameter)",
```

```
    ylab="CV.score",type="l",lwd=2)
dev.copy2eps(file="Quantile-lasso095-CVplot.ps")

#最適な正則化パラメータの選択
opt.lambda <- lambda[subset(1:length(lambda),cv.score==min(cv.
    score))]

#最終的な推定量
fit <- rq.fit.lasso(x,y,tau=tau,lambda=opt.lambda)
beta <- trunc(10^10*fit$coefficients)/10^10 #推定された回帰係数の値
print(beta)   #最終的な推定量の表示
```

図 2.7 は，95%分位点回帰における各正則化パラメータの値 (横軸) に対する CV スコア (縦軸) である．図から CV スコアが最小となるように正則化パラメータを決定できることがわかる．選択された正則化パラメータのもとで，quantile lasso 推定量を得ると以下の分位点回帰モデルが得られた．

$$\log(Q_{\text{SK6}})(95\%)$$
$$= 9.325 - 5.411 \log(P_{\text{SK6}}) + 0.371 \log(P_{\text{CS6}}) + 0.244 \log(P_{\text{BBC6.12}})$$
$$+ 0.109 \log(P_{\text{HHCL6.5}}) + 0.146 \log(AC_{\text{SK6}}) - 0.020 \log(AC_{\text{CS6}})$$
$$+ 0.090 \log(AC_{\text{BBS6.12}}) - 0.126 \log(AC_{\text{BBCS6.12}}) - 0.125 \log(AC_{\text{G6}})$$
$$- 0.053 \log(AC_{\text{BBLC}})$$

Star Kist 6 オンス商品の価格水準の影響は，$\beta_1(0.95) = -5.411$ と，他の要因と比較しても非常に大きいことがわかる．また，5%分位点回帰モデルについて同様のオペレーションを実行すると，以下の分位点回帰モデルが得られる．

$$\log(Q_{\text{SK6}})(5\%)$$
$$= 8.668 - 1.001 \log(P_{\text{SK6}}) + 0.110 \log(P_{\text{CS6}}) + 0.244 \log(P_{\text{BBC6.12}})$$
$$+ 0.329 \log(AC_{\text{SK6}}) - 0.105 \log(AC_{\text{BBS6.12}}) - 0.219 \log(AC_{\text{BBCS6.12}})$$
$$- 0.061 \log(AC_{\text{G6}}) + 0.020 \log(AC_{\text{BBLC}})$$

95%分位点回帰モデルの推定結果と比較すると，説明変数の次元に変化があることがわかる．また，Star Kist 6 オンス商品の価格水準の影響は，$\beta_1(0.05) = -1.001$ と，95%分位点回帰モデルの結果 $\beta_1(0.95)$ と比較すると非常に小さくなってい

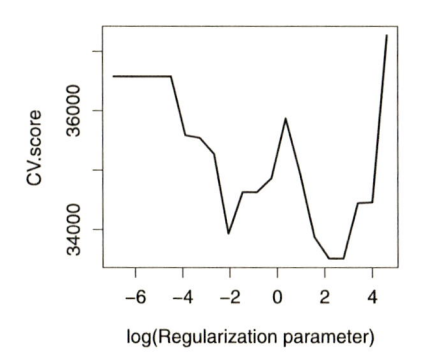

図 2.7 各正則化パラメータの値 (横軸) に対する CV スコア (縦軸).

る．また，Star Kist 6 オンス商品の陳列活動 $\beta_1(0.05) = 0.329$ の影響が増大していることなども分析結果は示唆している．

quantile lasso 推定量についての関連文献として以下などを参照されたい．Belloni and Chernozhukov (2011), Knight and Fu (2000), Zou and Yuan (2008).

2.10　R により提供されているパッケージソフト

本章で紹介した推定量は以下の R パッケージで実行可能である．本章でも実行例を紹介しているが，lasso 推定量 (lars), elastic net 推定量 (glmnet), group lasso 推定量 (grplasso), SCAD 推定量 (ncvreg), MP_+ 推定量 (ncvreg) Dantzig selector 推定量 (flare), Bayesian lasso 推定量 (blasso), quantile lasso 推定量 (quantreg) などを利用した．

3

超高次元データへの対応について

　前章は，さまざまな高次元データ分析のための統計的モデリング手法について紹介した．回帰分析において説明変数の次元 p が大きい場合，目的変数に対する予測精度に加えて，変数選択の精度や計算コストなども考慮する必要があった．しかし，観測データ n と比較して説明変数の次元 p が非常に大きい場合 (例えば $n=50, p=10{,}000{,}000$) や，観測データ n とともに説明変数の次元 p も増加する場合 (例えば $\log p = O(n^\xi)\ \xi > 0$) などにおいては追加的な考察が必要となる．そのような条件下においては，SCAD 推定量などが oracle procedure となるためには新たな仮定・前処理を追加する必要がある．本章では，そのような超高次元データのモデリングについて解説していきたい．

3.1　sure independence screening 法

　Fan and Lv (2008) は，観測データ n と比較して説明変数の次元 p が非常に大きい場合など，超高次元データのモデリングにおいては次元削減が高次元に対処するための効果的な戦略であるとし，sure independence screening 法を提案している．一言でいえば，超高次元の説明変数の次元 p を低次元の説明変数のセットへと次元を削減後，SCAD 推定などの方法を実行するアイデアである．

　説明のため，線形回帰モデルを想定する．

$$y = X\beta + \varepsilon$$

ここで X は $n \times p$ 次元計画行列である．いま，説明変数の個数を $p=10{,}000$，観測データ数 $n=50$ として以下の回帰モデルからデータを発生させる．

3.1 sure independence screening 法

$$y = 0.6x_1 + \varepsilon$$

ここで，誤差項 ε は平均 0 分散 1 の正規分布に従い，それぞれの説明変数は独立に平均 0 分散 1 の正規分布から発生させる．このとき，真の説明変数 x_1 と目的変数と関連がない説明変数 $\{x_2, \ldots, x_p\}$ の相関は図 3.1 のようになる．計算された相関の範囲は $[-0.52, 0.55]$ であり，真の説明変数と非常に高い偽相関が観測される．また，目的変数と各説明変数の相関の絶対値を計算すると，それは 0.347 で，$p = 10{,}000$ 個の説明変数のうち 984 番目に大きい値であった．すなわち，相関の情報に基づくと，983 個の真の説明変数よりもよさそうな説明変数が存在することになる．真の説明変数 x_1 のみが目的変数と関連する回帰モデル $y = 0.6x_1 + \varepsilon$ からデータを発生させたにかかわらずである．このように，超高次元のデータ分析にはさまざまな問題があることがわかる．

▶ R プログラムによる実行　　　　　　　　　　　　　　　　(ch3-01.r)

```
#データ発生
p <- 10000 #説明変数の個数
n <- 50 #データ数
x <- matrix(rnorm(n*p),nrow=n,ncol=p) #計画行列の作成
y <- 0.6*x[,1]+rnorm(n,0,1)

#相関の計算 (真の説明変数とその他の説明変数について)
Cor <- rep(0,len=p-1)
for(i in 1:(p-1)){Cor[i] <- cor(x[,1],x[,i+1])}
print(range(Cor))

#ヒストグラム図示
par(cex.lab=1.2)
par(cex.axis=1.2)
hist(Cor,xlim=c(-1,1))
dev.copy2eps(file="Cor-histplot.ps")

#相関の計算 (目的変数と各説明変数について)
Cory <- rep(0,len=p)
for(i in 1:p){Cory[i] <- cor(y,x[,i])}
print(order(abs(Cory)))
```

Fan and Lv (2008) は重要な説明変数をすべてキープしつつ説明変数の次元

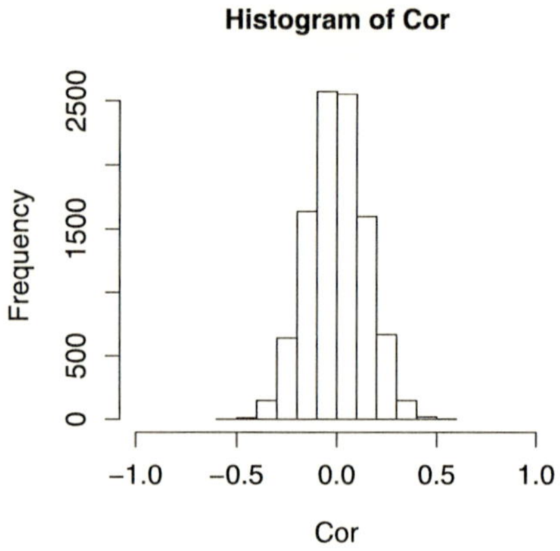

Histogram of Cor

図 3.1 真の説明変数 x_1 と目的変数と関連がない説明変数 $\{x_2, \ldots, x_p\}$ の相関.

削減を実行する方法を提案している．いま，$\boldsymbol{X}$ は $n \times p$ 次元計画行列で，そのうち $s \ll p$ 個の重要な説明変数が含まれているとする．ただし，各説明変数はあらかじめ平均 0 分散 1 に基準化されているものとする．目的変数と説明変数の相関

$$\boldsymbol{\omega} = \boldsymbol{X}'\boldsymbol{y}$$

を計算し，$\boldsymbol{\omega}$ の絶対値の大きさに従い p 個の説明変数を並べ替える．任意の $\gamma \in (0,1)$ に対し，集合 M_γ を以下のように定義する．

$$M_\gamma = \{i \mid |\omega_i| > |\omega(\gamma n)|\}$$

ここで，$\omega(\gamma n)$ は γn 番目に大きい相関の絶対値である．ただし，γn が整数でない場合には，その小数点以下を打ち切った整数とする．sure independence screening 法は，M_γ を次元削減後の説明変数として利用することを提案している．説明変数の次元削減のあとに，第 2 章で解説した高次元データ分析手法を適用すればよい．しかし，問題はすべての重要な説明変数が M_γ に含まれているかどうかである．Fan and Lv (2008) は，ある条件下で M_γ は，漸近的な意味 $n \to \infty$ で，すべての重要な説明変数を含むことを証明している．

以下，R での実行例である．SIS 法で M_γ を構成後，SCAD 推定量を計算している．

▶ Rプログラムによる実行　　　　　　　　　　　　(ch3-02.r)

```
library(SIS)

#データ発生
p <- 1000 #説明変数の個数
n <- 50 #データ数
x <- matrix(rnorm(n*p),nrow=n,ncol=p) #計画行列の作成
y <- 0.6*x[,1]+rnorm(n,0,1)

#SIS+SCAD 推定
fit <- SIS(data=list(x=x, y=y), family=gaussian())
b.est <- fit$SIScoef
print(b.est)
```

SIS, およびそれに関連する研究としては, Ando and Li (2013), Bickel (2008), Fan et al. (2009), Fan and Song (2010), Hall and Miller (2009), Hall et al. (2009), Huang et al. (2008), などがある.

3.2　漸近主成分法

SIS 法は次元削減の方法として, 重要な説明変数のみを残す操作をおこなった. 本節では, 漸近主成分法により説明変数に含まれる情報を低次元のファクターに集約して, そのファクターを説明変数に利用する方法を説明する.

いま, N 次元説明変数 $\boldsymbol{x}_\alpha = (x_{1\alpha}, \ldots, x_{N\alpha})'$ ($\alpha = 1, \ldots, T$) が観測されたとする. 説明変数をそのまま利用できない (N が非常に大きい) 場合, 漸近主成分分析を考えることもできる. 以下のファクターモデルを考える.

$$\boldsymbol{x}_\alpha = \Lambda \boldsymbol{f}_\alpha + \boldsymbol{\varepsilon}_\alpha, \quad \alpha = 1, \ldots, T \tag{3.1}$$

ここで $\boldsymbol{\varepsilon}_\alpha = (\varepsilon_{1\alpha}, \ldots, \varepsilon_{N\alpha})'$ は平均 $\boldsymbol{0}$ の N 次元誤差ベクトル, $\Lambda_r = (\boldsymbol{\lambda}_1, \ldots, \boldsymbol{\lambda}_N)'$ は $N \times r$ 次元ファクター回転行列, $\boldsymbol{f}_\alpha$ は r 次元ファクターである. 各説明変数は r 次元ファクターで説明されるため, 以下の回帰モデルを考えることもできる.

$$y_\alpha = \boldsymbol{\alpha}' \boldsymbol{f}_\alpha + \boldsymbol{\beta}' \boldsymbol{w}_\alpha + e_\alpha$$

$$\equiv \boldsymbol{\theta}'\boldsymbol{z}_\alpha + e_\alpha \tag{3.2}$$

ここで, $\boldsymbol{z}_\alpha = (\boldsymbol{f}'_\alpha, \boldsymbol{w}'_\alpha)'$ は p 次元ベクトル, $\boldsymbol{\theta} = (\boldsymbol{\alpha}', \boldsymbol{\beta})'$ は回帰モデルのパラメータである. (3.1) 式と (3.2) 式により定式化されるモデルは diffusion index model (Stock and Watson (2002a)) と呼ばれる.

3.2.1 モデルの推定, および正則化パラメータの選択

(3.1) 式と (3.2) 式により定式化されるモデルの推定は 2 段階で実行される. 1 段階目においては, ファクターの推定をおこなう. いま, (3.1) 式のモデルは

$$\boldsymbol{X} = \boldsymbol{F}\boldsymbol{\Lambda}' + \boldsymbol{E}$$

と表現される. ここで,

$$\boldsymbol{X} = \begin{bmatrix} \boldsymbol{x}'_1 \\ \vdots \\ \boldsymbol{x}'_T \end{bmatrix} \quad \boldsymbol{F} = \begin{bmatrix} \boldsymbol{f}'_1 \\ \vdots \\ \boldsymbol{f}'_T \end{bmatrix} \quad \boldsymbol{E} = \begin{bmatrix} \boldsymbol{\varepsilon}'_1 \\ \vdots \\ \boldsymbol{\varepsilon}'_T \end{bmatrix} \quad \boldsymbol{\Lambda} = \begin{bmatrix} \boldsymbol{\lambda}'_1 \\ \vdots \\ \boldsymbol{\lambda}'_N \end{bmatrix}$$

である. ファクター数 r を固定したもとで, $\boldsymbol{F}$ と $\boldsymbol{\Lambda}$ は漸近的主成分分析 (Connor and Korajczyk (1986)) により推定することができる. すなわち,

$$\mathrm{tr}\left\{(\boldsymbol{X} - \boldsymbol{F}\boldsymbol{\Lambda}')'(\boldsymbol{X} - \boldsymbol{F}\boldsymbol{\Lambda}')\right\}/NT$$

を制約 $\boldsymbol{F}'\boldsymbol{F}/T = \boldsymbol{I}_r$ のもとで最小化することにより得られる. いま, $T \times T$ 次元行列

$$\boldsymbol{X}\boldsymbol{X}'/NT$$

に関する r 個の固有ベクトル (1〜r 番目に大きい固有値に対応する) を $\boldsymbol{\Gamma}$ とする. このとき, $\boldsymbol{F}$ の推定量 $\widehat{\boldsymbol{F}}$ (★1 を参照) は

$$\widehat{\boldsymbol{F}} = \sqrt{T} \times \boldsymbol{\Gamma}$$

で与えられ, $\boldsymbol{\Lambda}$ の推定量は

$$\widehat{\boldsymbol{\Lambda}}' = \widehat{\boldsymbol{F}}'\boldsymbol{X}/T$$

となる. いま推定されたファクター $\widehat{\boldsymbol{F}}$ を (3.2) 式に代入すると

$$y_\alpha = \boldsymbol{\alpha}'\hat{\boldsymbol{f}}_\alpha + \boldsymbol{\beta}'\boldsymbol{w}_\alpha + e_\alpha = \boldsymbol{\theta}'\hat{\boldsymbol{z}}_\alpha + e_\alpha$$

が得られる．ここで $\hat{\boldsymbol{z}}_\alpha = (\hat{\boldsymbol{f}}'_\alpha, \boldsymbol{w}'_\alpha)'$ である．

第2段階においては，パラメータ $\boldsymbol{\theta} = (\boldsymbol{\alpha}', \boldsymbol{\beta}')'$ を推定する．ここでは，SCAD 推定を実行する．

$$\sum_{\alpha=1}^{T}(y_\alpha - \boldsymbol{\theta}'\hat{\boldsymbol{z}}_\alpha)^2 + T\sum_{j=1}^{p} p(|\theta_j|) \tag{3.3}$$

ここで $p(\theta_j)$ は (2.7) 式で与えられている．正則化パラメータの選択が問題となるが，その選択は交差検証法 (2.3) などにより実行可能である．以下の例では $K = 10$ 分割交差検証法 (2.4) により正則化パラメータの選択をおこなっている．

いま解説した漸近的主成分分析による次元削減手法は，線形回帰モデルのみならず一般化線形モデル，分位点回帰モデルのようにさまざまなモデルに応用可能である．

3.2.2 実　行　例

ここでは，データを以下のように発生させる．

$$\begin{cases} \boldsymbol{x}_\alpha = \boldsymbol{\Lambda}\boldsymbol{f}_\alpha + \boldsymbol{\varepsilon}_\alpha, \\ y_\alpha = -0.8f_{1\alpha} + 0.6f_{2\alpha} + 0.9w_{1\alpha} - 0.9w_{2\alpha} + e_\alpha. \end{cases}$$

ここで，$r = 2$ 次元ファクター $\boldsymbol{f}_\alpha$ は平均 $\boldsymbol{0}$ 分散共分散行列 I の正規分布 $N(\boldsymbol{0}, I)$，ファクター回転行列 $\boldsymbol{\Lambda}$ の各成分は独立に標準正規分布 $N(0, 1)$，N 次元ノイズベクトル $\boldsymbol{\varepsilon}_\alpha$ は平均 $\boldsymbol{0}$ 分散共分散行列 I の正規分布 $N(\boldsymbol{0}, I)$，誤差項 e_α は標準正規分布にそれぞれ独立に従う．また，$\boldsymbol{w}_\alpha$ は 1000 次元ベクトルとし，各成分は一様分布 $[-1, 1]$ に従うものとする．

▶ R プログラムによる実行　　　　　　　　　　　　　　　(ch3-03.r)

```
library(ncvreg)

#データ発生
N <- 100
P <- 200
```

```
p <- 1000
r <- 2

L <- matrix(rnorm(P*r,0,1),nrow=P,ncol=r)
F <- matrix(rnorm(N*r,0,1),nrow=N,ncol=r)
E <- matrix(rnorm(N*P,0,1),nrow=N,ncol=P)
X <- F%*%t(L)+E
W <- matrix(runif(N*p,-1,1),nrow=N,ncol=p)
Z <- cbind(F,W)

Alpha <- c(-0.8,1.6)
Beta  <- c(0.9,-0.9,rep(0,len=p-2))
Theta <- c(Alpha,Beta)

y <- Z%*%Theta+rnorm(N,0,sd=1)

#SCAD 推定
lambda <- 0.1 #使用する正則化パラメータの値
VEC <- eigen(X%*%t(X)/(P*N))$vectors
Fhat <- sqrt(N)*(VEC)[,1:r] #第 1 段階の推定                ……★1
Zhat <- cbind(Fhat,W)
fit <- ncvreg(X=Zhat,y=y,family="gaussian", penalty="SCAD",
    lambda=lambda) #SCAD 推定
b.est <- fit$beta #回帰係数の推定値
print(b.est)

#交差検証法を実行
VEC <- eigen(X%*%t(X)/(P*N))$vectors
Fhat <- sqrt(N)*(VEC)[,1:r] #第 1 段階の推定
Zhat <- cbind(Fhat,W)

lambda <- c(100,10,1,0.1,0.01,0.001) #使用する正則化パラメータの値
cv.score <- rep(0,len=length(lambda))
for(i in 1:length(lambda)){
lam <- lambda[i]
for(k in 1:10){
l <- ((k-1)*10+1):(k*10)
x.cv <- Zhat[-l,]
y.cv <- as.vector(y[-l])
fit <- ncvreg(X=x.cv,y=y.cv,family="gaussian", penalty="SCAD",
    lambda=lam) #SCAD 推定量
b.est <- fit$beta #回帰係数の推定値
pred <- cbind(1,Zhat[l,])%*%b.est #目的変数の予測
er <- sum( (y[l]-pred)^2 ) #二乗予測誤差
cv.score[i] <- cv.score[i]+er
```

```
}
}
#正則化パラメータ(横軸)とCVスコア(縦軸)の表示
par(cex.lab=1.2)
par(cex.axis=1.2)
plot(log(lambda),cv.score,xlab="log(Regularization parameter)",
    ylab="CV.score",type="l",lwd=2)

#最適な正則化パラメータの選択
opt.lambda <- lambda[subset(1:length(lambda),cv.score==min(cv.
    score))]

#最終的な SCAD 推定量
fit <- ncvreg(X=Zhat,y=y,family="gaussian", penalty="SCAD",
    lambda=opt.lambda)
print(fit$beta)    #最終的な SCAD 推定量の表示
```

3.2.3 仮定について

ここで問題となるのが，SCAD 推定量の一致性などについてである．パラメータ $\boldsymbol{\theta}$ の推定においては，$\boldsymbol{F}$ の推定量を用いている．そのため，SCAD 推定量の結果をそのまま用いることができない．そこで以下の仮定をモデルに課して一致性，および oracle property の証明をおこなう．

(B.1) ファクター $\boldsymbol{F}$ は以下の性質をもつ．

$$E[\|\boldsymbol{f}_\alpha\|^8] < \infty,$$
$$T^{-1}\sum_{\alpha=1}^{T}\boldsymbol{f}_\alpha\boldsymbol{f}_\alpha' \to \Sigma_F \quad T \to \infty$$

ここで Σ_F は $r \times r$ 次元正定値行列である．

(B.2) ファクター回転行列 Λ は以下の性質をもつ．

$$E[\|\boldsymbol{\lambda}_i\|^8] < \infty,$$
$$N^{-1}\Lambda'\Lambda \to \Sigma_\Lambda \quad N \to \infty$$

ここで Σ_Λ は $r \times r$ 次元正定値行列である．

(B.3) 誤差ベクトル $\boldsymbol{\varepsilon}_\alpha$ は平均 $\boldsymbol{0}$ である．しかし，時系列方向，もしくはクロスセクション方向に弱い相関をもち

$$E\left[\left\|N^{-1/2}\sum_{i=1}^{N}\boldsymbol{\lambda}_i\varepsilon_{i\alpha}\right\|\right]$$

がすべての α について有限である.

(B.4) $\{\boldsymbol{f}_\alpha\}$, $\{\boldsymbol{\lambda}_i\}$, $\boldsymbol{\varepsilon}_\alpha$ は独立な変数グループである.しかし,グループ内での依存は制約されない.

(B.5) 誤差項 e_α は平均 0 であり,$\{\boldsymbol{f}_\alpha\}$, $\{\boldsymbol{\lambda}_i\}$, $\boldsymbol{\varepsilon}_\alpha$ とは独立な変数グループである.

(B.6) いま

$$h(y_\alpha,\boldsymbol{\theta}_0,\boldsymbol{f}_\alpha,\boldsymbol{w}_\alpha) = \frac{\partial(y_\alpha - \boldsymbol{\theta}_0'\boldsymbol{z}_\alpha)^2}{\partial\boldsymbol{\theta}}$$

とする.このとき

$$T^{-1/2}\sum_{\alpha=1}^{T}h(y_\alpha,\boldsymbol{\theta}_0,\boldsymbol{f}_\alpha,\boldsymbol{w}_\alpha) \to N(\boldsymbol{0},\Sigma_{zz,e})$$

が成り立つ.ここで $\Sigma_{zz,e}$ は正定値行列である.

3.2.4　SCAD 推定量の一致性,oracle property の証明

ここでは,仮定 (B.1)〜(B.6) のもとで SCAD 推定量の一致性,oracle property の証明を与える.まず,SCAD 推定量 $\hat{\boldsymbol{\theta}} = (\hat{\boldsymbol{\alpha}}',\hat{\boldsymbol{\beta}}')'$ の一致性について証明する.推定されたファクター $\widehat{\boldsymbol{F}}$ の一致性を用いると目的関数 $\sum_{\alpha=1}^{T}(y_\alpha - \boldsymbol{\alpha}'\hat{\boldsymbol{f}}_\alpha - \boldsymbol{\beta}'\boldsymbol{w}_\alpha)^2$ と目的関数 $\sum_{\alpha=1}^{T}(y_\alpha - \boldsymbol{\alpha}'\boldsymbol{f}_\alpha - \boldsymbol{\beta}'\boldsymbol{w}_\alpha)^2$ の差は

$$\frac{1}{T}\sum_{\alpha=1}^{T}\left\{(y_\alpha - \boldsymbol{\alpha}'\hat{\boldsymbol{f}}_\alpha - \boldsymbol{\beta}'\boldsymbol{w}_\alpha)^2 - (y_\alpha - \boldsymbol{\alpha}'\boldsymbol{f}_\alpha - \boldsymbol{\beta}'\boldsymbol{w}_\alpha)^2\right\}$$

$$= \frac{1}{T}\sum_{\alpha=1}^{T}\left\{(y_\alpha - \boldsymbol{\alpha}'\boldsymbol{f}_{t\alpha} - \boldsymbol{\beta}'\boldsymbol{w}_\alpha - \boldsymbol{\alpha}'(\hat{\boldsymbol{f}}_\alpha - \boldsymbol{f}_\alpha))^2\right.$$

$$\left. - (y_\alpha - \boldsymbol{\alpha}'\boldsymbol{f}_\alpha - \boldsymbol{\beta}'\boldsymbol{w}_\alpha)^2\right\}$$

$$\leq \frac{1}{T}\sum_{\alpha=1}^{T}|y_\alpha - \boldsymbol{\alpha}'\boldsymbol{f}_\alpha - \boldsymbol{\beta}'\boldsymbol{w}_\alpha|\cdot\|\boldsymbol{\alpha}\|\cdot\|\hat{\boldsymbol{f}}_\alpha - \boldsymbol{f}_\alpha\|$$

$$+ \frac{1}{T}\sum_{\alpha=1}^{T}\|\boldsymbol{\alpha}\|^2\cdot\|\hat{\boldsymbol{f}}_\alpha - \boldsymbol{f}_\alpha\|^2$$

$$\leq \left[\frac{1}{T}\sum_{\alpha=1}^{T}(y_\alpha - \boldsymbol{\alpha}'\boldsymbol{f}_\alpha - \boldsymbol{\beta}'\boldsymbol{w}_\alpha)^2\right]^{1/2}\left[\frac{1}{T}\sum_{\alpha=1}^{T}\|\boldsymbol{\alpha}\|^2\cdot\|\hat{\boldsymbol{f}}_\alpha - \boldsymbol{f}_\alpha\|^2\right]^{1/2}$$
$$+ \frac{1}{T}\sum_{\alpha=1}^{T}\|\boldsymbol{\alpha}\|^2\cdot\|\hat{\boldsymbol{f}}_\alpha - \boldsymbol{f}_\alpha\|^2$$
$$= O_p(1)\times O_p\left(\frac{1}{\min\{T^{1/2},N^{1/2}\}}\right) + O_p\left(\frac{1}{\min\{T,N\}}\right)$$
$$= O_p\left(\frac{1}{\min\{T^{1/2},N^{1/2}\}}\right)$$

すなわち $\hat{\boldsymbol{\theta}}$ と以下で定義される $\tilde{\boldsymbol{\theta}}$ は漸近的に一致することが示される.

$$\tilde{\boldsymbol{\theta}} = \underset{\theta}{\mathrm{argmin}}[\sum_{\alpha=1}^{T}(y_\alpha - \boldsymbol{\alpha}'\boldsymbol{f}_\alpha - \boldsymbol{\beta}'\boldsymbol{w}_\alpha)^2 + T\sum_{j=1}^{p}p(|\theta_j|)]$$

つまり,
$$\|\hat{\boldsymbol{\theta}} - \tilde{\boldsymbol{\theta}}\| = O_p\left(\frac{1}{\min\{T^{1/2},N^{1/2}\}}\right)$$

を得る. さらに第 2 章の SCAD 推定量の証明から,
$$\|\tilde{\boldsymbol{\theta}} - \boldsymbol{\theta}_0\| = O_p(T^{-1/2}) = o_p(1)$$

を得る. 以上から
$$\|\hat{\boldsymbol{\theta}} - \boldsymbol{\theta}_0\| \leq \|\hat{\boldsymbol{\theta}} - \tilde{\boldsymbol{\theta}}\| + \|\tilde{\boldsymbol{\theta}} - \boldsymbol{\theta}_0\|$$
$$= O_p\left(\frac{1}{\min\{T^{1/2},N^{1/2}\}}\right) + O_p(T^{-1/2}) = o_p(1).$$

SCAD 推定量 $\hat{\boldsymbol{\theta}}$ の一致性が得られる. さらに $T^{1/2}/N \to 0$ を仮定し, Bai and Ng (2008) の定理 1, および第 2 章の SCAD 推定量についての oracle property の証明を利用すると SCAD 推定量の oracle property が証明される.

3.2.5 漸近主成分分析におけるファクター数について

漸近主成分分析においては, ファクターの次元 $\boldsymbol{f}_t$ を固定していた. 実際には, ファクターの次元 k をどの程度にすべきであるかというモデル選択の問題がある. ここでは, Bai and Ng (2002) により提案された基準を紹介する. いま, ファクターの次元 k のもとで

$$S(k, \hat{\boldsymbol{F}}_k, \hat{\boldsymbol{\Lambda}}_k) = \text{tr}\left\{\left(\boldsymbol{X} - \hat{\boldsymbol{F}}_k\hat{\boldsymbol{\Lambda}}'_k\right)'\left(\boldsymbol{X} - \hat{\boldsymbol{F}}_k\hat{\boldsymbol{\Lambda}}'_k\right)\right\}/NT$$

を計算する. ここで, $\hat{\boldsymbol{F}}_k, \hat{\boldsymbol{\Lambda}}_k$ はファクターの次元が k のもとで漸近主成分分析により推定されたファクター, ファクター回転行列である. Bai and Ng (2002) は以下の PC 基準 (ch3-04.r ★1 を参照)

$$PC(k) = S(k, \hat{\boldsymbol{F}}_k, \hat{\boldsymbol{\Lambda}}_k) + k \cdot S(k_{\max}, \hat{\boldsymbol{F}}_{\max}, \hat{\boldsymbol{\Lambda}}_{\max})\left(\frac{T+N}{TN}\right)\log\left(\frac{TN}{T+N}\right)$$

を提案している (右辺第 1 項については★2, 第 2 項については★3 を参照). ここで, $k_{\max}$ は候補となる最大ファクター数である. 第 1 項目は観測されたデータへの適合度, 第 2 項目は真のファクター数を漸近的に特定するための罰則項である. $PC(k)$ の値が最初となるファクター数 k を選択することとなる.

実行例として, データを以下のように発生させる.

$$\boldsymbol{x}_\alpha = \boldsymbol{\Lambda}\boldsymbol{f}_\alpha + \boldsymbol{\varepsilon}_\alpha$$

ここで, $r = 4$ 次元ファクター $\boldsymbol{f}_\alpha$ は平均 $\boldsymbol{0}$ 分散共分散行列 I の正規分布 $N(\boldsymbol{0}, I)$, ファクター回転行列 Λ の各成分は独立に標準正規分布 $N(0, 1)$, N 次元ノイズベクトル $\boldsymbol{\varepsilon}_\alpha$ は平均 $\boldsymbol{0}$ 分散共分散行列 I の正規分布 $N(\boldsymbol{0}, I)$ に従うものとする.

▶ R プログラムによる実行 (ch3-04.r)

```
#データ発生
N <- 200
P <- 1000
r <- 4
L <- matrix(rnorm(P*r,0,1),nrow=P,ncol=r)
F <- matrix(rnorm(N*r,0,1),nrow=N,ncol=r)
E <- matrix(rnorm(N*P,0,3),nrow=N,ncol=P)
X <- F%*%t(L)+E

#最大のファクター数
Kmax <- 20

#推定
Cp <- rep(0,len=Kmax)
SS <- rep(0,len=Kmax)
PEN <- rep(0,len=Kmax)
for(k in Kmax:1){
```

3.2 漸近主成分法

```
VEC <- eigen(X%*%t(X)/(P*N))$vectors
Fhat <- sqrt(N)*(VEC)[,1:k]  ##ファクターの推定
Lhat <- t(Fhat)%*%X/N #ファクター回転行列の推定
Sk <- sum( diag( t(X-Fhat%*%Lhat)%*%(X-Fhat%*%Lhat) ) )/(N*P)
if(k==Kmax){Smax <- Sk}
Cp[k] <- Sk+k*Smax*((N+P)/(N*P))*log((N*P)/(N+P))        ……★1
SS[k] <- Sk                                               ……★2
PEN[k] <- k*Smax*((N+P)/(N*P))*log((N*P)/(N+P))          ……★3
}

#ファクター数(横軸)とPCスコア(縦軸)の表示
par(cex.lab=1.2)
par(cex.axis=1.2)
plot(1:Kmax,Cp,xlab="Numb. of factors",ylab="",ylim=c(0,max(Cp
    )+5),pch=1)
lines(1:Kmax,SS,lwd=1,col=4,pch=1,type="p")
lines(1:Kmax,PEN,lwd=3,col=2,pch=1,type="p")
lines(1:Kmax,Cp,lwd=3)
lines(1:Kmax,SS,lwd=1,col=4)
lines(1:Kmax,PEN,lwd=1,col=2,lty=3)

dev.copy2eps(file="PCA-Cp.score-Plot.ps")
```

図3.2は，さまざまなファクター数に対する $PC(k)$，$PC(k)$ の第1項，$PC(k)$ の第2項 (罰則項) の挙動である．最上部にある曲線が $PC(k)$ スコア，最下部にある直線が $PC(k)$ の第2項 (罰則項) の挙動である．横軸はファクター数である．図から真のファクター数を特定できることがわかる．

図3.3は，東京証券取引所上場企業についての日次株式収益率パネルデータに含まれるファクター数の時系列変化である．期間は1987年1月～2012年12月で，各時点での日付はパネルデータの期間における最終日を表しており，ファクター数は過去60日間のパネルデータに基づき特定されている．図3.3から，1990年のバブル崩壊，2008年の金融危機などの市場参加者の不安が拡大していた時期にはファクター数が増加している．また，ファクター数は時期により最小2個～最大14個と変遷していることから，市場参加者の投資行動は普遍的ではなく，市場にイベントが起きるたびに変化していることもわかる．図1.2を利用すると，真のモデル $g(\boldsymbol{x})$ が (不規則に) 時間とともに動いており，ある統計的モデリング手法により最適なモデル $f(\boldsymbol{x}|\hat{\boldsymbol{\theta}})$ を構築しても真のモデルが

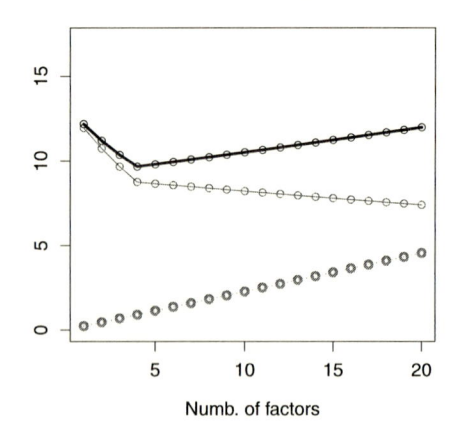

図 3.2 さまざまなファクター数に対する $PC(k)$, $PC(k)$ の第 1 項, $PC(k)$ の第 2 項 (罰則項) の挙動. 横軸はファクター数である.

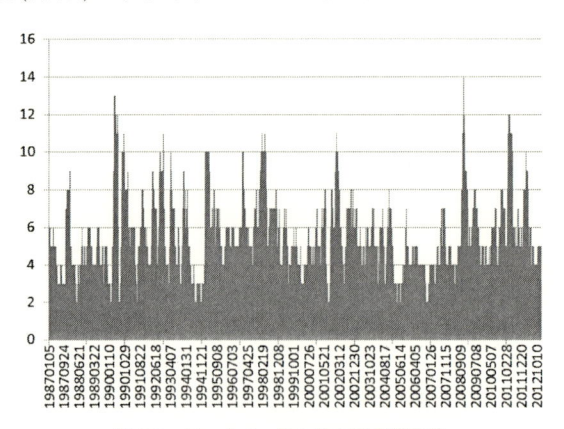

図 3.3 ファクター数の値の時系列推移.

一点に定まっていないことを意味する.

では, 真のモデル $g(\boldsymbol{x})$ が時間を通じて固定されている場合とはどのような事象であるのか? 例えば, 人体に対するある薬の効果についてであろう. 現時点である薬がある病気に効果的なものであれば, 100 年後においてもその有効性は同様に期待されるであろう. なぜならば, 人体の基本的構造は世代間ではほぼ同一であると予想するからである. 誤解がないように指摘しておくが, 時系列モデルなどの統計的モデリングにおいても対象とする構造は真のモデル $g(\boldsymbol{x})$ が固定されている. 分析している事象は時間とともに変化しているようにみえ

るが，ある「一定」のパターンに従っているのである．例えば，日本の月別平均気温は夏頃にピークを迎え冬場には最も寒くなる．日本に四季があるように月単位でみると変動しているが，(巨大隕石の衝突後など異常な時期を除けば) 1年間を通してみると毎年ほぼ似たようなパターンである．

　まとめると東京証券取引所の分析結果は，現在までに観測されているパネルデータの情報に基づき統計モデルを構成し，それを予測に利用する場合には注意すべきという示唆を与えている．なぜならば，過去の観測データは，「将来の」市場イベントなどにより投資家の行動が変化する現象を取り込めていないからである．

3.2.6　一般のモデルへの拡張

　前述のモデリング手法はさまざまな統計モデルへ拡張可能 (Ando and Tsay (2009)) である．例えば，目的変数が一般化線形モデルで表現できるとする．

$$f(y_\alpha | \xi_\alpha, \psi) = \exp\left\{\frac{y_\alpha \xi_\alpha - b(\xi_\alpha)}{\psi} + v(y_\alpha, \psi)\right\} \tag{3.4}$$

ここで ξ_α はモデルのパラメータ，$b(\cdot)$, $v(\cdot, \cdot)$ はモデルを特定した場合に決定される関数 ψ はスケールパラメータである．いま，$\bm{z}_\alpha$ が与えられたもとでの y_α の条件付き期待値は $E[y_\alpha | \bm{z}_\alpha] = b'(\xi_\alpha)$ で与えられる．条件付き期待値 $b'(\xi_\alpha)$ をリンク関数 $h(\cdot)$ で変換した $\eta_\alpha = h(b'(\xi_\alpha))$. に以下の構造を仮定する．

$$\begin{aligned}\eta_\alpha &= \bm{\alpha}' \bm{f}_\alpha + \bm{\beta}' \bm{w}_\alpha \\ &= \bm{\theta}' \bm{z}_\alpha, \qquad \alpha = 1, 2, \ldots, T\end{aligned} \tag{3.5}$$

(3.4) 式の密度関数，および (3.5) 式の予測構造を組み合わせると一般化線形モデルが定式化される．

　モデルの推定は 2 段階で実行可能である．1 段階目においては，パネルデータの情報 $\bm{X} = \bm{F}\bm{\Lambda}' + \bm{E}$ からファクター $\bm{F}$ の推定をおこなう．ファクター数 r を固定したもとで，それは漸近的主成分分析により推定することができる．いま推定されたファクター $\widehat{\bm{F}}$ を (3.4) 式に代入する．第 2 段階においては，パラメータ $\bm{\theta} = (\bm{\alpha}', \bm{\beta}')'$ を SCAD 推定などを実行する．正則化パラメータの選択が問題となるが，その選択は交差検証法実行可能である．

Ohno and Ando (2014) は日本株式市場の期待値，および分位点についての予測へこの手法を利用している．また，パラメータ推定の一致性，漸近正規性をある条件下で証明し，正則化パラメータの選択についても予測という観点から提案している．

3.2.7 分位点ファクター回帰分析

本項では，Ando and Tsay (2011) の分位点ファクター回帰分析について解説する．ここでは正則化を実施しないが，その SCAD 推定への拡張は容易であることは指摘しておきたい．いま，$\{y_y, \boldsymbol{x}_t, \boldsymbol{w}_t\}$ に関する観測データが得られたとする．N 次元説明変数 $\boldsymbol{x}_\alpha = (x_{1\alpha}, \ldots, x_{N\alpha})'$ $(\alpha = 1, \ldots, T)$ にはファクターモデルを考える．

$$\boldsymbol{x}_\alpha = \Lambda \boldsymbol{f}_\alpha + \boldsymbol{\varepsilon}_\alpha, \quad \alpha = 1, \ldots, T$$

ここで $\boldsymbol{\varepsilon}_\alpha = (\varepsilon_{1\alpha}, \ldots, \varepsilon_{N\alpha})'$ は平均 $\boldsymbol{0}$ の N 次元誤差ベクトル，$\Lambda_r = (\boldsymbol{\lambda}_1, \ldots, \boldsymbol{\lambda}_N)'$ は $N \times r$ 次元ファクター回転行列，$\boldsymbol{f}_\alpha$ は r 次元ファクターである．各説明変数は r 次元ファクターで説明されるため，以下の分位点ファクター回帰モデルを考えることもできる．

$$Q_\tau(y_t|\boldsymbol{z}_t; \boldsymbol{\theta}(\tau)) = \boldsymbol{\alpha}(\tau)' \boldsymbol{f}_t + \boldsymbol{\beta}(\tau)' \boldsymbol{w}_t$$
$$\equiv \boldsymbol{\theta}(\tau)' \boldsymbol{z}_t$$

ここで，$\boldsymbol{z}_t = (\boldsymbol{f}_t', \boldsymbol{w}_t')'$ は p 次元ベクトル，$\boldsymbol{\theta}(\tau) = (\boldsymbol{\alpha}(\tau)', \boldsymbol{\beta}(\tau)')'$ は回帰モデルのパラメータである．

ファクターの推定は，漸近的主成分分析法により実行され，それを $Q_\tau(y_t|\boldsymbol{z}_t; \boldsymbol{\theta}(\tau))$ に代入すると，

$$Q_\tau(y_t|\boldsymbol{z}_t; \boldsymbol{\theta}(\tau)) = \boldsymbol{\theta}(\tau)' \hat{\boldsymbol{z}}_t$$

が得られる．その後，パラメータ $\boldsymbol{\theta}(\tau)$ の推定量 $\hat{\boldsymbol{\theta}}(\tau)$ は，

$$\ell(\boldsymbol{\theta}(\tau)) = \sum_{t=1}^{T} \rho_\tau(y_t - \hat{\boldsymbol{z}}_t' \boldsymbol{\theta}(\tau))$$

の最小化により得られる．ここで $\rho_\tau(u) = u(\tau - I(u < 0))$ である．

3.2 漸近主成分法

モデリングにおいて本質的な部分は，どの変数の組み合わせに基づき分位点ファクター回帰モデルを構成するかである．ある条件下において，Ando and Tsay (2011) は情報量規準を導出し，以下のモデル選択基準を提案している (ch3-05.r ★3 を参照).

$$\mathrm{IC} = 2\ell(\hat{\boldsymbol{\theta}}(\tau)) + 2T\hat{b}(G)$$

ここで $\hat{b}(G)$ は

$$\hat{b}(G) = \frac{1}{T}\mathrm{tr}\left[J_\tau^{-1}(\boldsymbol{HZ}) \cdot I_\tau(\boldsymbol{HZ})\right] + \frac{1}{TN}\sum_{t=1}^{T} g(\xi_t)\mathrm{tr}\left[\boldsymbol{K}_\tau(\boldsymbol{\gamma}_0(\tau)) \cdot \boldsymbol{\Sigma}_z(t)\right]$$

で与えられる．ここで

$$\boldsymbol{I}_\tau(\boldsymbol{HZ}) = \frac{1}{T}\tau(1-\tau)(\boldsymbol{HZ})'(\boldsymbol{HZ}), \qquad \text{(★1 を参照)}$$

$$\boldsymbol{J}_\tau(\boldsymbol{HZ}) = \frac{1}{T}(\boldsymbol{HZ})'M(\boldsymbol{HZ}), \qquad \text{(★2 を参照)}$$

$$\boldsymbol{K}_\tau(\boldsymbol{\gamma}_0(\tau)) = \boldsymbol{\gamma}_0(\tau)'\boldsymbol{\gamma}_0(\tau),$$

$$\boldsymbol{\Sigma}_z(t) = \begin{pmatrix} \boldsymbol{V}^{-1}\boldsymbol{R}\boldsymbol{Q}_t\boldsymbol{R}'\boldsymbol{V}^{-1} & \boldsymbol{L}_{f,w} \\ \boldsymbol{L}'_{f,w} & \boldsymbol{\Sigma}_w \end{pmatrix},$$

$$\boldsymbol{M} = \mathrm{diag}\{g(\xi_1(\tau)), \ldots, g(\xi_n(\tau))\},$$

$$\boldsymbol{Q}_t = N^{-1}\sum_{i=1}^{N}\sum_{j=1}^{N} E[\boldsymbol{\lambda}_i\boldsymbol{\lambda}'_j\varepsilon_{it}\varepsilon_{jt}],$$

$\boldsymbol{L}_{f,w} = \mathrm{Cov}(\boldsymbol{f}_t, \boldsymbol{w}_t)$, $\boldsymbol{V} = \mathrm{plim}\widetilde{\boldsymbol{V}}$, $\boldsymbol{R} = \mathrm{plim}\widehat{\boldsymbol{F}}'\boldsymbol{F}/T$, $\boldsymbol{H} = \mathrm{diag}(\boldsymbol{S}, \boldsymbol{I})$, $\boldsymbol{S} = \widetilde{\boldsymbol{V}}^{-1}(\widehat{\boldsymbol{F}}'\boldsymbol{F}/T)(\boldsymbol{\Lambda}'\boldsymbol{\Lambda}/N)$, $\xi_t(\tau) = G^{-1}(\tau|\boldsymbol{Hz}_t)$, $P(y_t \leq y|\boldsymbol{Hz}_t) = G(y|\boldsymbol{Hz}_t)$ とし，$\widetilde{\boldsymbol{V}}$ は対角行列で $\boldsymbol{X}\boldsymbol{X}'/(TN)$ の固有値の大きい部分を対角成分にもつ．以下，R での実行例である．

▶ R プログラムによる実行 (ch3-05.r)

```
#データ発生
N <- 200
P <- 400
r <- 4
L <- matrix(rnorm(P*r,0,1),nrow=P,ncol=r)
```

```
F <- matrix(rnorm(N*r,0,1),nrow=N,ncol=r)
E <- matrix(rnorm(N*P,0,3),nrow=N,ncol=P)
X <- F%*%t(L)+E
Beta <- c(-2,1,5,1)
z <- F[,1]*Beta[1]+F[,2]*Beta[2]+F[,3]*Beta[3]+F[,4]*Beta[4]
VARe <- 1
y <- z+rnorm(N,0,sqrt(VARe))

#推定
tau <- 0.01
IC <- 10^10

Kmax <- r+4

for(k in 1:Kmax){
VEC <- eigen(X%*%t(X)/(P*N))$vectors
F <- sqrt(N)*(VEC)[,1:k]
L <- t(t(F)%*%X/N)
if(k==1){F <- matrix(F,ncol=1)}
if(k==1){V <- diag( as.vector(eigen(X%*%t(X)/(P*N))$values
    )[1],1)}
if(k!=1){V <- diag( as.vector(eigen(X%*%t(X)/(P*N))$values)[1:k]
    )}
E <- cbind(1,F)
H <- solve(V)%*%(t(F)%*%F/N)%*%(t(L)%*%L/P)
obj <- function(B){
er <- y-E%*%B
rho <- (abs(er)+(2*tau-1)*er)/2
sum(rho)
}
u <- runif(ncol(F)+1,-1,1)
a <- optim(u,obj,method="BFGS");
B <- a$par
O <- as.vector(E%*%B)
Obj <- a$value
S <- sqrt(mean( (y-E%*%solve(t(E)%*%E)%*%t(E)%*%y)^2 ))
LL <- diag( dnorm(0,E%*%solve(t(E)%*%E)%*%t(E)%*%y,sd=S) )
I <- tau*(1-tau)*t(F)%*%F/(N)                              ……★1
J <- t(F)%*%LL%*%F/(N)                                     ……★2
Bias1 <- sum( diag( solve(J)%*%I ) )
K <- B[-1]%*%t(B[-1])
Er <- (X-F%*%t(L))^2
Q <- matrix(0,k,k)
for(i in 1:length(y)){
Q <- Q+LL[i,i]*L[i,]%*%t(L[i,])*sum(Er[,i])/(N*P)
```

```
}
Sz <- solve(V)%*%Q%*%solve(V)
Bias2 <- sum( diag( K%*%Sz ) )/P
PIC <- 2*Obj+2*(Bias1+Bias2)                          ……★3
print(trunc(10^3*c(k,PIC,Obj,Bias1,Bias2))/10^3)
}
```

いま，ファクターの推定誤差がないモデル，すなわち通常の分位点回帰モデルを考える．このとき，追加の条件をおくことにより，Ando and Tsay (2011) の基準は

$$\mathrm{IC} = 2\ell(\hat{\boldsymbol{\theta}}(\tau)) + 2p$$

となる．ここで，p は推定された分位点回帰モデルのパラメータ数である．

ファクターモデルに関連する文献としては以下などが挙げられる．Amengual and Watson (2007), Ando and Tsay (2009, 2011, 2014), Bai (2003, 2009), Bai and Ng (2008), Bernanke and Boivin (2003), Connor and Korajczyk (1988), Fan et al. (2011), Forni and Lippi (2001), Forni et al. (2000, 2001, 2004), Forni and Reichlin (1998), Koop and Potter (2004), Soofi (2000), Stock and Watson (2002a, 2002b), Pesaran (2006), Pesaran and Tosetti (2011), Tsay and Ando (2012).

3.3 高次元パネルデータの分析

現実社会においてさまざまなパネルデータが観測されている．ファイナンス分野においては各金融資産に関する取引情報に関するパネルデータが非常に短い取引間隔で取得・蓄積されているし，マーケティング分野においては，各消費者に関するスキャナーパネルデータが利用可能となっている．パネルデータの教科書としては，Arellano (2003), Baltagi (2008), Hsiao (2003) などが挙げられる．

ここでは，Ando (2013a) による高次元パネルデータの分析法について紹介したい．いま，$t = 1, \ldots, T$ を時系列方向に関するインデックス，$i = 1, \ldots, N$ をパネルの観察数に関するインデックスとする．

$$y_{it} = \boldsymbol{x}'_{it}\boldsymbol{\beta}_i + \boldsymbol{f}'_t\boldsymbol{\lambda}_i + \varepsilon_{i,t}, \qquad i=1,\ldots,N,\ t=1,\ldots,T \qquad (3.6)$$

このようなパネルデータは,さまざまな分野において取得・蓄積されている.

例えば,金融市場を考えた場合,y_{it} はさまざまな金融資産に関する収益率(無リスク資産に対する超過収益率)とすることができる.その収益率 y_{it} は,企業レベル,金融市場レベル,マクロ経済レベルの特性に関連していると考えることが自然である.企業固有の特性としては,株価純資産倍率,市場での価値総額,信用格付け等,金融市場レベルの特性としては,市場ポートフォリオの収益率,グロースファクター,サイズファクター,流動性,モーメンタム,ボラティリティ指数等,マクロ経済レベルの特性としては,長短金利スプレッド,原油価格の変動,外国為替レートの変動などさまざまである.実際には,数万の変数が含まれている大規模なデータベースから収益率を説明する変数を $\boldsymbol{x}_{it}$ に利用する必要がある.Bai (2009) にあるように観察できないファクターリターン $\boldsymbol{f}_t$ も収益率を説明する変数として考える必要もある.ここで,$\boldsymbol{\lambda}_i$ がファクターリターン $\boldsymbol{f}_t$ に対する収益率の反応度である.

(3.6) 式のモデルは,マーケティングにおける大規模なスキャナパネルデータの分析にも応用できる.この場合,y_{it} は各消費者(もしくは世帯)に関する消費支出金額であったり,ある商品カテゴリーに対する支出金額,特定の商品に対する需要などさまざまである.企業は,スキャナパネルデータの分析を通じて,消費者の需要を把握しようとしている.この場合,y_{it} を説明する特性($\boldsymbol{x}_{it}$)としては,年収,世帯構成,居住地域の環境,気候,店舗への近さ,プロモーション活動などであろう.また,観測されないファクター $\boldsymbol{f}_t$ は,家計への経済的なショックなど考えられよう.さらに,(3.6) 式のモデルは,適切な在庫管理のための分析,経済システムの分析,マイクロアレイデータの分析などに応用可能である.

(3.6) 式のモデルは

$$\boldsymbol{y}_i = \boldsymbol{X}_i\boldsymbol{\beta}_i + \boldsymbol{F}\boldsymbol{\lambda}_i + \boldsymbol{\varepsilon}_i, \qquad i=1,\ldots,N$$

と表現できる.ここで,

$$\boldsymbol{y}_i = \begin{pmatrix} y_{i1} \\ y_{i2} \\ \vdots \\ y_{iT} \end{pmatrix}, \quad \boldsymbol{X}_i = \begin{pmatrix} \boldsymbol{x}'_{i1} \\ \boldsymbol{x}'_{i2} \\ \vdots \\ \boldsymbol{x}'_{iT} \end{pmatrix}, \quad \boldsymbol{F} = \begin{pmatrix} \boldsymbol{f}'_1 \\ \boldsymbol{f}'_2 \\ \vdots \\ \boldsymbol{f}'_T \end{pmatrix}, \quad \boldsymbol{\varepsilon}_i = \begin{pmatrix} \varepsilon_{i1} \\ \varepsilon_{i2} \\ \vdots \\ \varepsilon_{iT} \end{pmatrix}$$

である.

前節まで紹介したほとんどの手法は，誤差項 $\boldsymbol{\varepsilon}_i$ に独立性を仮定していた．しかし，金融市場の分析を想定した場合，銘柄間の相互依存関係は避けられない問題である．現在，金融市場で観察される価格情報を個々の銘柄ごとに分析するさまざまな手法は存在し，また，ガウシアンコピュラに代表されるようなコプラアプローチにより銘柄間の相互依存構造を扱う手法もある．しかしながら，個々の銘柄ごとに分析する場合，金融市場における依存関係などの重要な性質は無視され，コピュラアプローチではそのパラメータ推計の難しさから比較的小規模なデータの分析 (例えば，数百銘柄の同時分析) にすら制約がある．そのため，金融資産間の相互依存，極端なイベント発生の可能性などをはじめとする金融市場の性質を考慮しつつも，数千・数万のオーダーの個別銘柄からなる大規模市場データを実際に分析する問題は非常にチャレンジングな課題である．ここでは，誤差項 $\boldsymbol{\varepsilon}_i$ に Bai (2009) のアイデアを利用した Ando (2013a) による手法を紹介したい．つまり，誤差項には時系列方向，および観察単位の両方向に依存性をもたせている．

(3.6) 式のモデルに含まれるパラメータは，$\boldsymbol{\beta}_i$, $\boldsymbol{F}$, $\boldsymbol{\Lambda} = (\boldsymbol{\lambda}_1, \ldots, \boldsymbol{\lambda}_N)'$ である．それは以下の目的関数を，ファクター構造 (一意性のため) に対する制約 $\boldsymbol{F}'\boldsymbol{F}/T = \boldsymbol{I}$, $\boldsymbol{\Lambda}'\boldsymbol{\Lambda} = \boldsymbol{\Gamma}$ (ここで $\boldsymbol{\Gamma}$ はある対角行列) のもとで最小化することで推定される.

$$\ell(\boldsymbol{\beta}_1, \ldots, \boldsymbol{\beta}_N, \boldsymbol{F}, \boldsymbol{\Lambda}) \\ = \sum_{i=1}^{N} (\boldsymbol{y}_i - X_i \boldsymbol{\beta}_i - \boldsymbol{F}\boldsymbol{\lambda}_i)'(\boldsymbol{y}_i - X_i \boldsymbol{\beta}_i - \boldsymbol{F}\boldsymbol{\lambda}_i) + T \sum_{i=1}^{N} p(\boldsymbol{\beta}_i) \quad (3.7)$$

第2項目はパラメータ $\boldsymbol{\beta}_i$ に対する罰則であり，Ando (2013a) はSCAD罰則を利用している.

最適化においては $\{\boldsymbol{\beta}_1, \ldots, \boldsymbol{\beta}_N\}$ および $\{\boldsymbol{F}, \boldsymbol{\Lambda}\}$ を交互に最適化していけ

ばよい．いま，$\{\boldsymbol{\beta}_1, \ldots, \boldsymbol{\beta}_N\}$ が与えられたもとで，$T \times N$ 次元行列 $\boldsymbol{W} = (\boldsymbol{w}_1, \ldots, \boldsymbol{w}_N)$ を以下のように定義する．

$$\boldsymbol{w}_i = \boldsymbol{y}_i - X_i \boldsymbol{\beta}_i$$

このとき，(3.6) 式のパネルデータモデルはファクターモデルに帰着する．

$$\boldsymbol{w}_i = \boldsymbol{F} \boldsymbol{\lambda}_i + \boldsymbol{\varepsilon}_i$$

パラメータ $\{\boldsymbol{F}, \boldsymbol{\Lambda}\}$ の推定は，目的関数

$$\mathrm{tr}\left\{ (\boldsymbol{W} - \boldsymbol{F}\boldsymbol{\Lambda}')(\boldsymbol{W} - \boldsymbol{F}\boldsymbol{\Lambda}')' \right\}$$

をファクター構造に対する制約 ($\boldsymbol{F}'\boldsymbol{F}/T = \boldsymbol{I}$, $\boldsymbol{\Lambda}'\boldsymbol{\Lambda} = \boldsymbol{\Gamma}$) のもとで最小化することとなる．また，$\{\boldsymbol{F}, \boldsymbol{\Lambda}\}$ が与えられたもとでは $\boldsymbol{\beta}_i$ の推定は

$$(\boldsymbol{y}_i - X_i \boldsymbol{\beta}_i - \boldsymbol{F}\boldsymbol{\lambda}_i)'(\boldsymbol{y}_i - X_i \boldsymbol{\beta}_i - \boldsymbol{F}\boldsymbol{\lambda}_i) + Tp(\boldsymbol{\beta}_i)$$

の最小化による．結局，ある初期値から出発し，いま述べた方法で $\{\boldsymbol{\beta}_1, \ldots, \boldsymbol{\beta}_N\}$ および $\{\boldsymbol{F}, \boldsymbol{\Lambda}\}$ を交互に最適化していけばよい．ファクターの次元，および正則化パラメータの選択が問題となるが，Ando (2013a) のモデル選択基準により最適な値を選択できる．この手法を大規模な金融パネルデータへ応用した場合，以下のようなメリットがある．メリット 1：数千〜数万銘柄の金融資産収益率 (それぞれの銘柄について) に，影響を与えると考えられるさまざまな経済要因・金融市場要因等のなかから，実質的に影響を与える少数の要因を自動的に特定する．メリット 2：市場全体に影響を与える観測されない要因 (例えば，TOPIX などは観測できるが，金融市場参加者のセンチメントなどは直接観測することができない) を特定して，その経済的解釈をおこなうことができる．メリット 3：資産収益率の分布を特定せず，さらに，金融資産間の依存性を明示的に仮定しないことで，金融市場の特徴を柔軟に把握することができる．

　この手法をさらに一般化させて，Ando and Bai (2013a) はいくつかのグループから構成されているパネルデータの分析手法を提案している．いま，日本株式，米国株式，欧州株式，新興国株式などのようにパネルがいくつかの観察グループから構成されているとする．このとき，Ando and Bai (2013a) は以下で定式化される高次元パネルデータの分析法を提案している．

3.3 高次元パネルデータの分析

$$y_{it} = \boldsymbol{x}'_{it}\boldsymbol{\beta}_i + \boldsymbol{f}'_{c,t}\boldsymbol{\lambda}_{c,i} + \boldsymbol{f}'_{g_i,t}\boldsymbol{\lambda}_{g,i} + \varepsilon_{i,t}, \qquad i=1,\ldots,N,\ t=1,\ldots,T$$

ここで，$g_i \in \{1,\ldots,S\}$ は観測単位 i が所属するグループ，S はグループの総数．$\boldsymbol{f}_{c,t}$ は観測単位全体に影響を与える r 次元ファクターで $\boldsymbol{\lambda}_{c,i}$ はそれに対する反応度である．同様に，$\boldsymbol{f}_{g_i,t}$ はグループ g_i に影響を与える r_{g_i} 次元ファクター，$\boldsymbol{\lambda}_{g_i,i}$ はそれに対する反応度である．モデルの推定，最適なモデルの選択は前述の推定方法を拡張することにより実行される．例えば，Ando and Bai (2013a) は中国 A 株市場・B 株市場 ($S=2$) に属する 1000 銘柄以上の株式 (無リスク資産に対する超過) 収益率に関する分析をおこない，A 株市場・B 株市場の収益率を説明するファクター数の違いがある実証結果を得ている．

また，観察グループ数 S，およびそれぞれの観察単位が属するグループ g_i ($g_i = 1,\ldots,N$) が未知の場合もある．そのような場合を想定し，Ando and Bai (2013b) は資産収益率が似通った金融銘柄，およびグループ数を同時に (自動的に) 特定するパネルデータの分析手法を提案している．つまり，個別銘柄のクラスタリングを自動的に実行できることからペアトレーディング戦略などに応用可能である．

4
モデル統合法

　一般に，モデル選択過程においては，競合する統計モデルの中から最も適切なモデルを選択し，それ以外のモデルは通常利用されない．第2章では，モデル評価基準を利用し，複数の統計モデル候補から最も適切なモデルを決定した．しかしながら，モデル評価基準自体が確率変数であり，モデル選択にも不確実性が含まれている．この不確実性を取り扱う手法としてモデル統合が考案されている．モデル選択とは対照的に，モデル統合においては，競合する統計モデル各々の現実との整合性などを考慮して，それらを統合するモデリングをおこなう．本章では，さまざまなモデル統合法について紹介する．

4.1　モデル統合とは

　モデル選択は，さまざまな実証分析において一般的に用いられている．適切な統計モデルの選択後は，決定されたモデルが真実を表す統計モデルであるかのように捉え，この選択されたモデルに基づき実証分析の結論を導く．しかし，この一連のプロセスは，真の不確実性を過小評価する傾向があり，十分に保守的な結論とはいえない．モデル選択の代替として，その不確実性を緩和するモデル統合がある (Bates and Granger (1969), Clyde and George (2004), Claeskens and Hjort (2008), Granger (1989), Granger and Ramanathan (1984), Hoeting et al. (1999), Kleiber et al. (2011), Liang et al. (2013), Min and Zeller (1993), Yuan and Yang, (2005))．

　モデル統合においては，すべての候補とする統計モデル $\{f_j(y|\boldsymbol{\theta}_j); j = 1,\ldots,M\}$ (以降，$M_1,\ldots,M_M$ としても表すこととする) を推定したあと，

これらの加重平均を最終的なモデルとする．いま，M 個の推定された統計モデルを $f_j(y|\hat{\boldsymbol{\theta}}_j)$ とする．一般に，モデル統合に基づく最終的な統計モデルは

$$f(y) = \sum_{j=1}^{M} w_j \times f_j(y|\hat{\boldsymbol{\theta}}_j)$$

と表現される．ここで，重みベクトル $\boldsymbol{w} = (w_1, \ldots, w_M)'$ には以下の制約を課すことが一般的である．

$$\begin{cases} 0 \leq w_j \leq 1, \quad j = 1, \ldots, M, \\ \sum_{j=1}^{M} w_j = 1. \end{cases}$$

すなわち，w_j はそれぞれの統計モデルに対する重要度と捉えることができる．各々の統計モデル $f_j(y|\hat{\boldsymbol{\theta}}_j)$ はすでに推定されているため，問題は，それぞれのモデルにかかる重み w_j の決定である．以降，従来からよく使用されているモデル統合法について解説していく．ここで紹介する手法は，高次元データの分析は想定していないが，それは次章において解説していく．

モデル統合はさまざまな分析に応用されている．Brock et al. (2006) は政策策定におけるモデル統合の重要性について議論している．Ando (2009), Avramov (2002), Cremers (2002) はモデル統合に基づいた金融資産市場分析をおこない，その有用性について解説している．モデル統合は経済成長の分析にも利用されている (Ando and Tsay (2009), Eicher et al. (2010), Fernandez et al. (2001b), Garratt et al. (2003), Magnus et al. (2010), Masanjala and Papageorgiou (2008), Sala-i-Martin et al. (2004))．Crespo-Cuaresma and Slacik (2009) は通貨危機分析におけるモデル統合について考察をおこなっている．Wright (2008a) は為替市場の分析，Wright (2008b), Koop and Korobilis (2012) はインフレーションの予測にモデル統合を利用している．Fernandez et al. (2001a) は犯罪データの実証分析をおこなっている．Morales et al. (2006) はヘルス経済学の問題にモデル統合を適用している．

4.2　情報量規準によるモデル統合

いま，それぞれの統計モデルが最尤推定法で推定されているとする．Akaike

(1979) は，情報量規準 AIC がそれぞれの統計モデルへの重要度を表す指標であると捉え，以下の重みを提案している．

$$w_k = \frac{\exp\left\{-\frac{1}{2}(\mathrm{AIC}_k)\right\}}{\sum_{j=1}^{M} \exp\left\{-\frac{1}{2}(\mathrm{AIC}_j)\right\}} \quad (4.1)$$

説明のため，ここでは (1.2) 式の線形回帰モデル

$$M_k: \quad \boldsymbol{y} = \boldsymbol{X}_k \boldsymbol{\beta}_k + \boldsymbol{\varepsilon}, \quad k = 1, \ldots, M \quad (4.2)$$

の統合を考える．ここで，$\boldsymbol{X}_k$ はモデル M_k の計画行列 ($n \times p_k$) である．パラメータ $\hat{\boldsymbol{\beta}}_k$ の最尤推定量は

$$\hat{\boldsymbol{\beta}}_{\mathrm{MLE},k} = \left(\boldsymbol{X}_k' \boldsymbol{X}_k\right)^{-1} \boldsymbol{X}_k' \boldsymbol{y},$$
$$\hat{\sigma}_{\mathrm{MLE},k}^2 = (\boldsymbol{y} - \boldsymbol{X}_k \hat{\boldsymbol{\beta}}_k)'(\boldsymbol{y} - \boldsymbol{X}_k \hat{\boldsymbol{\beta}}_k)/n$$

で与えられ，各線形回帰モデルについて，$\boldsymbol{y}$ の条件付き予測は

$$\hat{\boldsymbol{\mu}}_k = \boldsymbol{X}_k \hat{\boldsymbol{\beta}}_{\mathrm{MLE},k} = \boldsymbol{X}_k \left(\boldsymbol{X}_k' \boldsymbol{X}_k\right)^{-1} \boldsymbol{X}_k' \boldsymbol{y}$$

となる．推定された各線形回帰モデルの AIC は

$$\begin{aligned}
\mathrm{AIC}_k &= -2\log\left[\frac{1}{(2\pi\hat{\sigma}_{\mathrm{MLE},k}^2)^{\frac{n}{2}}} \exp\left\{-\frac{(\boldsymbol{y} - \boldsymbol{X}_k\hat{\boldsymbol{\beta}}_{\mathrm{MLE},k})'(\boldsymbol{y} - \boldsymbol{X}_k\hat{\boldsymbol{\beta}}_{\mathrm{MLE},k})}{2\hat{\sigma}_{\mathrm{MLE},k}^2}\right\}\right] \\
&\quad + 2(p_k + 1) \\
&= n\log(2\pi\hat{\sigma}_{\mathrm{MLE},k}^2) + \frac{(\boldsymbol{y} - \boldsymbol{X}_k\hat{\boldsymbol{\beta}}_{\mathrm{MLE},k})'(\boldsymbol{y} - \boldsymbol{X}_k\hat{\boldsymbol{\beta}}_{\mathrm{MLE},k})}{\hat{\sigma}_{\mathrm{MLE},k}^2} + 2(p_k + 1) \\
&= n\log(2\pi\hat{\sigma}_{\mathrm{MLE},k}^2) + n + 2(p_k + 1)
\end{aligned}$$

となる．最後の等号においては，分散パラメータ推定量の式を利用した．(4.1) 式に代入すると，AIC に基づいた以下の推定量が得られる．

$$\hat{w}_k = \frac{\exp\left\{-\frac{1}{2}\left(n\log(2\pi\hat{\sigma}_{\mathrm{MLE},k}^2) + n + 2(p_k + 1)\right)\right\}}{\sum_{j=1}^{M} \exp\left\{-\frac{1}{2}\left(n\log(2\pi\hat{\sigma}_{\mathrm{MLE},j}^2) + n + 2(p_k + 1)\right)\right\}}$$

結果，$\boldsymbol{y}$ の条件付き期待値についてのモデル統合推定量は

$$\hat{\boldsymbol{\mu}} = \sum_{k=1}^{M} \hat{w}_k \hat{\boldsymbol{\mu}}_k = \sum_{k=1}^{M} \hat{w}_k \boldsymbol{X}_k \left(\boldsymbol{X}_k' \boldsymbol{X}_k\right)^{-1} \boldsymbol{X}_k' \boldsymbol{y}$$

で与えられる．

4.2.1 実行例1:情報量規準による線形回帰モデルの統合

以下,実行例である.ここでは,$n=100$ 個のデータ $\{(x_{1\alpha}, x_{2\alpha}, \ldots, x_{10\alpha}, y_\alpha); \alpha = 1, \ldots, 100\}$ を以下のモデルから発生させる.

$$y_\alpha = 2x_{1\alpha} + 6x_{2\alpha} - 3x_{3\alpha} + x_{4\alpha} + 4x_{5\alpha} + \varepsilon_\alpha, \qquad \alpha = 1, \ldots, 100.$$

ここで,誤差項 ε_α は互いに独立に平均 0,分散 0.1 の標準正規分布,各説明変数 $x_{1\alpha}, \ldots, x_{10\alpha}$ は $[-2, 2]$ の一様乱数から発生させている.いま,y の条件付き期待値を推定するために,AIC に基づくモデル統合推定量を利用する.ここでは,$M = 10$ として以下のように (1.2) 式の線形回帰モデルを定式化する.

$$M_1 : y_\alpha = \beta_1 x_{1\alpha} + \varepsilon_\alpha$$
$$M_2 : y_\alpha = \beta_1 x_{1\alpha} + \beta_2 x_{2\alpha} + \varepsilon_\alpha$$
$$\vdots$$
$$M_{10} : y_\alpha = \beta_1 x_{1\alpha} + \beta_2 x_{2\alpha} + \cdots + \beta_9 x_{9\alpha} + \beta_{10} x_{10\alpha} + \varepsilon_\alpha$$

▶ R プログラムによる実行 (ch4-01.r)

```
#データ発生
n <- 100
p <- 10
X <- matrix(runif(n*p,-2,2),nrow=n,ncol=p)
b <- c(2,6,-3,1,4,0,0,0,0,0)
y <- X%*%b+rnorm(n,0,1)

#各モデルの推定,AIC の計算
M <- 10
AIC <- rep(0,len=M) #各モデルの AIC
MU <- matrix(0,nrow=n,ncol=M) #各モデルの条件付き期待値
for(k in 1:M){
Xk <- X[,1:k]
Bk <- solve(t(Xk)%*%Xk)%*%t(Xk)%*%y
Sk <- sqrt((sum((Xk%*%Bk-y)^2))/n)
AICk <- n*log(2*pi*Sk^2)+n+2*(length(Bk)+1)
AIC[k] <- AICk
MU[,k] <- Xk%*%Bk
}
```

```
#重みベクトルの計算
W <- exp(-2*AIC)/sum(exp(-2*AIC))
print(W)

#AIC に基づくモデル統合推定量
M <- MU%*%W
```

4.2.2　実行例 2：ロジスティック回帰モデルの統合

ここでは，O-リング故障データを利用して情報量規準によるロジスティック回帰モデルの統合について解説する．1986 年 1 月 28 日，NASA により打ち上げられたスペースシャトル「チャレンジャー号」の打ち上げは，打ち上げ直後に爆発してしまう結果となる．その後，事故原因を調査すると，O-リングという部品の故障によるものであったと考えられている．通常，6 個の O-リングがスペースシャトルに使用されており，表 4.1 は，過去 23 回の打ち上げ時の気温と，6 個の O-リングのうち何個が故障したか，という記録である．O-リングは気温が低い場合に故障してしまう傾向があり，打ち上げ当時の気温は，過去 23 回の打ち上げ時の気温 (華氏 53～81 度) と比較しても非常に低い気温 (華氏 31 度) であった．

表 4.1　過去 23 回の打ち上げ時の気温 (華氏) と 6 個の O-ring の故障数 (個).

故障数	華氏	故障数	華氏	故障数	華氏	故障数	華氏
2	53	1	57	1	58	1	63
0	73	0	68	0	76	0	68
0	70	1	70	1	70	0	72
0	67	2	75	0	70	0	68
0	78	0	79	0	81	0	66
0	75	0	69	0	76		

ここでは，「チャレンジャー号」事故が起こったときの気温 (華氏 31 度) における，O-リング故障数を分析する．ここでは，O-リング故障数に対して，パラメータ $(6, p)$ の二項分布を仮定する．

$$f(y_\alpha | p(t_\alpha)) = \binom{6}{y_\alpha} p(t_\alpha)^{y_\alpha} (1 - p(t_\alpha))^{n - y_\alpha}$$

4.2 情報量規準によるモデル統合

ここで，6 はスペースシャトルに使用されている O-リングの個数，$y_\alpha \in \{0,1,2,\ldots,6\}$，$p(t_\alpha)$ は気温 t_α 下における O-リングの故障確率である．ここでは $M=3$ として，以下の三つのロジスティック回帰モデル $\{M_1, M_2, M_3\}$ を定式化する．

M_1: ロジット変換
$$p_1(t_\alpha; \boldsymbol{\beta}) = \frac{\exp(\beta_0 + \beta_1 t_\alpha)}{1 + \exp(\beta_0 + \beta_1 t_\alpha)}$$

M_2: プロビット変換
$$p_2(t_\alpha; \boldsymbol{\beta}) = \Phi(\beta_0 + \beta_1 t_\alpha)$$

M_3: 2 重対数変換
$$p_3(t_\alpha; \boldsymbol{\beta}) = 1 - \exp(-\exp(\beta_0 + \beta_1 t_\alpha))$$

を利用する．ここで，$\boldsymbol{\beta} = (\beta_0, \beta_1)'$ は推定すべきパラメータ，$\Phi(\cdot)$ は標準正規分布の累積分布関数である．

最尤推定量 $\hat{\boldsymbol{\beta}}_{\mathrm{MLE},k}$ $(k=1,2,3)$ は，尤度関数

$$f(\boldsymbol{y}_n | \boldsymbol{X}_n, \boldsymbol{\beta}) = \prod_{\alpha=1}^{23} f(y_\alpha | p(t_\alpha))$$
$$= \prod_{\alpha=1}^{23} \left[\binom{6}{y_\alpha} p(t_\alpha; \boldsymbol{\beta})^{y_\alpha} (1 - p(t_\alpha; \boldsymbol{\beta}))^{n - y_\alpha} \right]$$

の最大化による．尤度関数はパラメータ $\boldsymbol{\beta}$ に関する非線形関数となっているが，フィッシャースコアリング法 (Fisher scoring; Green and Silverman (1994)) などの数値最適化をすればよい．

ロジット関数に基づくモデル M_1 を利用する場合，$\boldsymbol{\beta}_1^{(0)}$ を適当に与え (例えば，$\boldsymbol{\beta}_1^{(0)} = \boldsymbol{0}$)，パラメータの更新幅が小さくなるまでパラメータ更新を繰り返すことにより最尤推定法を実行できる．

$$\boldsymbol{\beta}_1^{\mathrm{new}} = \boldsymbol{\beta}_1^{\mathrm{old}} - (\boldsymbol{X}' \boldsymbol{W}_1 \boldsymbol{X})^{-1} \boldsymbol{X}' \boldsymbol{\zeta}_1$$

ここで $\boldsymbol{X}$ は 23×2 次元の説明変数による計画行列，W_1 は 23×23 次元の対角行列，$\boldsymbol{\zeta}_1$ は 23 次元ベクトルとして以下で与えられる．

$$\boldsymbol{X} = \begin{pmatrix} 1 & t_1 \\ \vdots & \vdots \\ 1 & t_{23} \end{pmatrix}, \quad \boldsymbol{\zeta}_1 = \begin{pmatrix} y_1 - p(t_1; \boldsymbol{\beta}_1^{\text{old}}) \\ \vdots \\ y_n - p(t_{23}; \boldsymbol{\beta}_1^{\text{old}}) \end{pmatrix},$$

$$W = \begin{pmatrix} p(t_1; \boldsymbol{\beta}_1^{\text{old}})(1 - p(t_1; \boldsymbol{\beta}_1^{\text{old}})) & & \\ & \ddots & \\ & & p(t_{23}; \boldsymbol{\beta}_1^{\text{old}})(1 - p(t_{23}; \boldsymbol{\beta}_1^{\text{old}})) \end{pmatrix}$$

それぞれのロジスティック回帰モデルのパラメータの最尤推定量は

$$\hat{\boldsymbol{\beta}}_1 = (5.084, -0.115)',$$
$$\hat{\boldsymbol{\beta}}_2 = (2.234, -0.055)',$$
$$\hat{\boldsymbol{\beta}}_3 = (4.714, -0.110)'$$

となる．それぞれのモデルについて推定されたパラメータ値は，5%の有意水準で統計的に有意であり，気温はO-リングの故障に関連しており，O-リングは気温が低い場合に故障してしまう傾向が把握される．図 4.1 (a) はそれぞれのモデルにより推定されたO-リングの故障確率 $p(t)$ である．

この推定された各パラメータを利用することで，気温 t におけるO-リングの故障確率 $p_1(t; \hat{\boldsymbol{\beta}}_1)$, $p_2(t; \hat{\boldsymbol{\beta}}_2)$, $p_3(t; \hat{\boldsymbol{\beta}}_3)$ を計算できる．モデル M_1 のAICは

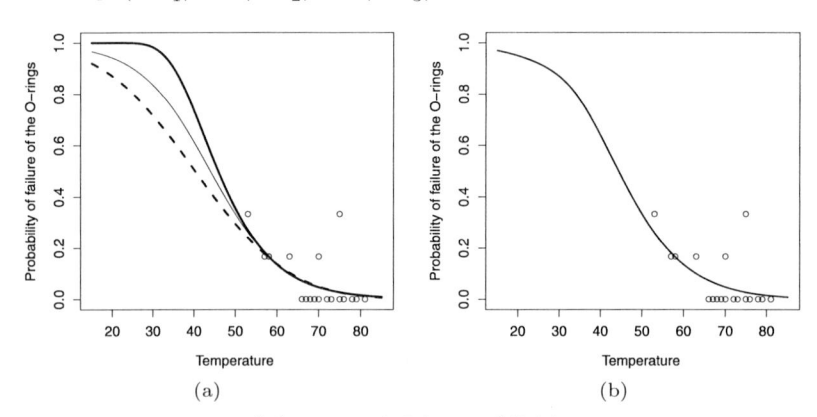

図 **4.1** (a) それぞれの統計モデルにより推定された故障確率 $p_k(t)$ ($k = 1, 2, 3$). ロジット変換：(—)，プロビット変換：(- - -)，2重対数変換：(—)．また，白点は観測データである．(b) モデル統合により推定された故障確率 $p(t)$.

$$\mathrm{AIC}_1 = -2 \sum_{\alpha=1}^{23} \left[\log \begin{pmatrix} 6 \\ y_\alpha \end{pmatrix} + y_\alpha \log p(t_\alpha; \hat{\boldsymbol{\beta}}_1) + (n - y_\alpha) \log(1 - p(t_\alpha; \hat{\boldsymbol{\beta}}_1)) \right]$$
$$+ 2 \times 2$$

と計算でき，モデル M_2 およびモデル M_3 の情報量規準の値 AIC_2，AIC_3 についても同様に評価できる．(4.1) 式を用いると各モデルに対する重みが得られ，O-リングの故障確率についてのモデル統合推定量は

$$\hat{p}(t) = \sum_{k=1}^{3} \hat{w}_k p_k(t; \hat{\boldsymbol{\beta}}_k)$$

で与えられる．図 4.1 (b) はモデル統合により推定された O-リング の故障確率 $p(t)$ である．華氏 31 度での推定された $p(t)$ をみると，O-リングの故障確率が非常に高いことがわかる．ただし，華氏 53～81 度のもとで取得された観測データによりモデルは推定されている．そのため，観測データの範囲外にある，華氏 31 度について，推定された $p(t)$ を利用することにはさらなる検討が必要である．

▶ R プログラムによる実行 (ch4-02.r)

```
#O-リングデータの読み込み
library(vcd)
data("SpaceShuttle")
Data <- SpaceShuttle[-4,]
Data <- Data[order(Data[,2]),1:5]
x <- Data[,2]
y <- Data[,5]

m <- rep(6,len=nrow(Data))
z <- cbind(y,m-y)
temp <- seq(15,85,len=100)

#モデル M1 の推定
fit <- glm(z~x,family=binomial(link="logit"))
b1 <- fit$coefficients
O <- cbind(1,temp)%*%b1
p1 <- exp(O)/(1+exp(O)) #モデル M1 に基づき推定された故障確率
AIC1 <- fit$aic #推定されたモデル M1 の AIC
print(b1) #推定されたモデル M1 の回帰係数
```

```
print(summary(fit))

#モデル M2 の推定
fit <- glm(z~x,family=binomial(link="probit"))
b2 <- fit$coefficients
O <- cbind(1,temp)%*%b2
p2 <- pnorm(O) #モデル M2 に基づき推定された故障確率
AIC2 <- fit$aic   #推定されたモデル M2 の AIC
print(b2) #推定されたモデル M2 の回帰係数
print(summary(fit))

#モデル M3 の推定
fit <- glm(z~x,family=binomial(link="cloglog"))
b3 <- fit$coefficients
O <- cbind(1,temp)%*%b3
p3 <- 1-exp(-exp(O)) #モデル M3 に基づき推定された故障確率
AIC3 <- fit$aic   #推定されたモデル M3 の AIC
print(b3) #推定されたモデル M3 の回帰係数
print(summary(fit))

#推定結果のプロット
par(cex.lab=1.2)
par(cex.axis=1.2)
plot(x,y/6,xlab="Temperature",ylab="Probability of failure of
    the O-rings",cex=1,ylim=c(0,1),xlim=c(min(temp),max(temp)))
lines(temp,p1,lwd=1,col=1)
lines(temp,p2,lwd=3,col=1,lty=2)
lines(temp,p3,lwd=3,col=1)
dev.copy2eps(file="Oring-fit.ps")

#重みベクトルの計算
w1 <- exp(-2*AIC1)/(exp(-2*AIC1)+exp(-2*AIC2)+exp(-2*AIC3))
w2 <- exp(-2*AIC2)/(exp(-2*AIC1)+exp(-2*AIC2)+exp(-2*AIC3))
w3 <- exp(-2*AIC3)/(exp(-2*AIC1)+exp(-2*AIC2)+exp(-2*AIC3))
print(c(w1,w2,w3))

#AIC に基づくモデル統合推定量
p<- p1*w1+p2*w2+p3*w3

#推定結果のプロット
par(cex.lab=1.2)
par(cex.axis=1.2)
plot(x,y/6,xlab="Temperature",ylab="Probability of failure of
    the O-rings",cex=1,ylim=c(0,1),xlim=c(min(temp),max(temp)))
lines(temp,p,lwd=2,col=1)
```

```
dev.copy2eps(file="Oring-MAIC.ps")
```

いま解説したように，モデル統合には2段階の作業が必要である．第1段階は，いくつかの統計モデルを定式化し，そのパラメータを推定する．第2段階においては，それぞれの統計モデルの情報量規準 AIC に基づき，重みベクトル $\boldsymbol{w}$ を計算する．最終的には，それぞれの統計モデルからの統計量を計算した $\boldsymbol{w}$ を利用して統合すればよい．

4.2.3　実行例3：新規顧客の獲得確率

ここでは，異質性を考慮した新規顧客の獲得確率について検討する．いま，$\boldsymbol{x}_\alpha$ を見込顧客 α の獲得 ($y_\alpha = 1$) もしくは未達成 ($y_\alpha = 0$) を説明する変数の値とする．通常，ロジスティック回帰モデルを用いる場合，その獲得確率は

$$\pi(\boldsymbol{x}_\alpha; \boldsymbol{\beta}) = \frac{\exp\{\boldsymbol{\beta}'\boldsymbol{x}_\alpha\}}{1 + \exp\{\boldsymbol{\beta}'\boldsymbol{x}_\alpha\}}$$

と定式化される．しかし，データ取得の制約から観測されない要因が獲得確率に影響を与える可能性も否定できない．そのような場合，独立なランダム効果 v_α を考慮した定式化

$$\pi(\boldsymbol{x}_\alpha; \boldsymbol{\beta}, \sigma) = \int \frac{\exp\{\boldsymbol{\beta}'\boldsymbol{x}_\alpha + v_\alpha\}}{1 + \exp\{\boldsymbol{\beta}'\boldsymbol{x}_\alpha + v_\alpha\}} p(v_\alpha) dv_\alpha \tag{4.3}$$

を考えることもできる．ここで $p(v_\alpha)$ はランダム効果 v_α の確率密度関数である．ここでは平均0分散 σ^2 の正規分布に従うと仮定する．パラメータ $\boldsymbol{\theta} = (\boldsymbol{\beta}', \sigma^2)$ の推定は対数尤度関数

$$\begin{aligned}\ell(\boldsymbol{\theta}) &= \sum_{\alpha=1} [y_\alpha \log \pi(\boldsymbol{x}_\alpha; \boldsymbol{\beta}, \sigma) + (1-y_\alpha) \log(1 - \pi(\boldsymbol{x}_\alpha; \boldsymbol{\beta}, \sigma))] \\ &= \sum_{\alpha=1} \left[y_\alpha \log \int \frac{\exp\{\boldsymbol{\beta}'\boldsymbol{x}_\alpha + v_\alpha\}}{1 + \exp\{\boldsymbol{\beta}'\boldsymbol{x}_\alpha + v_\alpha\}} p(v_\alpha) dv_\alpha \right. \\ &\quad \left. + (1-y_\alpha) \log\left(1 - \int \frac{\exp\{\boldsymbol{\beta}'\boldsymbol{x}_\alpha + v_\alpha\}}{1 + \exp\{\boldsymbol{\beta}'\boldsymbol{x}_\alpha + v_\alpha\}} p(v_\alpha) dv_\alpha \right) \right]\end{aligned}$$

の最大化により実行される．推定されたパラメータ $\hat{\boldsymbol{\theta}}$ を (4.3) 式へ代入すると，$\boldsymbol{x}$ が与えられたもとでの見込顧客の獲得確率が計算される．

$$\pi(\boldsymbol{x};\hat{\boldsymbol{\beta}},\hat{\sigma}) = \int \frac{\exp\{\hat{\boldsymbol{\beta}}'\boldsymbol{x}+v\}}{1+\exp\{\hat{\boldsymbol{\beta}}'\boldsymbol{x}+v\}} p(v;\hat{\sigma}) dv$$

ここで $p(v;\hat{\sigma})$ はランダム効果 v の確率密度関数で,平均 0 分散 $\hat{\sigma}^2$ の正規分布である.

ここでは,SMCRM パッケージの新規顧客獲得データ $n = 500$ を分析しよう.新規獲得確率を説明する変数は,新規顧客獲得のために投下した金額 x_M,その見込顧客企業が B2B 企業であるか x_{B2B},その見込顧客企業の年間売上利益 (百万ドル) x_{rev},その見込顧客企業の従業員数 $x_{employees}$ である.新規獲得のために投下した金額 x_M の非線形性を捉えるため,$M = 4$ として以下の変数を利用する.

$M_1: \{x_M, x_{B2B}, x_{rev}, x_{employees}\}$
$M_2: \{x_M, x_M^2, x_{B2B}, x_{rev}, x_{employees}\}$
$M_3: \{x_M, x_M^2, x_M^3, x_{B2B}, x_{rev}, x_{employees}\}$
$M_4: \{x_M, x_M^2, x_M^3, x_M^4, x_{B2B}, x_{rev}, x_{employees}\}$

それぞれの統計モデルの AIC_k ($k = 1, 2, 3, 4$) を計算すると $\text{AIC}_1 = 378.1960$, $\text{AIC}_2 = 367.9606$, $\text{AIC}_3 = 369.8229$, $\text{AIC}_4 = 371.4350$ となり,重みは $\hat{w}_1 = 0.004$, $\hat{w}_2 = 0.634$, $\hat{w}_3 = 0.250$, $\hat{w}_4 = 0.112$ となる.結果,説明変数 $\boldsymbol{x}$ が与えられたもとでの見込顧客の獲得確率は

$$\hat{p}(\boldsymbol{x}) = \sum_{k=1}^{4} \hat{w}_k \hat{p}_k(\boldsymbol{x})$$

となる.ここで,$\hat{p}_k(\boldsymbol{x})$ は統計モデル M_k が予測する見込顧客の獲得確率である.

表 4.2 は統計モデル M_2 の推定結果である.すべての変数が有意水準 1%で統計的に有意な結果となっている.年間売上利益,従業員数が大きいほど確率

表 **4.2** 統計モデル M_2 の推定結果.

	Estimate	S.d	p-value
定数項	-16.950	4.515	0.000
見込顧客企業が B2B 企業であるか x_{B2B}	2.458	0.707	0.000
見込顧客企業の年間売上利益 x_{rev}	0.086	0.027	0.001
見込顧客企業の従業員数 $x_{employees}$	0.008	0.002	0.000
新規顧客獲得のために投下した金額 x_M	0.035	0.010	0.000
新規顧客獲得のために投下した金額 x_M^2	-0.000	0.000	0.000

が上昇する傾向がみられる．また B2B 企業のほうが獲得する確率が高い傾向
がある．

図 4.2 は，見込顧客企業 500 社を獲得確率 $\hat{p}$ が低い順番に並べ，実際に獲得に
成功した企業 (a)，および実際には獲得できなかった企業 (b) についてプロッ
トしたものである．横軸は順番，縦軸は獲得確率 $\hat{p}$ である．獲得確率 $\hat{p}$ が高い
企業は実際に獲得できる確率が非常に高いことがわかる．つまり，事前に見込
顧客について情報を取得して獲得確率 $\hat{p}$ をそれぞれの企業について計算し，獲
得確率が高い企業を獲得する努力をおこなうと顧客獲得が効率的になることが
わかる．

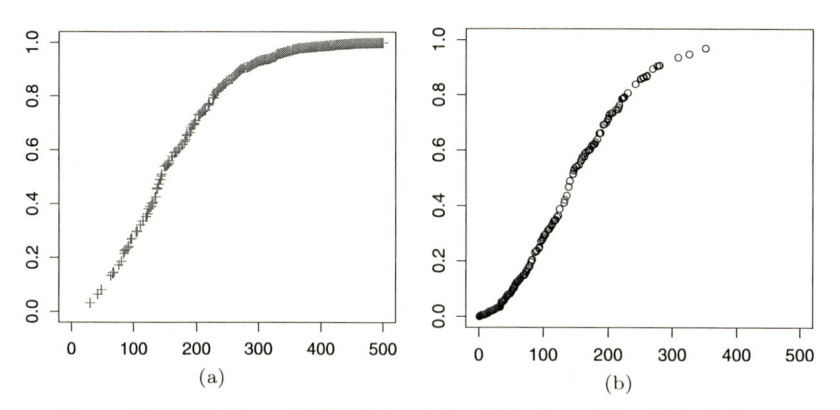

図 4.2 見込顧客企業 500 社を獲得確率 $\hat{p}$ が低い順番に並べ，実際に獲得に成功した
企業 (a)，および実際には獲得できなかった企業 (b) についてのプロット．横
軸は順番，縦軸は獲得確率 $\hat{p}$ である．

4.2.4 実行例 4：既存顧客の維持期間

前項では，事前に見込顧客について情報を取得して獲得確率をそれぞれの企
業について計算し，獲得確率が高い企業を獲得する努力をおこなうと顧客獲得
が効率的になることがわかった．ここでは，獲得した既存顧客を維持できる期
間を分析する．もちろん，優良顧客とは長期的に関係を維持したいときなどに
貴重な情報となる．ここでは，生存時間解析 (Cox (1972)) に基づき，既存顧
客が離脱する事象の危険率をモデル化し，離脱するまでの時間間隔，およびそ

れに影響を与える要因を探索する.

いま，T を生存時間を表す非負の確率変数，その密度関数を $f(t)$ とする．このとき，生存確率 $S(t)$，および累積非生存確率 $F(t)$ はそれぞれ

$$S(t) = \Pr(T > t) = \int_t^{\infty} f(x)dx, \quad F(t) = \Pr(t < T) = \int_0^t f(x)dx$$

で与えられ，ある時点以上生存するという条件のもとで，次の瞬間に事象が発生するハザード率 $h(t)$ は

$$h(t) = \lim_{\Delta t \to 0} \frac{1}{\Delta t} \Pr(t < T \leq t + \Delta t) = \frac{f(t)}{S(t)}$$

で定義される．特に p 個の説明変数 $\boldsymbol{x}$ に基づき，顧客の離脱が発生するまでの時間を説明しようとする場合，ハザード率 $h(t)$ を次のように仮定することが多い．

$$h(t, \boldsymbol{x}; \boldsymbol{\beta}) = h_0(t) \exp\{\beta_1 x_1 + \cdots + \beta_p x_p\} \tag{4.4}$$

ここで $\boldsymbol{\beta} = (\beta_1, \ldots, \beta_p)'$ は各説明変数に対する係数で，$h_0(t)$ はベースライン・ハザード関数と呼ばれ，時間 t にのみ依存する部分で，さまざまな定式化がある．

説明のために生存時間モデルのうち生存時間 T がワイブル分布をまずここでは仮定する．このとき，ベースライン・ハザード関数は $h_0(t; \alpha) = \alpha t^{\alpha-1}$ となり，ハザード関数，生存確率関数，確率密度関数はそれぞれ次式で定式化される．

$$\begin{cases} h(t|\boldsymbol{x}, \boldsymbol{\theta}) = \alpha t^{\alpha-1} \exp\left(\boldsymbol{\beta}'\boldsymbol{x}\right), \\ S(t|\boldsymbol{x}, \boldsymbol{\theta}) = \exp\left\{-t^{\alpha} \exp\left(\boldsymbol{\beta}'\boldsymbol{x}\right)\right\}, \\ f(t|\boldsymbol{x}, \boldsymbol{\theta}) = \alpha t^{\alpha-1} \exp\left(\boldsymbol{\beta}'\boldsymbol{x}\right) \exp\left\{-t^{\alpha} \exp\left(\boldsymbol{\beta}'\boldsymbol{x}\right)\right\} \end{cases} \tag{4.5}$$

ただし，$\boldsymbol{\theta} = (\alpha, \boldsymbol{\beta}')'$ とする．

いま，n 個の観測データ $\{(t_\alpha, u_\alpha, \boldsymbol{x}_\alpha); \alpha = 1, \ldots, n\}$ が与えられたとする．ここで，$\boldsymbol{x}_\alpha = (x_{1\alpha}, \ldots, x_{p\alpha})'$ は p 次元説明変数 t_α は生存時間，u_α は打ち切り関数で，観測データ α について，観測が途中で打ち切られてその時点以降の情報がない場合には $u_\alpha = 1$ それ以外では $u_\alpha = 0$ である．

(4.5) 式のワイブル分布モデルの対数尤度関数は

$$\log f(\boldsymbol{T}_n | \boldsymbol{X}_n, \boldsymbol{U}_n, \boldsymbol{\theta})$$

$$= \sum_{\alpha=1}^{n} \left[u_\alpha \log f\left(t_\alpha | \boldsymbol{x}_\alpha, \boldsymbol{\theta}\right) + (1-u_\alpha) \log S\left(t_\alpha | \boldsymbol{x}_\alpha, \boldsymbol{\theta}\right)\right]$$

$$= \sum_{\alpha=1}^{n} \left[u_\alpha \left\{\log \alpha + (\alpha-1) \log t_\alpha + \boldsymbol{\beta}' \boldsymbol{x}_\alpha\right\} + t_\alpha^\alpha \exp\left(\boldsymbol{\beta}' \boldsymbol{x}_\alpha\right)\right]$$

で与えられる．ただし $\boldsymbol{T}_n = \{t_\alpha; \alpha = 1, \ldots, n\}$, $\boldsymbol{X}_n = \{\boldsymbol{x}_\alpha; \alpha = 1, \ldots, n\}$, $\boldsymbol{U}_n = \{u_\alpha; \alpha = 1, \ldots, n\}$ とする．パラメータの推定は対数尤度関数を最大化すればよい．

いままでは，ワイブル分布に基づいた説明をおこなってきたが，さまざまな分布を利用できることも指摘したい．例えば，

1) 指数分布モデル

$$h(t|\boldsymbol{\beta}) = \exp\left(\boldsymbol{\beta}' \boldsymbol{x}\right)$$

2) 極値分布モデル

$$h(t|\boldsymbol{\beta}, \alpha) = \alpha \exp(\alpha t) \exp\left(\boldsymbol{\beta}' \boldsymbol{x}\right)$$

3) 対数ロジットモデル

$$h(t|\boldsymbol{\beta}, \alpha) = \frac{\alpha t^{\alpha-1} \exp\left(\alpha \boldsymbol{\beta}' \boldsymbol{x}\right)}{\left[1 + t^\alpha \exp\left(\alpha \boldsymbol{\beta}' \boldsymbol{x}\right)\right]}$$

などである．

では，SMCRM パッケージの既存顧客維持データ $n = 500$ を分析しよう．維持期間を説明する変数は，その見込顧客企業が B2B 企業であるか x_{B2B}，その見込顧客企業の年間売上利益 (百万ドル) x_{rev}，その見込顧客企業の従業員数 $x_{employees}$，顧客維持のために投下した金額 x_M，顧客維持のために投下した金額 x_M^2 である．調査期間終了時 (2 年間) まで維持した顧客は打ち切りデータとして扱われる．

ここでは，M_1: ワイブルモデル，M_2: 指数分布モデル，M_3: 極値分布モデル，M_4: 対数ロジットモデルを統合する．それぞれの統計モデルの AIC_k ($k = 1, 2, 3, 4$) は $\text{AIC}_1 = 858.1331$, $\text{AIC}_2 = 318.2111$, $\text{AIC}_3 = 297.2025$, $\text{AIC}_4 = 429.9344$ となり，重みは $\hat{w}_1 = 0.000$, $\hat{w}_2 = 0.000$, $\hat{w}_3 = 1.000$, $\hat{w}_4 = 0.000$ となる．結果，説明変数 $\boldsymbol{x}$ が与えられたもとで，時点 t において既存顧客を維持している確率 $\hat{S}(t)$ は

$$\hat{S}(t) = \sum_{k=1}^{4} \hat{w}_k \hat{S}_k(t|\boldsymbol{x})$$

となる．ここで，$\hat{S}_k(t|\boldsymbol{x})$ は統計モデル M_k が予測する時点 t において既存顧客を維持している確率である．

図 4.3 は既存顧客企業 500 社について，2 年後の維持確率 $\hat{S}(2)$ が高い順に並べ，上位 50 社，下位 50 社についてプロットしたものである．その違いが明確にわかる．2 年後の維持確率 $\hat{S}(2)$ が低い，特に購入金額が多い既存顧客企業に対しては何らかの維持対策を実行すべきであろう．

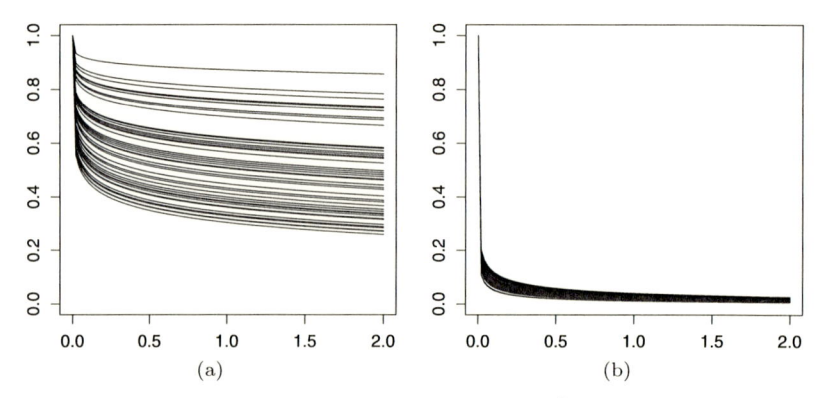

図 **4.3** 既存顧客企業 500 社について，2 年後の維持確率 $\hat{S}(2)$ が高い順に並べ，(a) 上位 50 社，(b) 下位 50 社についての維持確率 $\hat{S}(t)$ のプロット．横軸は時間 t，縦軸は維持確率 $\hat{S}(t)$ である．

前項と本項で，時点 t において，ある見込顧客 α の新規獲得確率 $\hat{p}(\boldsymbol{x}_{p\alpha t})$，獲得した顧客の年間維持確率 $\hat{S}(1|\boldsymbol{x}_{s\alpha t})$ が導出される．ここで $\boldsymbol{x}_{p\alpha t}$ および $\boldsymbol{x}_{s\alpha t}$ は顧客 α の新規獲得確率，および年間維持確率を説明する変数であり，同一である必要はない．また，年間購入金額を回帰分析などで予測する統計モデルを構築することもでき，年間購入金額を説明する変数 $\boldsymbol{x}_{mt}$ により期待年間購入金額 $\hat{M}(\boldsymbol{x}_{m\alpha t})$ が計算される．変数が t に依存しているのは，顧客の年齢などが時点 t により変化するからである．

前項でみたように，新規獲得，およびその顧客を維持するために資本 $(I_{\alpha,a}, I_{\alpha,m})$ を投下している．ここで，$I_{\alpha,a}$ は獲得のために投下する金額，$I_{\alpha,m}$

4.2 情報量規準によるモデル統合

は維持のために投下する年間金額である．いま構築した統計モデルにより，それぞれの顧客 α ($\alpha = 1, \ldots, 500$) に対する資本投下額 (I_a, I_m) を最適化できる．いま新規顧客を獲得し，1年後に維持している確率は $\hat{p}(\boldsymbol{x}_{p\alpha 1})\hat{S}(1|\boldsymbol{x}_{s\alpha 1})$，獲得〜1年後までの売上利益は $\hat{M}(\boldsymbol{x}_{m\alpha 1}) \times s$ と予測される．ここで s は売上利益率である．同様に，2年後においても維持している確率は $\hat{p}(\boldsymbol{x}_{p\alpha 1})\hat{S}(1|\boldsymbol{x}_{s\alpha 1})\hat{S}(1|\boldsymbol{x}_{s\alpha 2})$，1年後〜2年後までの売上利益額は $\hat{M}(\boldsymbol{x}_{m\alpha 2}) \times s$ と予測される．

いま，年間維持確率などの構造が一定と仮定し，将来の利益額に対する割引率を無視する．例えば，今後10年間に顧客 α がもたらす期待利益は，

$$\mathrm{Profit}_\alpha(I_{\alpha,a}, I_{\alpha,m})$$
$$= \left[\hat{p}(\boldsymbol{x}_{p\alpha 1})\hat{S}(1|\boldsymbol{x}_{s\alpha 1})\right] \times \left[\hat{M}(\boldsymbol{x}_{m\alpha 1}) \times s\right]$$
$$+ \left[\hat{p}(\boldsymbol{x}_{p\alpha 1})\hat{S}(1|\boldsymbol{x}_{s\alpha 1})\hat{S}(1|\boldsymbol{x}_{s\alpha 2})\right] \times \left[\hat{M}(\boldsymbol{x}_{m\alpha 2}) \times s\right] +$$
$$\vdots$$
$$+ \left[\hat{p}(\boldsymbol{x}_{p\alpha 1})\hat{S}(1|\boldsymbol{x}_{s\alpha 1})\hat{S}(1|\boldsymbol{x}_{s\alpha 2}) \times \cdots \times \hat{S}(1|\boldsymbol{x}_{s\alpha,10})\right] \times \left[\hat{M}(\boldsymbol{x}_{m\alpha,10}) \times s\right]$$

となる．ここで，資本投下額 ($I_{\alpha,a}, I_{\alpha,m}$) は $\boldsymbol{x}_{p\alpha,1}, \boldsymbol{x}_{s\alpha,k}$ に含まれており，s はこれらに依存することに注意されたい．見込顧客全体による期待利益額は

$$\mathrm{Profit} = \sum_{\alpha=1}^{500} \mathrm{Profit}_\alpha(I_{\alpha,a}, I_{\alpha,m})$$

となる．可能な最大資本投下額 I を設定し，

$$\sum_{\alpha=1}^{500} I_{\alpha,a} + \sum_{\alpha=1}^{500} 10 I_{m,a} \leq I$$

の制約下で見込顧客全体による期待利益額 Profit を最大化するように，$(I_{\alpha,a}, I_{\alpha,m})$ ($\alpha = 1, \ldots, 500$) を最適化すればよい．ここで制約式の10は10年間 $I_{\alpha,m}$ を顧客維持のために投下することによる．得られる結果は，毎年期待される売上利益額が大きい顧客へ資本が投下される傾向がみられるであろう．

いまみたように，統計モデルは顧客獲得・維持のための支出計画について検討する際にも役立つ．ここで解説した統計モデルの構築法，および最適化法は無数にある候補の中の一例であり，会社の方針・慣例などによりさまざまなやりかたがある．例えば，市場占有率を拡大したい場合などにおいては，利益の

最大化ではなく，市場占有率が大きくなるように統計でモデルを構築して資本投下額の最適化を実行する必要があるであろう．最後に，最適化により得られた結果は，さまざまな仮定に基づいて導出される．それらの仮定が現実的でない場合，どのように数学的な厳密性を担保しても，得られる結果は非現実的なものになることに注意する．

4.3 ベイズアプローチによるモデル統合

観測データ $\boldsymbol{X}_n = \{\boldsymbol{x}_1, \ldots, \boldsymbol{x}_n\}$ が与えられたもとで，M 個の統計モデル $M_1, \ldots, M_M$ を考える．それぞれの統計モデル M_k の尤度関数は $f_k(\boldsymbol{x}|\boldsymbol{\theta}_k)$ で表現されているものとする．ここで $\boldsymbol{\theta}_k$ ($\boldsymbol{\theta}_k \in \Theta_k \subset R^{p_k}$) は p_k 次元のパラメータとする．また，統計モデル M_k のパラメータ $\boldsymbol{\theta}_k$ に関する事前分布を $\pi_k(\boldsymbol{\theta}_k)$ とし，$P(M_k)$ を統計モデル M_k の事前確率とする．このとき，観測データ $\boldsymbol{X}_n$，事前分布 $\pi_k(\boldsymbol{\theta}_k)$，統計モデル M_k の事前確率が与えられたもとでの統計モデル M_k の事後確率は以下で与えられる．

$$P(M_k|\boldsymbol{X}_n) = \frac{P(M_k)\int f_k(\boldsymbol{X}_n|\boldsymbol{\theta}_k)\pi_k(\boldsymbol{\theta}_k)d\boldsymbol{\theta}_k}{\sum_{j=1}^M P(M_j)\int f_j(\boldsymbol{X}_n|\boldsymbol{\theta}_j)\pi_j(\boldsymbol{\theta}_j)d\boldsymbol{\theta}_j} \quad (4.6)$$

統計モデル M_k の事前確率 $P(M_k)$ は観測データ $\boldsymbol{X}_n$ が得られる前の時点における統計モデル M_k の確からしさを表しており，尤度関数 $f(\boldsymbol{X}_n|\boldsymbol{\theta})$ を事前分布 $\pi(\boldsymbol{\theta})$ で積分した周辺尤度

$$P(\boldsymbol{X}_n|M_k) = \int f_k(\boldsymbol{X}_n|\boldsymbol{\theta}_k)\pi_k(\boldsymbol{\theta}_k)d\boldsymbol{\theta}_k \quad (4.7)$$

は設定した統計モデル，および事前分布が観測データと整合的であるかを計測しており，観測データ $\boldsymbol{X}_n$ の情報により，統計モデル M_k の確からしさを事後確率 $P(M_k|\boldsymbol{X}_n)$ で表現していることとなる．

ベイズアプローチによるモデル統合 (Raftery et al. (1997)) により予測を行う場合においても，第 1 段階ではそれぞれの統計モデルの推定をおこなう．統計モデル M_k に含まれるパラメータ $\boldsymbol{\theta}_k$ の推定はその事後分布

$$\pi(\boldsymbol{\theta}_k|\boldsymbol{X}_n) = \frac{f_k(\boldsymbol{X}_n|\boldsymbol{\theta}_k)\pi_k(\boldsymbol{\theta}_k)}{\int f_k(\boldsymbol{X}_n|\boldsymbol{\theta}_k)\pi_k(\boldsymbol{\theta}_k)d\boldsymbol{\theta}_k} \quad (4.8)$$

によって実行される．また，各統計量の計算においては，将来のデータ z に関する尤度関数 $f_k(z|\boldsymbol{\theta}_k)$ をパラメータ $\boldsymbol{\theta}_k$ の事後分布で積分した予測分布

$$f_k(z|\boldsymbol{X}_n) = \int f_k(z|\boldsymbol{x}, \boldsymbol{\theta}_k) \pi_k(\boldsymbol{\theta}_k|\boldsymbol{X}_n) d\boldsymbol{\theta}_k$$

を用いる．

第2段階においては，推定されたモデルの事後確率を重みとして

$$\hat{w}_k = P(M_k|\boldsymbol{X}_n), \qquad k = 1, \ldots, M \tag{4.9}$$

各モデルを統合する．例えば，ベイズアプローチによるモデル統合をおこなうと，将来のデータ z に関する予測分布は

$$f(z|\boldsymbol{X}_n) = \sum_{k=1}^{M} \hat{w}_k f_k(z|\boldsymbol{X}_n) \tag{4.10}$$

となる．ここで，$\hat{w}_k$ は (4.9) 式で与えられる重みである．

4.3.1 実行例1：線形回帰モデルの統合

(4.2) 式の線形回帰モデル $M_k: \boldsymbol{y} = \boldsymbol{X}_k \boldsymbol{\beta}_k + \boldsymbol{\varepsilon}$ ($k = 1, \ldots, M$) の統合を考える．ここでは，自然共役事前分布をパラメータに利用する．

$$\pi_k(\boldsymbol{\beta}_k, \sigma_k^2) = \pi_k(\boldsymbol{\beta}_k|\sigma_k^2)\pi_k(\sigma_k^2),$$
$$\pi_k(\boldsymbol{\beta}_k|\sigma_k^2) = \frac{1}{(2\pi\sigma_k^2)^{p_k/2}} |A_k|^{1/2} \exp\left[-\frac{(\boldsymbol{\beta}_k - \boldsymbol{\beta}_{k0})' A_k (\boldsymbol{\beta}_k - \boldsymbol{\beta}_{k0})}{2\sigma_k^2}\right],$$
$$\pi_k(\sigma_k^2) = \frac{(\lambda_{k0}/2)^{\nu_{k0}/2}}{\Gamma(\nu_{k0}/2)} (\sigma_k^2)^{-(\nu_{k0}/2+1)} \exp\left[-\frac{\lambda_{k0}/2}{\sigma_k^2}\right]$$

つまり，$\boldsymbol{\beta}_k$ の事前分布は，平均 $\boldsymbol{\beta}_{k0}$ 分散共分散行列 $\sigma^2 A^{-1}$ の正規分布 $N(\boldsymbol{\beta}_{k0}, \sigma_k^2 A_k^{-1})$，分散パラメータ σ_k^2 の事前分布は，パラメータ (ν_{k0}, λ_{k0}) の逆ガンマ分布 $IG(\nu_{k0}/2, \lambda_{k0}/2)$ である．この事前分布は自然共役事前分布であることが知られており，事後分布，予測分布などを解析的に表現できる利点がある．

観測データ $\{\boldsymbol{y}, \boldsymbol{X}_n\}$ が与えられたもとでの統計モデル M_k のパラメータ $\{\boldsymbol{\beta}_k, \sigma_k^2\}$ に関する事後分布 $\pi_k(\boldsymbol{\beta}_k, \sigma_k^2|\boldsymbol{y}_n, \boldsymbol{X}_n)$ は解析的に表現できて

$$\pi_k(\boldsymbol{\beta}_k, \sigma_k^2|\boldsymbol{y}_n, \boldsymbol{X}_n) = \pi_k(\boldsymbol{\beta}_k|\sigma_k^2, \boldsymbol{y}_n, \boldsymbol{X}_n)\pi_k(\sigma_k^2|\boldsymbol{y}_n, \boldsymbol{X}_n),$$

$$\pi_k(\boldsymbol{\beta}_k|\sigma_k^2, \boldsymbol{y}_n, \boldsymbol{X}_n) = N(\hat{\boldsymbol{\beta}}_k, \sigma_k^2 \hat{A}_k),$$
$$\pi_k(\sigma_k^2|\boldsymbol{y}_n, \boldsymbol{X}_n) = IG\left(\frac{\hat{\nu}_n}{2}, \frac{\hat{\lambda}_n}{2}\right)$$

となる. ここで

$$\hat{\boldsymbol{\beta}}_k = (\boldsymbol{X}_k'\boldsymbol{X}_k + A_k)^{-1}\boldsymbol{X}_k\boldsymbol{y},$$
$$\hat{A}_k = (\boldsymbol{X}_k'\boldsymbol{X}_k + A_k)^{-1},$$
$$\hat{\nu}_k = \nu_0 + n,$$
$$\hat{\lambda}_k = (\boldsymbol{\beta}_{k0} - \hat{\boldsymbol{\beta}}_{k,\mathrm{MLE}})'((\boldsymbol{X}_k'\boldsymbol{X}_k)^{-1} + A_k^{-1})^{-1}(\boldsymbol{\beta}_{k0} - \hat{\boldsymbol{\beta}}_{k,\mathrm{MLE}})$$
$$\quad + \lambda_0 + \boldsymbol{y}_n'(\boldsymbol{I} - \boldsymbol{H}_k)'(\boldsymbol{I} - \boldsymbol{H}_k)\boldsymbol{y}_n,$$
$$\boldsymbol{H}_k = \boldsymbol{X}_k(\boldsymbol{X}_k'\boldsymbol{X}_k + A_k)^{-1}\boldsymbol{X}_k,$$
$$\hat{\boldsymbol{\beta}}_{k,\mathrm{MLE}} = (\boldsymbol{X}_k'\boldsymbol{X}_k + A_k)^{-1}\boldsymbol{X}_k\boldsymbol{y}$$

である. 将来のデータ $\boldsymbol{z}$ の予測分布を求める. 将来のデータ $\boldsymbol{z}$ の尤度関数 $f(\boldsymbol{z}|\boldsymbol{X}_k, \boldsymbol{\beta}_k, \sigma_k^2)$ のパラメータ $\boldsymbol{\beta}_k$, σ_k^2 の事後分布での期待値をとると,

$$\begin{aligned}&f(\boldsymbol{z}|\boldsymbol{y}, \boldsymbol{X}_k)\\&= \int f(\boldsymbol{z}|\boldsymbol{X}_k, \boldsymbol{\beta}_k, \sigma_k^2)\pi_k(\boldsymbol{\beta}_k, \sigma_k^2|\boldsymbol{y}, \boldsymbol{X}_k)d\boldsymbol{\beta}_k d\sigma_k^2\\&= \frac{\Gamma\left(\frac{\hat{\nu}_k+n}{2}\right)}{\Gamma\left(\frac{\hat{\nu}_k}{2}\right)(\pi\hat{\nu}_k)^{n/2}}|\hat{\boldsymbol{\Sigma}}_k|^{(-1/2)}\left\{1 + \frac{1}{\hat{\nu}_k}(\boldsymbol{z} - \hat{\boldsymbol{\mu}}_k)'\hat{\boldsymbol{\Sigma}}_k^{-1}(\boldsymbol{z} - \hat{\boldsymbol{\mu}}_k)\right\}^{(-(\hat{\nu}_k+n)/2)} \quad (4.11)\end{aligned}$$

が得られる. ここで,

$$\hat{\boldsymbol{\mu}}_k = \boldsymbol{X}_k\hat{\boldsymbol{\beta}}_k, \quad \hat{\boldsymbol{\Sigma}}_k = \frac{\hat{\lambda}_k}{\hat{\nu}_k}(\boldsymbol{I} + \boldsymbol{X}_k\hat{A}_k^{-1}\boldsymbol{X}_k')$$

である. つまり, パラメータ $(\hat{\boldsymbol{\mu}}_k, \hat{\boldsymbol{\Sigma}}_k, \hat{\nu}_k)$ の n 次元ステューデントの t 分布である.

第 2 段階においては, 推定された統計モデルについて (4.7) 式の周辺尤度が必要となる. 事後分布の定義から,

$$P(\boldsymbol{y}|\boldsymbol{X}_k, M_k) = \frac{f_k(\boldsymbol{y}|\boldsymbol{X}_k, \boldsymbol{\beta}_k, \sigma_k^2)\pi_k(\boldsymbol{\beta}_k, \sigma_k^2)}{\pi(\boldsymbol{\beta}_k, \sigma_k^2|\boldsymbol{y}, \boldsymbol{X}_k)} \quad (4.12)$$

が成立する. 例えば, 右辺に $\hat{\boldsymbol{\beta}}_{k,\mathrm{MLE}}$, $\hat{\sigma}_{k,\mathrm{MLE}}^2$ を代入すると, 周辺尤度

$P(\boldsymbol{y}|\boldsymbol{X}_k, M_k)$ の値が得られる．

以下，実行例である．ここでは，$n = 100$ 個のデータ $\{(x_\alpha, y_\alpha); \alpha = 1, \ldots, 100\}$ を以下の多項式回帰モデルから発生させる．

$$y_\alpha = 3 + 2x_\alpha - 4x_\alpha^2 + 3x_\alpha^3 + 2x_{4\alpha}^4 + \varepsilon_\alpha, \qquad \alpha = 1, \ldots, 100$$

ここで，誤差項 ε_α は互いに独立に平均 0，分散 0.1 の標準正規分布，各説明変数 x_α は $[-2, 2]$ の一様乱数から発生させている．いま，y の条件付き期待値を推定するために，AIC に基づくモデル統合推定量を利用する．ここでは，$M = 7$ として以下のように多項式回帰モデルを定式化する．

$$M_k: \ y_\alpha = \beta_0 + \sum_{p=1}^{k} \beta_p x_{p\alpha} + \varepsilon_\alpha, \qquad k = 1, \ldots, 7$$

$\boldsymbol{\beta}_k$ の事前分布は，平均 $\boldsymbol{0}$，分散共分散行列 $\sigma^2(10^{-3}I)$ の正規分布分散パラメータ σ_k^2 の事前分布は，パラメータ $(10^{-10}, 10^{-10})$ の逆ガンマ分布である．モデルの事前確率 $P(M_k)$ は，

$$P(M_k) = \frac{k}{\sum_{j=1}^{7}(j+1)}$$

とする．つまり，多項式の次元が高くなるに従いモデルの事前確率 $P(M_k)$ が低くなる定式化である．

▶ R プログラムによる実行 (ch4-03.r)

```
#データ発生
n <- 100
x <- runif(n,-2,2)
b <- c(3,2,-4,3,2,0,0,0)
X <- cbind(1,x,x^2,x^3,x^4,x^5,x^6,x^7)
y <- X%*%b+rnorm(n,0,1)

#各モデルの推定，BIC の計算
M <- 7
ML <- rep(0,len=M) #各モデルの周辺尤度
MU <- matrix(0,nrow=n,ncol=M) #各モデルの条件付き期待値

for(k in 1:M){
#事前分布のパラメータ
```

```
p <- k+1
Ak <- 10^-3*diag(1,p)
nu0 <- 10^-10
lam0 <- 10^-10
#パラメータ推定
Xk <- X[,1:(k+1)]
Bkmle <- solve(t(Xk)%*%Xk)%*%t(Xk)%*%y
Bk <- solve(t(Xk)%*%Xk+Ak)%*%t(Xk)%*%y
nu <- nu0+n
lam <- lam0+t(y-Xk%*%Bkmle)%*%(y-Xk%*%Bkmle)+t(Bkmle)%*%solve(
    solve(t(Xk)%*%Xk)+solve(Ak))%*%Bkmle
Sk  <- as.numeric((lam/2)/(nu/2+1))

#周辺尤度の計算
PriorB <- -p/2*log(2*pi*Sk)+1/2*log(det(Ak))-t(Bk)%*%Ak%*%Bk/(2*
    Sk)
PriorS <- nu0/2*log(lam0/2)-log(gamma(nu0/2))-(nu0/2+1)*log(Sk)-
    lam0/(2*Sk)
Dk <- solve(t(Xk)%*%Xk+Ak)
PostB <- -p/2*log(2*pi*Sk)-1/2*log(det(Dk))
PostS <- nu/2*log(lam/2)-log(gamma(nu/2))-(nu/2+1)*log(Sk)-lam/
    (2*Sk)
Like  <- -(n/2)*log(2*pi*Sk)-as.numeric(t(y-Xk%*%Bk)%*%(y-Xk%*%
    Bk))/(2*Sk)
ML[k] <- exp(Like+PriorB+PriorS)/exp(PostB+PostS)
MU[,k] <- Xk%*%Bk
}

#重みベクトルの計算
PriorM <- 2:8/sum(2:8)
W <- PriorM*ML/sum(PriorM*ML)
print(W)

#ベイズアプローチに基づくモデル統合推定量
M <- MU%*%W
```

4.3.2　実行例2：消費選択モデルの統合

線形回帰モデルのベイズ推定では，パラメータの事後分布，将来のデータの予測分布，周辺尤度などを解析的に評価できた．しかしながら，このような例は非常に稀であり，事後分布などを解析的に表現できない場合がほとんどである．このような場合には，漸近的方法，もしくはマルコフ連鎖モンテカルロ法

などの計算機による方法を利用することとなる.

ここでは,漸近的方法により周辺尤度の近似計算をおこなう.いま,事後分布 $\pi(\boldsymbol{\theta}|\boldsymbol{X}_n)$ は,唯一の事後モード $\hat{\boldsymbol{\theta}}_n$ をもつと仮定し,$s_n(\boldsymbol{\theta}) = \log\{f(\boldsymbol{X}_n|\boldsymbol{\theta})\pi(\boldsymbol{\theta})\}$ とする.いま,関数 $s_n(\boldsymbol{\theta})$ の一階微分は事後モード $\hat{\boldsymbol{\theta}}$ で 0 となることに注意して,関数 $s_n(\boldsymbol{\theta})$ の事後モード $\hat{\boldsymbol{\theta}}$ でのテイラー展開を考える.

$$s_n(\boldsymbol{\theta}) = s_n(\hat{\boldsymbol{\theta}}) - \frac{1}{2}(\boldsymbol{\theta} - \hat{\boldsymbol{\theta}})' S_n(\hat{\boldsymbol{\theta}})(\boldsymbol{\theta} - \hat{\boldsymbol{\theta}})$$

いま両辺の指数をとると

$$\exp\{s_n(\boldsymbol{\theta})\} \approx \exp\{s_n(\hat{\boldsymbol{\theta}})\} \exp\left\{-\frac{1}{2}(\boldsymbol{\theta} - \hat{\boldsymbol{\theta}})' S_n(\hat{\boldsymbol{\theta}})(\boldsymbol{\theta} - \hat{\boldsymbol{\theta}})\right\} \quad (4.13)$$

の近似式が得られる.ここで,$S_n(\hat{\boldsymbol{\theta}})$ は関数 $s_n(\boldsymbol{\theta})$ の 2 階微分を事後モード $\hat{\boldsymbol{\theta}}$ 評価した行列

$$S_n(\hat{\boldsymbol{\theta}}) = \left[-\frac{\partial^2 \log\{f(\boldsymbol{X}_n|\boldsymbol{\theta})\pi(\boldsymbol{\theta})\}}{\partial \boldsymbol{\theta} \partial \boldsymbol{\theta}'}\bigg|_{\boldsymbol{\theta} = \hat{\boldsymbol{\theta}}}\right]$$

である.

(4.13) 式の左辺のカーネルは,平均 $\hat{\boldsymbol{\theta}}_n$,共分散行列 $S_n(\hat{\boldsymbol{\theta}}_n)^{-1}$ の多変量正規分布であることに注意すると,(4.7) 式の周辺尤度は

$$\begin{aligned} P(\boldsymbol{X}_n|M) &= \int \exp\{s_n(\boldsymbol{\theta})\} d\boldsymbol{\theta} \\ &\approx \exp\{s_n(\hat{\boldsymbol{\theta}})\} \times \int \exp\left\{-\frac{1}{2}(\boldsymbol{\theta} - \hat{\boldsymbol{\theta}})' S_n(\hat{\boldsymbol{\theta}})(\boldsymbol{\theta} - \hat{\boldsymbol{\theta}})\right\} d\boldsymbol{\theta} \\ &= f(\boldsymbol{X}_n|\hat{\boldsymbol{\theta}})\pi(\hat{\boldsymbol{\theta}})(2\pi)^{p/2} \left|S_n(\hat{\boldsymbol{\theta}})\right|^{1/2} \quad (4.14) \end{aligned}$$

となる.ここで p はパラメータ $\boldsymbol{\theta}$ の次元である.p が固定されている場合,観測データ数 n が十分に大きくなるにつれて,この近似計算式の精度は向上する.この方法はラプラス近似と一般に呼ばれるが,それについては Kass and Raftery (1995), Tierney et al. (1989) などが詳しい.

以降,消費者選択モデルの統合をベイズアプローチに基づき実行する.ここでは,クラッカーブランド選択 (4 ブランド:sunshine, keebler, nabisco, private) について分析する.説明変数は各ブランドについて店頭ディスプレイの有無,各ブランドについて新聞広告の有無,各ブランドの価格についてである.ここ

では，p 次元説明変数 $\boldsymbol{x}$ が与えられたもとでの各ブランドの選択確率を

$$\Pr(k|\boldsymbol{x}) = \frac{\exp\{\boldsymbol{\beta}'_k \boldsymbol{x}\}}{1 + \sum_{j=1}^{3} \exp\{\boldsymbol{\beta}'_j \boldsymbol{x}\}}, \quad k = 1, 2, 3,$$
$$\Pr(4|\boldsymbol{x}) = \frac{1}{1 + \sum_{j=1}^{3} \exp\{\boldsymbol{\beta}'_j \boldsymbol{x}\}} \quad (4.15)$$

と定式化する (ch4-04.r ★1 を参照)．ここで，$\Pr(1|\boldsymbol{x}), \Pr(2|\boldsymbol{x}), \Pr(3|\boldsymbol{x}), \Pr(4|\boldsymbol{x})$ は，sunshine, keebler, nabisco, private ブランドが選択される確率とし，$\boldsymbol{\beta}_k$ は推定すべきパラメータとする．説明変数 $\boldsymbol{x}$ が与えられたもとでの各ブランドの選択確率はパラメータ $\boldsymbol{\beta} = (\boldsymbol{\beta}'_1, \ldots, \boldsymbol{\beta}'_3)'$ に依存しており，以降 $\Pr(g = k|\boldsymbol{x}) := \pi_k(\boldsymbol{x}; \boldsymbol{w})$ と記述する．

いま，消費者が選択したブランドを表す 4 次元ベクトル $\boldsymbol{y} = (y_1, \ldots, y_4)'$ を次のように定義する．

$$\boldsymbol{y} = \begin{cases} (1,0,0,0) & \text{if} \quad \text{sunshine} \\ (0,1,0,0) & \text{if} \quad \text{keebler} \\ (0,0,1,0) & \text{if} \quad \text{nabisco} \\ (0,0,0,1) & \text{if} \quad \text{private} \end{cases}$$

このとき，n 個の観測データ $\boldsymbol{Y}_n = \{\boldsymbol{y}_1, \ldots, \boldsymbol{y}_n\}$, $\boldsymbol{X}_n = \{\boldsymbol{x}_1, \ldots, \boldsymbol{x}_n\}$ に基づく対数尤度関数は

$$f(\boldsymbol{Y}_n|\boldsymbol{X}_n, \boldsymbol{\beta}) = \sum_{\alpha=1}^{n} \sum_{k=1}^{G} y_{k\alpha} \log \pi_k(\boldsymbol{x}_\alpha; \boldsymbol{\beta})$$

で与えられる．

ここでは，$\boldsymbol{\beta}$ の事前分布に

$$\pi(\boldsymbol{\beta}) = \left(\frac{2\pi}{n\lambda}\right)^{3p/2} \exp\left\{-n\lambda \frac{\boldsymbol{\beta}'\boldsymbol{\beta}}{2}\right\}$$

を仮定する (Ando and Konishi (2009))．つまり，$\boldsymbol{\beta}$ は平均 $\mathbf{0}$，共分散行列 $I/(n\lambda)$ の正規分布に従うと仮定する．ここで，λ は平滑化パラメータである．事後モード $\hat{\boldsymbol{\beta}}$ は

$$\ell(\boldsymbol{\beta}) = \log\{f(\boldsymbol{Y}_n|\boldsymbol{X}_n, \boldsymbol{\beta})\pi(\boldsymbol{\beta})\}$$
$$\propto \sum_{\alpha=1}^{n} \log f(\boldsymbol{y}_\alpha|\boldsymbol{x}_\alpha; \boldsymbol{\beta}) - \frac{n\lambda}{2}\boldsymbol{\beta}'\boldsymbol{\beta}$$

の最大化により得られるが，パラメータ $\boldsymbol{\beta}$ に関して非線形であるため，非線形最適化の必要がある．例えば，$\ell(\boldsymbol{\beta})$ の 1 階微分 $\partial\ell(\boldsymbol{\beta})/\partial\boldsymbol{\beta}_k$ (ch4-04.r ★2 を参照)，および 2 階微分 $\partial\ell(\boldsymbol{\beta})/(\partial\boldsymbol{\beta}_m\partial\boldsymbol{\beta}'_l)$ (ch4-04.r ★3 を参照)

$$\frac{\partial\ell(\boldsymbol{\beta})}{\partial\boldsymbol{\beta}_k} = \sum_{\alpha=1}^{n}\{y_{k\alpha} - \pi_k(\boldsymbol{x}_\alpha;\boldsymbol{\beta})\}\boldsymbol{x}_\alpha - n\lambda\boldsymbol{\beta}_k, \quad k=1,2,3,$$

$$\frac{\partial\ell(\boldsymbol{\beta})}{\partial\boldsymbol{\beta}_m\partial\boldsymbol{\beta}'_l} \equiv S_{ml}$$

$$= \begin{cases} \sum_{\alpha=1}^{n}\pi_m(\boldsymbol{x}_\alpha;\boldsymbol{\beta})(\pi_m(\boldsymbol{x}_\alpha;\boldsymbol{\beta})-1)\boldsymbol{x}_\alpha\boldsymbol{x}'_\alpha - n\lambda I, & l=m, \\ \sum_{\alpha=1}^{n}\pi_m(\boldsymbol{x}_\alpha;\boldsymbol{\beta})\pi_l(\boldsymbol{x}_\alpha;\boldsymbol{\beta})\boldsymbol{x}_\alpha\boldsymbol{x}'_\alpha, & l\neq m \end{cases} \quad (4.16)$$

と解析的に与えられるのでニュートン–ラフソン法を利用して，次式でパラメータを更新すればよい (ch4-04.r ★4 を参照)．

$$\boldsymbol{\beta}^{\text{new}} = \boldsymbol{\beta}^{\text{old}} - \left[\frac{\partial^2\ell(\boldsymbol{\beta}^{\text{old}})}{\partial\boldsymbol{\beta}\partial\boldsymbol{\beta}'}\right]^{-1}\frac{\partial\ell(\boldsymbol{\beta}^{\text{old}})}{\partial\boldsymbol{\beta}}$$

モデル統合においては周辺尤度 $P(\boldsymbol{X}_n|M)$ が必要となるが，(4.14) 式の近似式を用いて計算すればよい．尤度関数，事前分布は解析的に得られているので，$S_n(\hat{\boldsymbol{\beta}})$ を計算すればよい．それは以下で与えられる．

$$S_n(\hat{\boldsymbol{\beta}}) = -\frac{1}{n}\begin{pmatrix} S_{11} & S_{11} & S_{13} \\ S_{21} & S_{22} & S_{23} \\ S_{31} & S_{32} & S_{33} \end{pmatrix}$$

とし，それぞれのブロック行列 S_{ml} は (4.16) 式を利用すればよい．

説明変数 $\boldsymbol{x} = (\boldsymbol{x}'_1, \boldsymbol{x}'_2, \boldsymbol{x}'_3)'$ は各ブランドについて店頭ディスプレイの有無 $\boldsymbol{x}_1$，各ブランドについて新聞広告の有無 $\boldsymbol{x}_2$，各ブランドの価格についてである $\boldsymbol{x}_3$ からなっており，以下の 7 通りの説明変数の組み合わせに基づく選択モデルを統合する．

$$M_1:\boldsymbol{x}_1, \quad M_2:\boldsymbol{x}_2, \quad M_3:\boldsymbol{x}_3, \quad M_4:\{\boldsymbol{x}_1,\boldsymbol{x}_2\},$$
$$M_5:\{\boldsymbol{x}_1,\boldsymbol{x}_3\}, \quad M_6:\{\boldsymbol{x}_2,\boldsymbol{x}_3\}, \quad M_7:\{\boldsymbol{x}_1,\boldsymbol{x}_2,\boldsymbol{x}_3\}$$

モデルの事前確率 $P(M_k)$ を等確率として，モデルの事後確率 $\hat{w}_k$ を計算する．

その結果，説明変数 $\boldsymbol{x}$ が与えられたもとでの各ブランドの選択確率が計算される．例えば，sunshine ブランドが選択される確率は

$$\Pr(1|\boldsymbol{x}) = \sum_{k=1}^{7} \hat{w}_k \widehat{\Pr}_k(1|\boldsymbol{x})$$

となる．ここで，$\widehat{\Pr}_k(1|\boldsymbol{x})$ はモデル M_k において sunshine ブランドが選択される確率である．

以下，正則化パラメータ $\lambda = 10^{-1}$ としてデータの分析をおこなった．推定された重みベクトルは $\boldsymbol{w} = (0.00, 0.00, 1.00, 0.00, 0.00, 0.00, 0.00)'$ となり，各ブランドの価格についての説明変数のみを用いたモデル M_3 に基づく結果と同じとなる．図 4.4 はベイズアプローチにより推定されたブランド選択確率のヒストグラムである．nabisco ブランドが選択される確率がおおむね高いようで

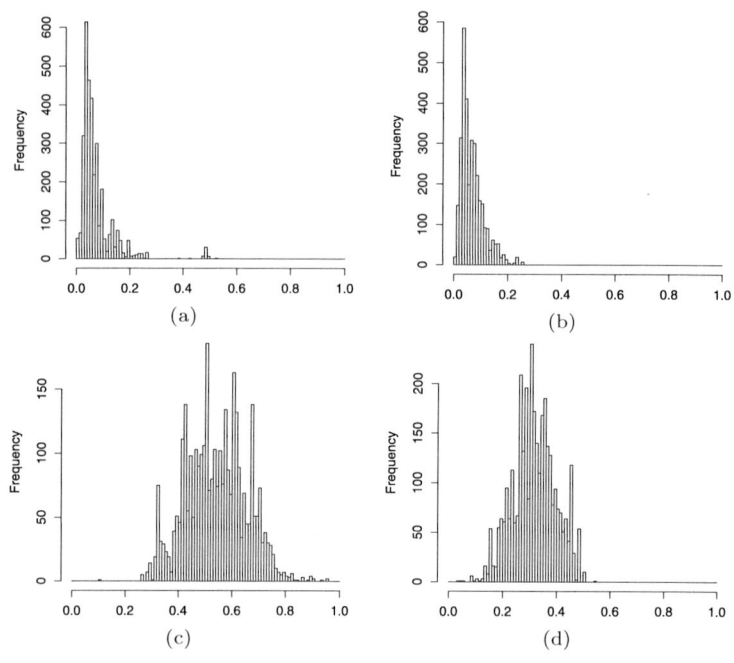

図 4.4 モデル統合により推定されたブランド選択確率のヒストグラム．(a) sunshine ブランド選択確率のヒストグラム．(b) keebler ブランド選択確率のヒストグラム．(c) nabisco ブランド選択確率のヒストグラム．(d) private ブランド選択確率のヒストグラム．

4.3 ベイズアプローチによるモデル統合

表 4.3 選択モデル M_3 の推定されたパラメータ. 括弧内の数字は標準偏差. *** は有意水準 1% で統計的有意 (帰無仮説：$\beta_{kj} = 0$) であることを示す.

	β_1	β_2	β_3
定数項	-0.006	0.006	0.029
	(4.264)	(4.805)	(1.419)
sunshine ブランドの価格水準 (x_s)	-0.059	0.007	-0.001
	(0.049)	(0.047)	(0.013)
keebler ブランドの価格水準 (x_k)	0.023	-0.044	0.019
	(0.049)	(0.112)	(0.015)
nabisco ブランドの価格水準 (x_n)	0.007	0.011	-0.027^{***}
	(0.051)	(0.074)	(0.008)
private ブランドの価格水準 (x_p)	0.011	0.020	0.020^{***}
	(0.026)	(0.025)	(0.005)

ある．表 4.3 は選択モデル M_3 に含まれるパラメータ $\boldsymbol{\beta}_1$, $\boldsymbol{\beta}_2$, $\boldsymbol{\beta}_3$ の推定結果である．推定結果をみると，nabisco ブランドの価格水準，および private ブランドの価格水準のみが統計的に優位な結果となっている．つまり，sunshine ブランド，および keebler ブランドは価格により消費者の選択確率をコントロールすることが困難であることを示唆している．

さらに，ブランド選択モデルを利用して，説明変数の変化 (ここでは nabisco ブランドの価格，および private ブランドの価格とする) が，nabisco ブランドの選択確率にどの程度影響するか計測することができる．説明のため，各ブランドの価格についての変数 x_3 のみに基づく統計モデル M_3 を利用する．いま，(4.15) 式に推定されたパラメータを代入すると，nabisco ブランドの選択確率は

$$\widehat{\Pr}(3|x_s, x_k, x_n, x_p)$$
$$= \frac{\exp\left\{\hat{\beta}_{3,0} + \hat{\beta}_{3,1}x_s + \hat{\beta}_{3,2}x_k + \hat{\beta}_{3,3}x_n + \hat{\beta}_{3,4}x_p\right\}}{1 + \sum_{j=1}^{3} \exp\left\{\hat{\beta}_{j,0} + \hat{\beta}_{j,1}x_s + \hat{\beta}_{j,2}x_k + \hat{\beta}_{j,3}x_n + \hat{\beta}_{j,4}x_p\right\}}$$

となる．ここで，x_s, x_k, x_n, x_p はそれぞれ sunshine ブランド，keebler ブランド，nabisco ブランド，private ブランドの価格水準である．nabisco ブランドの選択確率の nabisco ブランド価格水準 x_n に対する価格弾力性は以下で与えられる．

$$\text{PE}_{x_n}^{\text{nabisco}}$$
$$= \frac{\partial \widehat{\Pr}(3|x_s, x_k, x_n, x_p)/\widehat{\Pr}(3|x_s, x_k, x_n, x_p)}{\partial x_n / x_n}$$
$$= \frac{\partial \widehat{\Pr}(3|x_s, x_k, x_n, x_p)}{\partial x_n} \frac{x_n}{\widehat{\Pr}(3|x_s, x_k, x_n, x_p)}$$
$$= \left[\left\{1 - \widehat{\Pr}(3|x_s, x_k, x_n, x_p)\right\} \widehat{\Pr}(3|x_s, x_k, x_n, x_p)\hat{\beta}_{3,3}\right] \frac{x_n}{\widehat{\Pr}(3|x_s, x_k, x_n, x_p)}$$
$$= \left[1 - \frac{\exp\left\{\hat{\beta}_{3,0} + \hat{\beta}_{3,1}x_s + \hat{\beta}_{3,2}x_k + \hat{\beta}_{3,3}x_n + \hat{\beta}_{3,4}x_p\right\}}{1 + \sum_{j=1}^{3} \exp\left\{\hat{\beta}_{j,0} + \hat{\beta}_{j,1}x_s + \hat{\beta}_{j,2}x_k + \hat{\beta}_{j,3}x_n + \hat{\beta}_{j,4}x_p\right\}}\right]\hat{\beta}_{3,3}x_n$$

表 4.3 の $\hat{\beta}_{3,3} = -0.027$ に注意すると，nabisco ブランドの価格 x_n が 1%上昇すると $\text{PE}_{x_n}^{\text{nabisco}}$ % nabisco ブランドの選択確率が小さくなることを意味する．同様に，nabisco ブランドの選択確率の private ブランド価格水準 x_p に対する交差価格弾力性も計算することができる．図 4.5 は，nabisco ブランドの選択確率の nabisco ブランド価格水準 x_n に対する価格弾力性，および private ブランド価格水準 x_p に対する交差価格弾力性である．表 4.3 の $\hat{\beta}_{3,4} = -0.020$ に注意すると，private ブランドの価格 x_p が 1%上昇すると nabisco ブランドの選択確率が上昇する．図 4.5 は，表の結果と整合的である．

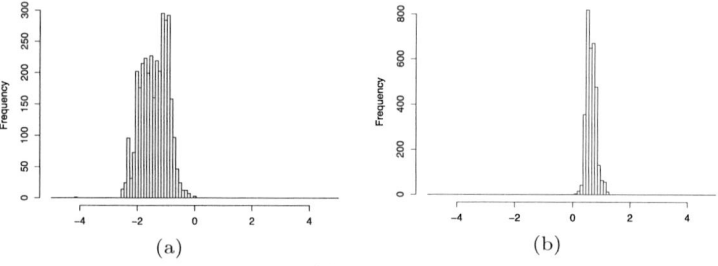

図 **4.5** (a) nabisco ブランドの選択確率の nabisco ブランド価格水準 x_n に対する価格弾力性．(b) nabisco ブランドの選択確率の private ブランド価格水準 x_p に対する交差価格弾力性．

▶ R プログラムによる実行　　　　　　　　　　　　　　　(ch4-04.r)

```
library(mlogit)
data(Cracker)
X1 <- as.matrix(Cracker[,2:5])
X2 <- as.matrix(Cracker[,6:9])
X3 <- as.matrix(Cracker[,10:13])
y <- as.numeric(Cracker[,14])

#各モデルの推定，BIC の計算
n <- length(y)
M <- 7
ML <- rep(0,len=M) #各モデルの周辺尤度
Pi1 <- matrix(0,nrow=n,ncol=M) #各モデルの sunshine ブランド選択確率
Pi2 <- matrix(0,nrow=n,ncol=M) #各モデルの keebler ブランド選択確率
Pi3 <- matrix(0,nrow=n,ncol=M) #各モデルの nabisco ブランド選択確率
Pi4 <- matrix(0,nrow=n,ncol=M) #各モデルの private ブランド選択確率

#事前分布のパラメータ
lambda <- 10^-1
Targets <- matrix(0,nrow=n,ncol=4)
for(i in 1:n){Targets[i,y[i]] <- 1}

for(a in 1:M){

if(a==1){X <- cbind(1,X1)}
if(a==2){X <- cbind(1,X2)}
if(a==3){X <- cbind(1,X3)}
if(a==4){X <- cbind(1,X1,X2)}
if(a==5){X <- cbind(1,X1,X3)}
if(a==6){X <- cbind(1,X2,X3)}
if(a==7){X <- cbind(1,X1,X2,X3)}

g <- 4
d <- ncol(X)
ig <- rep(1,g-1)
iN <- rep(1,n)
IN <- matrix(1,nrow=n,ncol=1)

Beta <- matrix(runif(d*(g-1),-10^-5,10^-5),nrow=d,ncol=(g-1))
DB <- matrix(0,nrow=d*(g-1),ncol=1)
H <- matrix(0,nrow=d*(g-1),ncol=d*(g-1))

for(ITERE in 1:100){
```

```
Beta.old <- Beta
O <- X%*%Beta
Pi <- exp(O)/(1+(exp(O)%*%ig)%*%t(ig))
for(gg in 1:(g-1)){                          ······★2 (以下 4 行)
DB[(d*(gg-1)+1):(d*gg),1] <- (t(X)%*%(Targets[,gg]-Pi))[,gg]-n*
    lambda*Beta[,gg]
}
for(j in 1:(g-1)){for(k in 1:(g-1)){         ······★3 (以下 9 行)
L1 <- diag( as.vector(Pi[,j]) ); L2 <- diag( as.vector(Pi[,k]) )
H[(d*(j-1)+1):(d*j),(d*(k-1)+1):(d*k)] <- t(X)%*%L1%*%L2%*%X
}}
for(k in 1:(g-1)){
L <- diag( as.vector(Pi[,k]) )
H[(d*(k-1)+1):(d*k),(d*(k-1)+1):(d*k)] <- H[(d*(k-1)+1):(d*k),(d
    *(k-1)+1):(d*k)]-t(X)%*%L%*%X
}
SVDH <- svd(H-n*lambda*diag(1,d*(g-1)))
solveH <- (SVDH$v)%*%solve(diag(as.vector(SVDH$d)))%*%t(SVDH$u)
for(i in 1:(g-1)){Beta[,i] <- Beta[,i]-(solveH%*%DB)[(d*(i
    -1)+1):(d*i)]}                           ······★4
if(sum((Beta.old-Beta)^2)<=10^-7){break}
}

#選択確率                                     ······★1
Pi1[,a] <- Pi[,1]
Pi2[,a] <- Pi[,2]
Pi3[,a] <- Pi[,3]
Pi4[,a] <- 1-Pi[,1]-Pi[,2]-Pi[,3]

#周辺尤度の計算
O <- X%*%Beta
Pi <- c(1/(exp(O)%*%ig+1))*exp(O)
S  <-   matrix(0,nrow=d*(g-1),ncol=d*(g-1))
for(j in 1:(g-1)){for(k in 1:(g-1)){
L1 <- diag( as.vector(Pi[,j]) ); L2 <- diag( as.vector(Pi[,k]) )
I.small <- t(X)%*%L1%*%L2%*%X
S[(d*(j-1)+1):(d*j),(d*(k-1)+1):(d*k)] <- I.small
if(j==k){
L <- diag( as.vector(Pi[,k]) )
S[(d*(j-1)+1):(d*j),(d*(k-1)+1):(d*k)]-t(X)%*%L%*%X+n*lambda*
    diag(1,d)
}
}}
S <- S/n
```

```
Pi <- cbind(Pi,1-Pi%*%ig)
LogLikelihood <- sum(log(Pi^Targets))
LogPrior <- (g-1)*d*log(2*pi/(n*lambda))/2-n*lambda*sum(Beta^2)/
    2
LogMarLike <- LogLikelihood+LogPrior+(g-1)*d*log(2*pi)/2+log(det
    (S))/2
ML[a] <- LogMarLike
}

#重みベクトルの計算
W <- exp(ML-min(ML))/sum(exp(ML-min(ML)))
print(W)

#ベイズアプローチに基づくモデル統合推定量
P1 <- Pi1%*%W #sunshine ブランド選択確率
P2 <- Pi2%*%W #keebler ブランド選択確率
P3 <- Pi3%*%W #nabisco ブランド選択確率
P4 <- Pi4%*%W #private ブランド選択確率
print(cbind(P1,P2,P3,P4))

#結果のプロット
par(cex.lab=1.2)
par(cex.axis=1.2)
hist(P1,xlim=c(0,1),br=0:100/100,xlab="",main="")
dev.copy2eps(file="Chice-Pr1-est.ps")
hist(P2,xlim=c(0,1),br=0:100/100,xlab="",main="")
dev.copy2eps(file="Chice-Pr2-est.ps")
hist(P3,xlim=c(0,1),br=0:100/100,xlab="",main="")
dev.copy2eps(file="Chice-Pr3-est.ps")
hist(P4,xlim=c(0,1),br=0:100/100,xlab="",main="")
dev.copy2eps(file="Chice-Pr4-est.ps")

#重みベクトルの計算
W <- exp(ML-min(ML))/sum(exp(ML-min(ML)))
print(W)
```

ベイズアプローチに基づいたモデル選択の枠組みでは，(4.7) 式の尤度関数 $f(\boldsymbol{X}_n|\boldsymbol{\theta})$ を事前分布 $\pi(\boldsymbol{\theta})$ で積分した周辺尤度が重要な役割を果たしている．しかし，非正則事前分布のもとでは周辺尤度の評価が理論的に不可能な場合がある．非正則事前分布とは

$$\pi(\boldsymbol{\theta}) \propto h(\boldsymbol{\theta})$$

と定義される事前分布で，$h(\boldsymbol{\theta})$ を確率密度関数とするための規格化定数 $\int h(\boldsymbol{\theta})d\boldsymbol{\theta} = \infty$ が発散している事前分布である．すなわち，任意の定数 C を掛けた $q(\boldsymbol{\theta}) = C\pi(\boldsymbol{\theta})$ も同様に事前分布となる．事後分布は

$$\pi(\boldsymbol{\theta}|\boldsymbol{X}_n) = \frac{f(\boldsymbol{X}_n|\boldsymbol{\theta})q(\boldsymbol{\theta})}{\int f(\boldsymbol{X}_n|\boldsymbol{\theta})q(\boldsymbol{\theta})d\boldsymbol{\theta}} = \frac{f(\boldsymbol{X}_n|\boldsymbol{\theta})\pi(\boldsymbol{\theta})}{\int f(\boldsymbol{X}_n|\boldsymbol{\theta})\pi(\boldsymbol{\theta})d\boldsymbol{\theta}}$$

となる．事前分布の規格化定数が発散していても，事後分布の規格化定数が発散しない場合，ベイズ推定は実行可能である．しかし，周辺尤度は

$$\int f_k(\boldsymbol{X}_n|\boldsymbol{\theta}_k)\pi_k(\boldsymbol{\theta}_k)d\boldsymbol{\theta}_k \times C_k$$

となる．仮に正則事前分布が利用されていると $C_k < \infty$ であるため，周辺尤度が一意に定義される．しかし，非正則事前分布の場合，ベイズファクターが一意に定義されないという問題が起きてしまうことに注意が必要となる．

本節の最後にオッカムの剃刀について触れておく．ベイズアプローチに基づきモデル統合を実行する場合，予測能力が低い，もしくはシンプルな統計モデルのほうが予測能力が高い場合，そのような統計モデルは統合の際に取り除く場合が多い (Madigan and Raftery (1994))．この手法をオッカムの剃刀と呼ぶ．

いま，アベレージングに取り込む統計モデルのセットを R，取り込まない統計モデルのセットを Q とする．アベレージングに取り込む統計モデルのセットの初期状態は，$R_0 = \{M_1, \ldots, M_M\}$ で，このセットから上述の理由に基づき余分な統計モデルのセットを除外する．

まず，周辺尤度を最大とする統計モデル M_k，すなわち，$P(M_k|\boldsymbol{X}_n) = \mathrm{argmax}_j P(M_j|\boldsymbol{X}_n)$ を特定し，ある定数 C に対して予測能力が低い統計モデル

$$Q_1 = \left\{M_j; \frac{P(M_k|\boldsymbol{X}_n)}{P(M_j|\boldsymbol{X}_n)} \geq C\right\}$$

を R_0 から取り除く．定数 C の値としては，$C = 20$ などをとる場合が多いようである．予測能力が低い統計モデルを取り除いたあと，$R_1 = \{M_j; M_j \notin Q_1\}$ を得る．

次に，それぞれの統計モデル $M_j \in R_1$ に対して，その統計モデルよりもシンプルなモデル $M_l \subset M_j$ でかつ $\pi(M_l|\boldsymbol{X}_n)/\pi(M_j|\boldsymbol{X}_n) \geq 1$ を満たす場合，統

計モデル M_j は除外される．その結果 R_1 から

$$Q_2 = \left\{ M_j; M_l \subset M_j, M_j, M_l \in R_1, \frac{P(M_l|\boldsymbol{X}_n)}{P(M_j|\boldsymbol{X}_n)} \geq 1 \right\}$$

を取り除き，$R_2 = \{M_j; M_j \in R_1, M_j \notin Q_2\}$ を得る．いま得られた R_2 に基づきモデル統合を実行することとなる．

4.4 予測尤度によるモデル統合

非正則な事前分布の問題を避ける手法の一つとして予測尤度によるモデル統合法を解説する．Ando and Tsay (2009) は情報量規準の枠組みを利用して，予測分布の期待対数尤度

$$\int \log f(\boldsymbol{z}|\boldsymbol{X}_n) g(\boldsymbol{z}) d\boldsymbol{z} \tag{4.17}$$

の最大化を考え，(4.17) 式は，

$$\log f(\boldsymbol{X}_n|\boldsymbol{X}_n) - \frac{1}{2}\mathrm{tr}\left\{\boldsymbol{J}^{-1}(\hat{\boldsymbol{\theta}})\boldsymbol{I}(\hat{\boldsymbol{\theta}})\right\} \tag{4.18}$$

で近似できることを示した．ここで，$g(\boldsymbol{z})$ は観測データの背景にある真のシステム，$f(\boldsymbol{X}_n|\boldsymbol{X}_n)$ は予測分布 $f(\boldsymbol{z}|\boldsymbol{X}_n) = \int f(\boldsymbol{z}|\boldsymbol{\theta})\pi(\boldsymbol{\theta}|\boldsymbol{X}_n)d\boldsymbol{\theta}$ に観測データ $\boldsymbol{z} = \boldsymbol{X}_n$ を代入したもの，$\hat{\boldsymbol{\theta}}_n$ は，

$$\log f(\boldsymbol{X}_n|\boldsymbol{\theta}) + \frac{1}{2}\log \pi(\boldsymbol{\theta})$$

のモード，$p \times p$ 次元行列 $\boldsymbol{I}(\boldsymbol{\theta})$, $\boldsymbol{J}(\boldsymbol{\theta})$ は

$$\boldsymbol{I}(\boldsymbol{\theta}) = \frac{1}{n}\sum_{\alpha=1}^{n}\left\{\frac{\partial \log \eta(x_\alpha|\boldsymbol{\theta})}{\partial \boldsymbol{\theta}}\frac{\partial \log \eta(x_\alpha|\boldsymbol{\theta})}{\partial \boldsymbol{\theta}'}\right\},$$

$$\boldsymbol{J}(\boldsymbol{\theta}) = -\frac{1}{n}\sum_{\alpha=1}^{n}\left\{\frac{\partial^2 \log \eta(x_\alpha|\boldsymbol{\theta})}{\partial \boldsymbol{\theta}\partial \boldsymbol{\theta}'}\right\}$$

で与えられる．ただし，$\log \eta(x_\alpha|\boldsymbol{\theta}) = \log f(x_\alpha|\boldsymbol{\theta}) + \log \pi(\boldsymbol{\theta})/(2n)$ である．さらに，事前分布が $\log \pi(\boldsymbol{\theta}) = O_p(1)$ を満たし，設定した統計モデルが真のシステムを含む場合，予測分布に対する期待対数尤度の推定量 (4.18) 式は，

$$\log f(\boldsymbol{X}_n|\boldsymbol{X}_n) - \frac{p}{2} \tag{4.19}$$

と単純化される.この場合,モデル評価基準の計算が非常に簡単となる.

いま,(4.18) 式,もしくは (4.19) 式で与えられる各統計モデルの予測尤度の期待対数尤度が $\{\gamma(M_1), \ldots, \gamma(M_M)\}$ と与えられたとする.このとき Ando and Tsay (2009) は

$$\hat{w}_k = \frac{\exp\{\gamma(M_k)\} P(M_j)}{\sum_{\alpha=1}^{M} \exp\{\gamma(M_\alpha)\} P(M_\alpha)}, \qquad k = 1, \ldots, M$$

をモデル統合の重みに提案している.ここで $P(M_k)$ はモデル M_k の事前確率である.いま得られた $\hat{w}_k$ を利用して,将来のデータ $\boldsymbol{z}$ に関する予測分布は

$$f(\boldsymbol{z}|\boldsymbol{X}_n) = \sum_{k=1}^{M} \hat{w}_k f_k(\boldsymbol{z}|\boldsymbol{X}_n)$$

となる.

行列 $\boldsymbol{I}(\hat{\boldsymbol{\theta}})$, $\boldsymbol{J}(\hat{\boldsymbol{\theta}})$ の計算には,関数

$$\eta(\boldsymbol{\theta}) \equiv \log f(x_\alpha|\boldsymbol{\theta}) + \log \pi(\boldsymbol{\theta})/(2n)$$

の 1 階微分,2 階微分が必要となる.解析的な表現を計算せずとも,それらは数値的に評価できる.いま,関数 $\ell(\boldsymbol{\theta})$ の 1 階微分 $\partial \ell(\boldsymbol{\theta})/\partial \boldsymbol{\theta}$ を評価したい場合,

$$\frac{\partial \eta(\boldsymbol{\theta})}{\partial \theta_j} \approx \frac{\eta(\boldsymbol{\theta} + \boldsymbol{\delta}_j) - \eta(\boldsymbol{\theta} - \boldsymbol{\delta}_j)}{2\delta}, \qquad j = 1, \ldots, p$$

を使えばよい.ここで δ は小さい値で $\boldsymbol{\delta}_j$ は p 次元ベクトルで j 番目の成分のみが 1 でその他の成分が 0 のベクトルである.例えば,$\delta = 0.0001$ 程度に設定すれば数値誤差を小さくできるようである.同様に関数 $\ell(\boldsymbol{\theta})$ の 2 階微分 $\partial \eta(\boldsymbol{\theta})/\partial \boldsymbol{\theta} \partial \boldsymbol{\theta}'$ を評価したい場合,

$$\frac{\partial^2 \eta(\boldsymbol{\theta})}{\partial \theta_j \partial \theta_k}$$
$$\approx \frac{\eta(\boldsymbol{\theta} + \boldsymbol{\delta}_j + \boldsymbol{\delta}_k) - \eta(\boldsymbol{\theta} + \boldsymbol{\delta}_j - \boldsymbol{\delta}_k) - \eta(\boldsymbol{\theta} - \boldsymbol{\delta}_j + \boldsymbol{\delta}_k) + \eta(\boldsymbol{\theta} - \boldsymbol{\delta}_j - \boldsymbol{\delta}_k)}{4\delta^2}$$

を $j, k = 1, \ldots, p$ について計算すればよい.

4.4.1 実行例:線形回帰モデルの統合

ここでは,ベイズアプローチに基づく線形回帰モデルの統合に使用した統計

4.4 予測尤度によるモデル統合

モデル M_k: $\boldsymbol{y} = \boldsymbol{X}_k\boldsymbol{\beta}_k + \boldsymbol{\varepsilon}$ $(k=1,\ldots,M)$ 自然共役事前分布 $\pi_k(\boldsymbol{\beta}_k,\sigma_k^2)$ を利用する．将来データ $\boldsymbol{z}$ の予測分布は，パラメータ $(\hat{\boldsymbol{\mu}}_k,\hat{\boldsymbol{\Sigma}}_k,\hat{\nu}_k)$ の n 次元ステューデントの t 分布であった．ただし，$\boldsymbol{\beta}_k$ の事前分布は，平均 $\boldsymbol{0}$，分散共分散行列 $\sigma^2(10^{-3}I)$ の正規分布分散パラメータ σ_k^2 の事前分布は，パラメータ $(10^{-10},10^{-10})$ の逆ガンマ分布，モデルの事前確率 $P(M_k)$ は等確率とする．(4.18) 式を利用する場合，行列 $\boldsymbol{I}(\boldsymbol{\theta})$，$\boldsymbol{J}(\boldsymbol{\theta})$ が必要となる．いま，$\hat{\boldsymbol{\theta}}_k = [\hat{\boldsymbol{\beta}}_k', (\hat{\nu}_k/2+1)^{-1}(\hat{\lambda}_k/2)]'$ を

$$\log f(\boldsymbol{y}|\boldsymbol{\beta}_k,\sigma_k^2) + \frac{1}{2}\log\pi_k(\boldsymbol{\beta}_k,\sigma^2)$$

のモードとする．このとき，$(p_k+1)\times(p_k+1)$ 次元行列

$$\boldsymbol{I}_k(\boldsymbol{\theta}_k) = \frac{1}{n}\begin{bmatrix} \frac{\boldsymbol{X}_k'\boldsymbol{\Lambda}_k}{\sigma_k^2} - \frac{A_k^{-1}\boldsymbol{\beta}_k\mathbf{1}_n'}{2n\sigma_k^2} \\ \boldsymbol{p}' \end{bmatrix}\left(\boldsymbol{\Lambda}_k\boldsymbol{X}_k - \frac{\mathbf{1}_n A_k^{-1}\boldsymbol{\beta}'}{2n\sigma_k^2},\boldsymbol{p}_k\right),$$

$$\boldsymbol{J}_k(\boldsymbol{\theta}_k) = -\frac{1}{n}\begin{bmatrix} \frac{\boldsymbol{X}_k'\boldsymbol{X}_k}{\sigma_k^2} + \frac{A^{-1}}{2\sigma^2} & \frac{\boldsymbol{X}_k'\boldsymbol{\Lambda}_k\mathbf{1}_n}{\sigma_k^4} - \frac{A^{-1}\boldsymbol{\beta}_k}{2\sigma_k^4} \\ \frac{\mathbf{1}_n'\boldsymbol{\Lambda}_k\boldsymbol{X}_k}{\sigma_k^4} - \frac{\boldsymbol{\beta}_k'A_k^{-1}}{2\sigma_k^4} & -\boldsymbol{q}_k'\mathbf{1}_n \end{bmatrix},$$

$$\boldsymbol{\Lambda}_k = \mathrm{diag}\left[y_1 - \boldsymbol{\beta}_k'\boldsymbol{x}_{k1},\ldots,y_n - \boldsymbol{\beta}_k'\boldsymbol{x}_{kn}\right]$$

(第 1 式〜第 3 式はそれぞれ ch4-05.r ★1〜★3 を参照) を $\hat{\boldsymbol{\theta}}_k$ で評価すれば行列 $\boldsymbol{I}(\boldsymbol{\theta})$，$\boldsymbol{J}(\boldsymbol{\theta})$ が得られる．ここで，n 次元ベクトル $\boldsymbol{p}$，$\boldsymbol{q}$ の i 番目の成分は

$$p_i = \frac{1}{2\sigma_k^4}\left[(y_i - \boldsymbol{\beta}_k'\boldsymbol{x}_{ki})^2 + \frac{1}{2n}\left(\boldsymbol{\beta}_k' A_k^{-1}\boldsymbol{\beta}_k + \lambda_0\right)\right]$$
$$- \frac{1}{2\sigma_k^2}\left[1 + \frac{1}{2n}(p_k + \nu_0 + 2)\right],$$

$$q_i = -\frac{1}{2\sigma_k^6}\left[(y_i - \boldsymbol{\beta}_k'\boldsymbol{x}_{ki})^2 + \frac{1}{2n}\left(\boldsymbol{\beta}_k' A_k^{-1}\boldsymbol{\beta}_k + \lambda_0\right)\right]$$
$$+ \frac{1}{2\sigma_k^4}\left[1 + \frac{1}{2n}(p_k + \nu_0 + 2)\right]$$

で与えられる．以下，実行例である．

▶ R プログラムによる実行　　　　　　　　　　　　　　　　　　　(ch4-05.r)

#データ発生

```
n <- 100
x <- runif(n,-2,2)
b <- c(3,2,-4,3,2,0,0,0)
X <- cbind(1,x,x^2,x^3,x^4,x^5,x^6,x^7)
y <- X%*%b+rnorm(n,0,1)

#各モデルの推定
M <- 7
PL1 <- rep(0,len=M) #各モデルの予測尤度1
PL2 <- rep(0,len=M) #各モデルの予測尤度2
MU <- matrix(0,nrow=n,ncol=M) #各モデルの条件付き期待値
Bias <- rep(0,len=M)

for(k in 1:M){
#事前分布のパラメータ
p <- k+1
Ak <- 10^-3*diag(1,p)
nu0 <- 10^-10
lam0 <- 10^-10
#パラメータ推定
Xk <- X[,1:(k+1)]
Bkmle <- solve(t(Xk)%*%Xk)%*%t(Xk)%*%y
Bk <- solve(t(Xk)%*%Xk+Ak)%*%t(Xk)%*%y
nu <- nu0+n
lam <- lam0+t(y-Xk%*%Bkmle)%*%(y-Xk%*%Bkmle)+t(Bkmle)%*%solve(
    solve(t(Xk)%*%Xk)+solve(Ak))%*%Bkmle
Sk  <- as.numeric((lam/2)/(nu/2+1))

#予測尤度の計算
V <- as.numeric(lam/nu)*(diag(1,n)+Xk%*%(t(Xk)%*%Xk+Ak)%*%t(Xk))
LogConst <- log(gamma((nu+n)/2))-log(gamma(nu/2))-(n/2)*log(pi*
    nu)
PredLike <- LogConst-1/2*log(det(V))-(nu+n)/2*log(1+as.numeric(t
    (y-Xk%*%Bk)%*%solve(V)%*%(y-Xk%*%Bk))/nu)

#バイアス
In <- rep(1,len=n)
S <- Sk
f1 <- -1/(2*S)+(y-Xk%*%Bk)^2/(2*S^2)+as.numeric(-p/(2*S)+t(Bk)%*
    %Ak%*%Bk/(2*S^2)-(nu0/2+1)/S+lam0/(2*S^2))/(2*n)
f2 <- 1/(2*S^2)-(y-Xk%*%Bk)^2/(S^3)+as.numeric(p/(2*S^2)-t(Bk)%*
    %Ak%*%Bk/(2*S^3)+(nu0/2+1)/S^2-lam0/(2*S^3))/(2*n)
L <- diag(as.vector(y-Xk%*%Bk))                      ······★3
I1 <- rbind(t(Xk)%*%L/S-Ak%*%Bk%*%t(In)/(S*2*n),t(f1))
I2 <- cbind(L%*%Xk/S-t(Ak%*%Bk%*%t(In))/(S*2*n),f1)
```

```
I     <- I1%*%I2/n                                    ……★1
J.BB  <- t(Xk)%*%Xk/S+Ak/(2*S)
J.SB  <- t(In)%*%L%*%Xk/(S^2)-t(Bk)%*%Ak/(2*S^2)
J.BS  <- t(J.SB)
J.SS  <- -t(f2)%*%In
J <- rbind(cbind(J.BB,J.BS),cbind(J.SB,J.SS))/n      ……★2
Bias <- sum(diag(I%*%(solve(J))))/2

PL1[k] <- PredLike-Bias
PL2[k] <- PredLike-(ncol(Xk)+1)/2
MU[,k] <- Xk%*%Bk
}

#重みベクトルの計算
W1 <- exp(PL1)/sum(exp(PL1))
print(W1)
W2 <- exp(PL2)/sum(exp(PL2))
print(W2)

#予測尤度に基づくモデル統合推定量
M1 <- MU%*%W1
M2 <- MU%*%W2
```

4.5 C_p 基準によるモデル統合

近年,漸近最適性 (asymptotic optimality) という新たな視点から,さまざまなモデル統合手法が考案されている.本節では,C_p 基準 (Mallows (1973)) に基づくモデル統合 (Hansen (2007)) を線形回帰モデルの枠組みで紹介していく.ここでも従来の統計的推測枠組みのように,観測データ数 n は説明変数の次元 p よりも十分に大きいと仮定している.第 5 章において,観測データ数 n が説明変数の次元 p よりも小さい場合について解説する.

いま,p 次元説明変数 $\bm{x} = (x_1, \ldots, x_p)$ と目的変数 y に関する n 組のデータ $\{(y_\alpha, \bm{x}_\alpha); \alpha = 1, 2, \ldots, n\}$ が観測されたとし,M 個の線形回帰モデルを考える.

$$M_k: \quad \bm{y} = \bm{X}_k \bm{\beta}_k + \bm{\varepsilon}$$

ここで $\boldsymbol{X}_k$ は $n \times p_k$ 次元行列, $E[\boldsymbol{\varepsilon}] = \boldsymbol{0}$, $V[\boldsymbol{\varepsilon}] = \sigma^2 I_n$, $p_k < n$ とする. 最小二乗推定量は $\hat{\boldsymbol{\beta}}_k = (\boldsymbol{X}'_k \boldsymbol{X}_k)^{-1} \boldsymbol{X}'_k \boldsymbol{y}$ である.

前節では, モデル統合における重み $\boldsymbol{w} = (w_1, \ldots, w_M)'$ はモデル評価基準を変換することで決定した. Hansen (2007) は, それに対して新たな枠組みを提案した. いま, M 次元重みベクトル $\boldsymbol{w}$ は空間 Q_M に属するとする. ここで,

$$Q_M = \left\{ \boldsymbol{w} \in [0,1]^M : \sum_{k=1}^M w_k = 1 \right\}$$

である. このとき, モデル統合推定量は

$$\hat{\boldsymbol{\mu}}(\boldsymbol{w}) = \sum_{k=1}^M w_k \boldsymbol{X}_k \hat{\boldsymbol{\beta}}_k = \sum_{k=1}^M w_k \boldsymbol{X}_k \left(\boldsymbol{X}'_k \boldsymbol{X}_k \right)^{-1} \boldsymbol{X}'_k \boldsymbol{y}$$

と表現される. いま, $\boldsymbol{H}_k = \boldsymbol{X}_k \left(\boldsymbol{X}'_k \boldsymbol{X}_k \right)^{-1} \boldsymbol{X}'_k$, $\boldsymbol{H}(\boldsymbol{w}) = \sum_{k=1}^M w_k H_k$ とすると,

$$\hat{\boldsymbol{\mu}} = \boldsymbol{H}(\boldsymbol{w}) \boldsymbol{y}$$

と表すこともできる.

Hansen (2007) の枠組みでは Mallows 基準 $C_p(\boldsymbol{w})$

$$\begin{aligned} C_p(\boldsymbol{w}) &= (\boldsymbol{y} - \hat{\boldsymbol{\mu}}(\boldsymbol{w}))'(\boldsymbol{y} - \hat{\boldsymbol{\mu}}(\boldsymbol{w})) + 2\sigma^2 \mathrm{tr}\{H(\boldsymbol{w})\} \\ &= \boldsymbol{w}' \boldsymbol{E}' \boldsymbol{E} \boldsymbol{w} + 2\sigma^2 \boldsymbol{w}' \boldsymbol{h} \end{aligned}$$

の最小化により重みベクトル $\boldsymbol{w}$ を決定する. ここで, $\mathrm{tr}\{\boldsymbol{H}(\boldsymbol{w})\}$ はモデルの自由度に対応し,

$$\boldsymbol{E} = (\boldsymbol{y} - \boldsymbol{X}_1 \hat{\boldsymbol{\beta}}_1, \ldots, \boldsymbol{y} - \boldsymbol{X}_M \hat{\boldsymbol{\beta}}_M), \quad \boldsymbol{h} = (p_1, \ldots, p_M)$$

とする (ch4-06.r ★2 を参照). $C_p(\boldsymbol{w})$ 基準には未知の分散項 σ^2 が含まれるが, その一致推定量で置きかえられる. 一般に, 計画行列が最大の統計モデルに基づいた推定値 $\hat{\sigma}^2_{\max}$ で置き換える場合が多い. 2 次計画法により $C_p(\boldsymbol{w})$ 基準を最小とする重みベクトル

$$\hat{\boldsymbol{w}} = \underset{w \in Q_M}{\mathrm{argmin}}\, C_p(\boldsymbol{w})$$

が得られる (ch4-06.r ★1 を参照).

この推定量にはいくつかの理論的性質が明らかとなっている．いま，$\boldsymbol{\mu}$ を目的変数 y の条件付き期待値とする．このとき，$C_p(\boldsymbol{w})$ 基準を最小とする重みベクトル $\boldsymbol{w}$ は，

$$R(\boldsymbol{w}) = E\left[(\boldsymbol{\mu} - \hat{\boldsymbol{\mu}}(\boldsymbol{w}))'(\boldsymbol{\mu} - \hat{\boldsymbol{\mu}}(\boldsymbol{w}))\right]$$

を漸近的に最小とすることが証明されている．いま，

$$\zeta_n = \inf_{w \in Q_M} R(\boldsymbol{w}) \to \infty$$

すなわち，Q_M の空間において $R(\boldsymbol{w})$ の最小の値 ζ_n が発散すると仮定する．いま，$L(\boldsymbol{w}) = (\boldsymbol{\mu} - \hat{\boldsymbol{\mu}}(\boldsymbol{w}))'(\boldsymbol{\mu} - \hat{\boldsymbol{\mu}}(\boldsymbol{w}))$, $\zeta_n \to \infty$ $(n \to \infty)$ とすると，ある緩い条件下 (詳しくは Hansen (2007) を参照) において，漸近最適性 (asymptotic optimality (Li (1986, 1987)))

$$\frac{L(\hat{\boldsymbol{w}})}{\inf_{w \in Q_M} L(\boldsymbol{w})} \to 1$$

が成立する．言い換えれば，$\hat{\boldsymbol{w}}$ は $L(\boldsymbol{w})$ を最小とする重みベクトルに収束する．漸近最適性に関する証明は，Wan et al. (2010) を参照されたい．このように，C_p 基準に基づくモデル統合推定量は好ましい理論的性質を備えている．また，不均一な誤差分散における C_p 基準に基づくモデル統合推定量の漸近最適性は Liu and Okui (2013) により証明されている．

4.5.1 実　行　例

以下，実行例である．ここでは，$n = 100$ 個のデータ $\{(x_{1\alpha}, x_{2\alpha}, \ldots, x_{8\alpha}, y_\alpha); \alpha = 1, \ldots, 100\}$ を以下のモデルから発生させる．

$$y_\alpha = 2x_{1\alpha} - 6x_{2\alpha} + 3x_{3\alpha} + x_{4\alpha} + \varepsilon_\alpha, \qquad \alpha = 1, \ldots, 100$$

ここで，誤差項 ε_α は互いに独立に平均 0，分散 0.1 の標準正規分布，各説明変数 $x_{1\alpha}, \ldots, x_{10\alpha}$ は $[-2, 2]$ の一様乱数から発生させている．いま，y の条件付き期待値を推定するために，C_p に基づくモデル統合推定量を利用する．ここでは，$M = 8$ として以下のように (1.2) 式の線形回帰モデル定式化する．

$$M_1 : y_\alpha = \beta_1 x_{1\alpha} + \varepsilon_\alpha$$

$$M_2 : y_\alpha = \beta_1 x_{1\alpha} + \beta_2 x_{2\alpha} + \varepsilon_\alpha$$

$$\vdots$$

$$M_8 : y_\alpha = \beta_1 x_{1\alpha} + \beta_2 x_{2\alpha} + \cdots + \beta_8 x_{8\alpha} + \varepsilon_\alpha$$

▶ R プログラムによる実行　　　　　　　　　　　　　(ch4-06.r)

```
library(quadprog)

#データ発生
n <- 100
p <- 8
X <- matrix(runif(n*p,-2,2),nrow=n,ncol=p)
b <- c(2,-6,3,1,0,0,0,0)
y <- X%*%b+rnorm(n,0,1)

#各モデルの推定
M <- 8
MU <- matrix(0,nrow=n,ncol=M) #各モデルの条件付き期待値
E <- matrix(0,n,M)
for(k in 1:M){
Xk <- X[,1:k]
Bk <- solve(t(Xk)%*%Xk)%*%t(Xk)%*%y
MU[,k] <- Xk%*%Bk
E[,k] <- y-Xk%*%Bk                         ……★2
}
S <- mean(E[,p]^2)

#重みベクトルの計算

d <- -(2*S*(1:M))
b <- c(1, rep(0,len=M))
D <- 2*t(E)%*%E
A <- cbind(rep(1,len=M),diag(1,M))
fit <- solve.QP(D,d,A,b,meq=1)             ……★1
w <- fit$solution
print(w)

#$C_p$ に基づくモデル統合推定量
M <- MU%*%w
```

4.6 jackknife 法によるモデル統合

C_p 基準に基づくモデル統合推定量は，$C_p(\boldsymbol{w})$ に含まれる未知分散 σ^2 を何らかの一致推定量で置き換える必要があった．ここでは，jackknife 法によるモデル統合 (Hansen and Racine (2012)) を紹介する．以下のように，未知の分散 σ^2 を推定する必要がないという利点がある．漸近最適性に関する証明は，Zhang et al. (2013) を参照されたい．

まず，n 組の観測データ $\{(y_\alpha, \boldsymbol{x}_\alpha); \alpha = 1, 2, \ldots, n\}$ に基づき統計モデル $M_1, \ldots, M_M$ を jackknife 法により推定する．α 番目の観測データ $(y_\alpha, \boldsymbol{x}_\alpha)$ を除いて統計モデル M_k を推定し，その α 番目の観測データに対する予測値を $\tilde{\mu}_k^{(-\alpha)}$ とする．それぞれの α について予測値を求め，予測値に関する n 次元ベクトル $\tilde{\boldsymbol{\mu}}_k = (\tilde{\mu}_k^{(-1)}, \ldots, \tilde{\mu}_k^{(-n)})'$ は以下のように表現される．

$$\tilde{\boldsymbol{\mu}}_k = \tilde{H}_k \boldsymbol{y}$$

ここで $n \times n$ 次元行列 $\tilde{\boldsymbol{H}}_k$ は $\tilde{\boldsymbol{H}}_k = \boldsymbol{D}_k(\boldsymbol{H}_k - \boldsymbol{I}) + \boldsymbol{I}$ で与えられ，$n \times n$ 次元行列 $\boldsymbol{D}_k$ は対角行列で α 番目の対角成分は $(1 - h_{k\alpha})^{-1}$ である．ただし $h_{k\alpha}$ は $n \times n$ 次元行列 $\boldsymbol{H}_k = \boldsymbol{X}_k \left(\boldsymbol{X}_k' \boldsymbol{X}_k\right)^{-1} \boldsymbol{X}_k'$ の α 番目の対角成分である．このとき，jackknife 法に基づくモデル統合予測量は，

$$\tilde{\boldsymbol{\mu}} = \sum_{k=1}^{M} w_k \tilde{\boldsymbol{\mu}}_k = \sum_{k=1}^{M} w_k \tilde{\boldsymbol{H}}_k \boldsymbol{y} = \tilde{\boldsymbol{H}}(\boldsymbol{w}) \boldsymbol{y}$$

と表現される．ここで $\tilde{\boldsymbol{H}}(\boldsymbol{w}) = \sum_{k=1}^{M} w_k \tilde{\boldsymbol{H}}_k$ とする．

jackknife 法においてベクトル $\boldsymbol{w}$ の推定は

$$\begin{aligned} CV(\boldsymbol{w}) &= (\boldsymbol{y} - \tilde{\boldsymbol{\mu}})'(\boldsymbol{y} - \tilde{\boldsymbol{\mu}}) \\ &= (\boldsymbol{y} - \tilde{\boldsymbol{H}}(\boldsymbol{w})\boldsymbol{y})'(\boldsymbol{y} - \tilde{\boldsymbol{H}}(\boldsymbol{w})\boldsymbol{y}) \\ &= \boldsymbol{w}' \tilde{\boldsymbol{E}}' \tilde{\boldsymbol{E}} \boldsymbol{w} \end{aligned}$$

の最小化によって行われる．ここで $n \times M$ 次元行列 $\tilde{\boldsymbol{E}}$ は

$$\tilde{\boldsymbol{E}} = (\boldsymbol{y} - \tilde{\boldsymbol{\mu}}_1, \ldots, \boldsymbol{y} - \tilde{\boldsymbol{\mu}}_M)$$

とする．特に，モデル統合の重みベクトル w は Q_n の空間上で

$$\hat{w} = \underset{w \in Q_n}{\mathrm{argmin}}\, CV(w)$$

実行される．

4.6.1 実 行 例

前節の C_p モデル統合に利用したモデルからデータを発生させ，再び，$M = 8$ 個として線形回帰モデル定式化する．

▶ R プログラムによる実行　　　　　　　　　　　　　　　(ch4-07.r)

```
#データ発生
n <- 100
p <- 8
X <- matrix(runif(n*p,-2,2),nrow=n,ncol=p)
b <- c(2,-6,3,1,0,0,0,0)
y <- X%*%b+rnorm(n,0,1)

#各モデルの推定
M <- 8
MU <- matrix(0,nrow=n,ncol=M) #各モデルの条件付き期待値
E <- matrix(0,n,M)
for(k in 1:M){
Xk <- X[,1:k]
Bk <- solve(t(Xk)%*%Xk)%*%t(Xk)%*%y
Hk <- Xk%*%solve(t(Xk)%*%Xk)%*%t(Xk)
Dk <- diag(1/as.vector(diag(diag(1,n)-Hk)))
HH  <- Dk%*%(Hk-diag(1,n))+diag(1,n)
MU[,k] <- HH%*%y
E[,k] <- y-HH%*%y
}
S <- mean(E[,p]^2)

#重みベクトルの計算

d <- rep(0,len=M)
b <- c(1, rep(0,len=M))
D <- 2*t(E)%*%E
A <- cbind(rep(1,len=M),diag(1,M))
fit <- solve.QP(D,d,A,b,meq=1)
w <- fit$solution
```

```
print(w)

#CV に基づくモデル統合推定量
M <- MU%*%w
```

4.7 操作変数回帰モデルの統合

以下の構造式をもつ操作変数線形回帰モデルを考える.

$$\boldsymbol{y} = \boldsymbol{X}_1\boldsymbol{\beta} + \boldsymbol{X}_2\boldsymbol{\gamma} + \boldsymbol{u}, \tag{4.20}$$

$$\boldsymbol{X}_1 = \boldsymbol{Z}\boldsymbol{\Pi} + \boldsymbol{X}_2\boldsymbol{B} + \boldsymbol{V} \tag{4.21}$$

ここで, $\boldsymbol{y} = (y_1, \ldots, y_n)'$ は n 次元ベクトル, $\boldsymbol{X}_1 = (\boldsymbol{y}_1, \ldots, \boldsymbol{y}_m)$ は $n \times m$ 次元内生変数行列, $\boldsymbol{X}_2 = (\boldsymbol{x}_1, \ldots, \boldsymbol{x}_p)$ は $n \times p$ 次元外生変数行列, $\boldsymbol{Z} = (\boldsymbol{z}_1, \ldots, \boldsymbol{z}_r)$ は $n \times r$ 次元操作変数行列とし, 操作変数の次元は外生変数の次元以上 $p \geq r$ とする. また $\boldsymbol{\beta}$, $\boldsymbol{\gamma}$, $\boldsymbol{\Pi}$, $\boldsymbol{B}$ は回帰係数とし, $\boldsymbol{\varepsilon}$, $\boldsymbol{V} = (\boldsymbol{v}_1, \ldots, \boldsymbol{v}_n)'$ は誤差項である. 通常の線形回帰分析において, (4.20) 式の $\boldsymbol{y}$ を説明する変数 $\boldsymbol{X}_1$, $\boldsymbol{X}_2$ は誤差項 $\boldsymbol{u}$ と独立である. しかし, ここでは $\boldsymbol{X}_1$ は誤差項 $\boldsymbol{u}$ と何らかの関連をもつと仮定する. ここでは, $\varepsilon_\alpha = (u_\alpha, \boldsymbol{v}'_\alpha)' \sim N(\boldsymbol{0}, \Sigma)$ の平均 $\boldsymbol{0}$, 分散共分散行列 Σ の分布に従うとする.

(4.20) 式, および (4.21) 式は

$$\begin{pmatrix} 1 & -\boldsymbol{\beta}' \\ 0 & \boldsymbol{I} \end{pmatrix} \begin{pmatrix} \boldsymbol{y}' \\ \boldsymbol{X}'_1 \end{pmatrix} = \begin{pmatrix} \boldsymbol{\gamma}' & \boldsymbol{0}' \\ \boldsymbol{B}' & \boldsymbol{\Pi}' \end{pmatrix} \begin{pmatrix} \boldsymbol{X}'_2 \\ \boldsymbol{Z}' \end{pmatrix} + \begin{pmatrix} \boldsymbol{u}' \\ \boldsymbol{V}' \end{pmatrix}$$

と同時に表現できて, それを以下のようにまとめる.

$$\boldsymbol{\Gamma}\boldsymbol{Y}' = \boldsymbol{\Theta}\boldsymbol{W}' + \boldsymbol{E}',$$

ここで,

$$\boldsymbol{\Gamma} = \begin{pmatrix} 1 & -\boldsymbol{\beta}' \\ 0 & \boldsymbol{I} \end{pmatrix}, \quad \boldsymbol{Y}' = \begin{pmatrix} \boldsymbol{y}' \\ \boldsymbol{X}'_1 \end{pmatrix}, \quad \boldsymbol{\Theta} = \begin{pmatrix} \boldsymbol{\gamma}' & \boldsymbol{0}' \\ \boldsymbol{B}' & \boldsymbol{\Pi}' \end{pmatrix},$$

$$\boldsymbol{W}' = \begin{pmatrix} \boldsymbol{X}'_2 \\ \boldsymbol{Z}' \end{pmatrix}, \quad \boldsymbol{E}' = \begin{pmatrix} \boldsymbol{u}' \\ \boldsymbol{V}' \end{pmatrix}$$

とする．対数尤度関数は

$$\ell(\boldsymbol{\Gamma}, \boldsymbol{\Theta}, \boldsymbol{\Sigma}) = -\frac{n(m+1)}{2}\log(2\pi) + n\log|\boldsymbol{\Gamma}| - \frac{n}{2}\log|\boldsymbol{\Sigma}| - \frac{1}{2}\mathrm{tr}\left\{\boldsymbol{\Sigma}^{-1}\boldsymbol{E}'\boldsymbol{E}\right\}$$

となる．対数尤度関数の最大化によりパラメータ $\boldsymbol{\Gamma}$, $\boldsymbol{\Theta}$, $\boldsymbol{\Sigma}$ が推定できる．Lenkoski et al. (2014) は，操作変数 $\boldsymbol{Z}$, および $\boldsymbol{X}_2$ の組み合わせによりさまざまな操作変数回帰モデル M_k ($k=1,\ldots,M$) を定式化し，ベイズアプローチに基づいた操作変数回帰モデルの統合手法を提案している．

Martins and Gabriel (2013) は操作変数回帰モデルの統合において，操作変数の選択基準を重みに利用することを提案した．操作変数選択に関する研究としては Andrews (1999), Donald and Newey (2001), Hall et al. (2007), Hall and Peixe (2003) などがある．いま述べた操作変数の選択基準を一つ用意し，M 個の操作変数回帰モデルに対する基準の値 (小さい値がよい) を ISC_k $k=1,\ldots,M$ とする．Martins and Gabriel (2013) は以下の重みを提案している．

$$w_k = \frac{\exp\left\{-\frac{1}{2}\left(\mathrm{ISC}_k\right)\right\}}{\sum_{j=1}^{M}\exp\left\{-\frac{1}{2}\left(\mathrm{ISC}_j\right)\right\}}$$

また，Pesaran and Smith (1994) は goodness of fit measure (大きい値がよい) を提案しており，Martins and Gabriel (2013) は，それを利用した重みも提案している．

$$w_k = \frac{\exp\left\{\frac{1}{2}\left(\mathrm{GR}_k^2\right)\right\}}{\sum_{j=1}^{M}\exp\left\{\frac{1}{2}\left(\mathrm{GR}_j^2\right)\right\}}$$

ここで GR_k^2 は操作変数回帰モデル M_k の goodness of fit measure である．操作変数回帰モデルの統合については Durlauf et al. (2008, 2012), Koop et al. (2012), Kuersteiner and Okui (2010), も参照されたい．

統合する操作変数回帰モデルは線形である必要はない．1.5.3 項では，割引クーポン C_{kt} の消費需要 D_{kt} を分析するために (1.15) 式の需要方程式を考えた．しかし，需要 D_{kt} と価格 p_{kt} の間には相互依存性があり，それを考慮すべきという研究は Berry (1994), Besanko et al. (1998) など多く存在する．ここでは，(1.15) 式の誤差項 ε_{kt} と需要 D_{kt} を説明する変数が独立でない場合を想定した Ando (2013b) の操作変数需要分析モデルを考える．

4.7 操作変数回帰モデルの統合

$$\begin{cases} D_{kt} = p_{kt}\beta_0 + \sum_{j=1}^{s} \beta_j x_{kjt} + \varepsilon_{kt} = \boldsymbol{\beta}'\boldsymbol{x}_{kt} + \varepsilon_{kt}, \\ p_{kt} = \sum_{j=1}^{r} \gamma_j z_{kjt} + v_{kt} = \boldsymbol{\gamma}'\boldsymbol{z}_{kt} + v_{kt} \end{cases} \quad (4.22)$$

ここで $\boldsymbol{z}_{kt} = (z_{kt1}, \ldots, z_{ktr})'$ は誤差項 ε_{kt} と独立な操作変数,$\boldsymbol{\gamma} = (\gamma_1, \ldots, \gamma_r)'$ σ_v^2 はパラメータである.ここでは,誤差項 $\varepsilon_{kt} \sim N(0, \sigma_\varepsilon^2)$ および $v_{kt} \sim N(0, \sigma_\varepsilon^2)$ には相関 ρ があるとする.結果,誤差項 ε_{kt} と需要 D_{kt} を説明する価格 p_{kt} に依存性が生じる.推定すべきパラメータは $\boldsymbol{\theta} = (\boldsymbol{\beta}', \boldsymbol{\gamma}', \sigma_\varepsilon^2, \sigma_v^2, \rho)'$ である.その他の説明変数 $\boldsymbol{x}_{kt}$ が誤差項 ε_{kt} と相関をもつ場合も容易に定式化できる.

いま,$v_{kt}, \boldsymbol{z}_{kt}$ が与えられたもとでの ε_{kt} の分布は

$$\varepsilon_{kt}|v_{kt}, \boldsymbol{z}_{kt} \sim N\left(\frac{\sigma_\varepsilon}{\sigma_v}\rho\left(p_{kt} - \sum_{j=1}^{r}\gamma_j z_{kjt}\right), (1-\rho^2)\sigma_\varepsilon^2\right)$$

であることに注意すると,Q_{kt} の尤度関数は

$$g(Q_{kt}|\boldsymbol{x}_{kt}, \boldsymbol{z}_{kt}, \boldsymbol{\beta}, \sigma_\varepsilon^2, \sigma_v^2, \rho)$$
$$= \begin{cases} f(Q_{kt}|\boldsymbol{x}_{kt}, \boldsymbol{z}_{kt}, \boldsymbol{\beta}, \sigma_\varepsilon^2, \sigma_v^2, \rho) & Q_{kt} < S_{kt} \\ 1 - F(Q_{kt}|\boldsymbol{x}_{kt}, \boldsymbol{z}_{kt}, \boldsymbol{\beta}, \sigma_\varepsilon^2, \sigma_v^2, \rho) & Q_{kt} = S_{kt} \end{cases}$$

となる.ここで,$f(Q_{kt}|\boldsymbol{x}_{kt}, \boldsymbol{z}_{kt}, \boldsymbol{\beta}, \sigma_\varepsilon^2, \sigma_v^2, \rho)$ は平均 $p_{kt}\beta_0 + \sum_{j=1}^{s}\beta_j x_{kjt} + \sigma_\varepsilon\rho(p_{kt} - \sum_{j=1}^{r}\gamma_j z_{kjt})/\sigma_v$ 分散 $(1-\rho^2)\sigma_\varepsilon^2$ の正規分布の確率密度関数である.

パラメータ $\boldsymbol{\theta}$ の推定は対数尤度関数の最大化による.いま $n = \sum_{t=1}^{T} N_t$ 個の取引データ $\{(Q_{kt}, \boldsymbol{x}_{kt}, \boldsymbol{z}_{kt}); k = 1, \ldots, N_k, t = 1, \ldots, T\}$ が観測されているとし,τ_D を $Q_{kt} < S_{kt}$ となった取引データ τ_S を $Q_{kt} = S_{kt}$ となった取引データとする.対数尤度関数は以下で与えられる.

$$\ell(\boldsymbol{\beta}, \boldsymbol{\gamma}, \sigma_\varepsilon^2, \sigma_v^2, \rho)$$
$$= \sum_{t=1}^{T}\sum_{k=1}^{N_t} \log g(Q_{kt}|\boldsymbol{x}_{kt}, \boldsymbol{z}_{kt}, \boldsymbol{\beta}, \sigma_\varepsilon^2, \sigma_v^2, \rho) + \sum_{t=1}^{T}\sum_{k=1}^{N_t} \log f_d(d_{kt}|\boldsymbol{z}_{kt}, \boldsymbol{\gamma}, \sigma_v^2)$$
$$= \sum_{\tau_D} \log\left[f(Q_{kt}|\boldsymbol{x}_{kt}, \boldsymbol{z}_{kt}, \boldsymbol{\beta}, \sigma_\varepsilon^2, \sigma_v^2, \rho)\right]$$
$$+ \sum_{\tau_S} \log\left[1 - F(Q_{kt}|\boldsymbol{x}_{kt}, \boldsymbol{z}_{kt}, \boldsymbol{\beta}, \sigma_\varepsilon^2, \sigma_v^2, \rho)\right]$$
$$+ \sum_{t=1}^{T}\sum_{k=1}^{N_t} \log f_p(p_{kt}|\boldsymbol{z}_{kt}, \boldsymbol{\gamma}, \sigma_v^2) \quad (4.23)$$

ここで $f_p(p_{kt}|\boldsymbol{z}_{kt},\boldsymbol{\gamma},\sigma_v^2)$ は，平均 $\sum_{j=1}^r \gamma_j z_{kjt}$，分散 σ_v の確率密度関数である．ここでは 2 段階推定法を紹介する．それは以下のように実行される．

1: 操作変数に関する回帰式に含まれるパラメータ $\boldsymbol{\theta}_1 = (\boldsymbol{\gamma}', \sigma_v^2)'$ を最小二乗法により推定する．つまり，$\hat{\boldsymbol{\theta}}_1$ は以下で与えられる．

$$\hat{\boldsymbol{\theta}}_1 = \underset{\theta_1}{\mathrm{argmax}} \sum_{t=1}^T \sum_{k=1}^{N_t} \log f_p(p_{kt}|\boldsymbol{z}_{kt},\boldsymbol{\gamma},\sigma_v^2)$$

2: 推定したパラメータを対数尤度関数に代入し，更新された対数尤度関数 $\ell(\boldsymbol{\beta},\hat{\boldsymbol{\gamma}},\sigma_\varepsilon^2,\hat{\sigma}_v^2,\rho)$ の最大化により，$\hat{\boldsymbol{\theta}}_2 = (\hat{\boldsymbol{\beta}}', \hat{\sigma}_\varepsilon^2, \hat{\rho})'$ を得る．

推定されたパラメータ $\hat{\boldsymbol{\theta}} = (\hat{\boldsymbol{\theta}}_1', \hat{\boldsymbol{\theta}}_2')'$ の漸近分布は以下のように導出される．記号を簡略化して $f_p(p_{kt}|\boldsymbol{z}_{kt},\boldsymbol{\gamma},\sigma_v^2)$ と $g(Q_{kt}|\boldsymbol{x}_{kt},\boldsymbol{z}_{kt},\boldsymbol{\beta},\sigma_\varepsilon^2,\sigma_v^2,\rho)$ をそれぞれ $f_p(p_{kt},\boldsymbol{\theta}_1)$，および $g(Q_{kt}|\boldsymbol{\theta}_1,\boldsymbol{\theta}_2)$ とする．ここで $\boldsymbol{\theta}_1 = (\boldsymbol{\gamma}',\sigma_v^2)'$，$\boldsymbol{\theta}_2 = (\boldsymbol{\beta}',\sigma_\varepsilon^2,\rho)'$ である．いま，$\boldsymbol{\theta}_0 = (\boldsymbol{\theta}_{10}',\boldsymbol{\theta}_{20}')'$ を期待対数尤度関数を最大化するパラメータ $\boldsymbol{\theta}$ とする．このとき

$$\frac{\partial \ell(\hat{\boldsymbol{\theta}}_1,\hat{\boldsymbol{\theta}}_2)}{\partial \boldsymbol{\theta}_2} = \boldsymbol{0}$$

であることに注意すると，

$$\begin{aligned}
\boldsymbol{0} &= \frac{1}{\sqrt{n}} \sum_{t=1}^T \sum_{k=1}^{N_t} \frac{\partial g(Q_{kt}|\hat{\boldsymbol{\theta}}_1,\hat{\boldsymbol{\theta}}_2)}{\partial \boldsymbol{\theta}_2} \\
&= \frac{1}{\sqrt{n}} \sum_{t=1}^T \sum_{k=1}^{N_t} \frac{\partial g(Q_{kt}|\boldsymbol{\theta}_{10},\boldsymbol{\theta}_{20})}{\partial \boldsymbol{\theta}_2} \\
&\quad + \frac{1}{n} \sum_{t=1}^T \sum_{k=1}^{N_t} \frac{\partial^2 g(Q_{kt}|\boldsymbol{\theta}_{10},\boldsymbol{\theta}_{20})}{\partial \boldsymbol{\theta}_2 \partial \boldsymbol{\theta}_2'} \sqrt{n}(\hat{\boldsymbol{\theta}}_2 - \boldsymbol{\theta}_{20}) \\
&\quad + \frac{1}{n} \sum_{t=1}^T \sum_{k=1}^{N_t} \frac{\partial^2 g(Q_{kt}|\boldsymbol{\theta}_{10},\boldsymbol{\theta}_{20})}{\partial \boldsymbol{\theta}_2 \partial \boldsymbol{\theta}_1'} \sqrt{n}(\hat{\boldsymbol{\theta}}_1 - \boldsymbol{\theta}_{10}) + o_p(1) \\
&\equiv \frac{1}{\sqrt{n}} \sum_{t=1}^T \sum_{k=1}^{N_t} \frac{\partial g(Q_{kt}|\boldsymbol{\theta}_{10},\boldsymbol{\theta}_{20})}{\partial \boldsymbol{\theta}_2} - \hat{\boldsymbol{R}}_{\theta_2\theta_2} \sqrt{n}(\hat{\boldsymbol{\theta}}_2 - \boldsymbol{\theta}_{20}) \\
&\quad - \hat{\boldsymbol{R}}_{\theta_2\theta_1} \sqrt{n}(\hat{\boldsymbol{\theta}}_1 - \boldsymbol{\theta}_{10}) + o_p(1) \quad (4.24)
\end{aligned}$$

となる．同様に，

4.7 操作変数回帰モデルの統合

$$0 = \frac{1}{\sqrt{n}} \sum_{t=1}^{T} \sum_{k=1}^{N_t} \frac{\partial \log f_p(p_{kt}, \hat{\boldsymbol{\theta}}_1)}{\partial \boldsymbol{\theta}_1} = \frac{1}{\sqrt{n}} \sum_{t=1}^{T} \sum_{k=1}^{N_t} \frac{\partial \log f_p(p_{kt}, \boldsymbol{\theta}_{10})}{\partial \boldsymbol{\theta}_1}$$

$$+ \frac{1}{n} \sum_{t=1}^{T} \sum_{k=1}^{N_t} \frac{\partial^2 \log f_p(p_{kt}, \boldsymbol{\theta}_{10})}{\partial \boldsymbol{\theta}_2 \partial \boldsymbol{\theta}_1'} \sqrt{n}(\hat{\boldsymbol{\theta}}_1 - \boldsymbol{\theta}_{10}) + o_p(1)$$

より

$$\sqrt{n}(\hat{\boldsymbol{\theta}}_1 - \boldsymbol{\theta}_{10})$$
$$= \left[-\frac{1}{n} \sum_{t=1}^{T} \sum_{k=1}^{N_t} \frac{\partial^2 \log f_p(p_{kt}, \boldsymbol{\theta}_{10})}{\partial \boldsymbol{\theta}_2 \partial \boldsymbol{\theta}_1'} \right]^{-1} \frac{1}{\sqrt{n}} \sum_{t=1}^{T} \sum_{k=1}^{N_t} \frac{\partial \log f_p(p_{kt}, \boldsymbol{\theta}_{10})}{\partial \boldsymbol{\theta}_1} + o_p(1)$$
$$\equiv \hat{\boldsymbol{R}}_{\theta_1 \theta_1}^{-1} \frac{1}{\sqrt{n}} \sum_{t=1}^{T} \sum_{k=1}^{N_t} \frac{\partial \log f_p(p_{kt}, \boldsymbol{\theta}_{10})}{\partial \boldsymbol{\theta}_1} + o_p(1) \qquad (4.25)$$

を得る.

導出した (4.25) 式を (4.24) 式に代入すると

$$\hat{\boldsymbol{R}}_{\theta_2 \theta_2} \sqrt{n}(\hat{\boldsymbol{\theta}}_2 - \boldsymbol{\theta}_{20}) = \frac{1}{\sqrt{n}} \sum_{t=1}^{T} \sum_{k=1}^{N_t} \frac{\partial g(Q_{kt}|\boldsymbol{\theta}_{10}, \boldsymbol{\theta}_{20})}{\partial \boldsymbol{\theta}_2}$$

$$- \hat{\boldsymbol{R}}_{\theta_2 \theta_1} \hat{\boldsymbol{R}}_{\theta_1 \theta_1}^{-1} \frac{1}{\sqrt{n}} \sum_{t=1}^{T} \sum_{k=1}^{N_t} \frac{\partial \log f_p(p_{kt}, \boldsymbol{\theta}_{10})}{\partial \boldsymbol{\theta}_1} + o_p(1).$$

すなわち

$$\sqrt{n}(\hat{\boldsymbol{\theta}}_2 - \boldsymbol{\theta}_2^0)$$
$$= \hat{\boldsymbol{R}}_{\theta_2 \theta_2}^{-1} \left(I, -\hat{\boldsymbol{R}}_{\theta_2 \theta_1} \hat{\boldsymbol{R}}_{\theta_1 \theta_1}^{-1} \right) \frac{1}{\sqrt{n}} \sum_{t=1}^{T} \sum_{k=1}^{N_t} \begin{pmatrix} \frac{\partial g(Q_{kt}|\boldsymbol{\theta}_{10}, \boldsymbol{\theta}_{20})}{\partial \boldsymbol{\theta}_2} \\ \frac{\partial \log f_p(p_{kt}|\boldsymbol{\theta}_{10})}{\partial \boldsymbol{\theta}_1} \end{pmatrix} + o_p(1)$$

を得る. いま,

$$\frac{1}{\sqrt{n}} \sum_{t=1}^{T} \sum_{k=1}^{N_t} \begin{pmatrix} \frac{\partial \log f_p(p_{kt}|\boldsymbol{\theta}_{10})}{\partial \boldsymbol{\theta}_1} \\ \frac{\partial g(Q_{kt}|\boldsymbol{\theta}_{10}, \boldsymbol{\theta}_{20})}{\partial \boldsymbol{\theta}_2} \end{pmatrix} \to N \left(\boldsymbol{0}, \begin{bmatrix} \boldsymbol{\Gamma}_{\theta_1 \theta_1} & \boldsymbol{\Gamma}_{\theta_1 \theta_2} \\ \boldsymbol{\Gamma}_{\theta_2 \theta_1} & \boldsymbol{\Gamma}_{\theta_2 \theta_2} \end{bmatrix} \right)$$

を仮定すると, $\sqrt{n}(\hat{\boldsymbol{\theta}}_2 - \boldsymbol{\theta}_{20})$ の漸近分布は平均 $\boldsymbol{0}$ 分散共分散行列 $\boldsymbol{V}$ の正規分布となる. ここで $\boldsymbol{V}$ は以下の行列において $n \to \infty$ としたものである.

$$\hat{\boldsymbol{R}}_{\theta_2 \theta_2}^{-1} \left[\hat{\boldsymbol{\Gamma}}_{\theta_2 \theta_2} + \hat{\boldsymbol{R}}_{\theta_2 \theta_1} \left(\hat{\boldsymbol{R}}_{\theta_1 \theta_1}^{-1} \hat{\boldsymbol{\Gamma}}_{\theta_1 \theta_1} \hat{\boldsymbol{R}}_{\theta_1 \theta_1}^{-1} \right) \hat{\boldsymbol{R}}_{\theta_1 \theta_2} \right.$$

$$-\hat{R}_{\theta_2\theta_1}\hat{R}_{\theta_1\theta_1}^{-1}\hat{\Gamma}_{\theta_1\theta_2} - \hat{\Gamma}_{\theta_2\theta_1}\hat{R}_{\theta_1\theta_1}^{-1}\hat{R}_{\theta_1\theta_2}\Big]\hat{R}_{\theta_2\theta_2}^{-1}$$

ただし,$\hat{\Gamma}$はΓを経験分布関数で推定した行列である.

いま導出した$\hat{\boldsymbol{\theta}}$の漸近分布を利用して構築したモデルのよさを評価できる.さまざまなモデルの定式化について対応する評価基準の値を計算,それをモデル統合の重みに利用するとモデル統合が実行できる.

4.8 さまざまなモデル統合

4.8.1 推定区間による時系列回帰モデルの統合

ここで時系列的にデータ $(y_t, \boldsymbol{x}_t)$ $(t = 1, \ldots, T)$ が観測されると仮定して,以下の回帰モデルを考える.

$$y_t = \boldsymbol{\beta}'\boldsymbol{w}_t + \varepsilon_t$$

ここで,$\boldsymbol{x}_t$はy_tの変動を説明する変数,$\boldsymbol{\beta}$はその変数に対する係数である.議論を簡単にするために,ε_tは時系列方向に独立,かつ変数$\boldsymbol{x}_t$とも独立な誤差項とする.時点tにおいて予測回帰 (predictive regression) に基づきパラメータ$\boldsymbol{\beta}$を推定する (それに基づきy_{t+1}を予測する) 場合,過去の一定期間のデータ

$$(y_{t-1}, \boldsymbol{x}_{t-1}), \ldots, (y_{t-q}, \boldsymbol{x}_{t-q})$$

を用いて推定する.ここで,推定区間 q はどの程度過去の情報を利用するか決定するパラメータである.Pesaran and Timmermann (2007) はさまざまな推定区間に基づき推定された時系列回帰モデルの統合法を提案している.特に,構造変化が急激に起きた場合の統合法について考察している.

4.8.2 さまざまなモデル統合法

Claeskens and Hjort (2003) により提案された局所情報量規準 (focused information criteria) に基づくモデル統合手法も提案されている.Hjort and Claeskens (2006) は Cox の比例ハザードモデルの統合問題を考え,その問題に FIC を使用している.Zhang and Liang (2011) は,一般化線形モデルの

統合に FIC を利用している．Zhang et al. (2012) は FIC に基づくトービットモデルの統合について提案し，その有用性を解説している．

パネルデータ分析においてもモデル統合は応用されている (Liu and Yang (2012))．Moral-Benito (2012) は経済成長の分析にベイズアプローチに基づくパネルデータモデル統合法を提案している．

5

高次元データとモデル統合

　本章では，高次元データ分析のためのモデル統合について解説する．前章までは観測データ数がモデルの次元と比較しても十分に確保されている状況を想定した．しかし，説明変数の次元が非常に高い線形回帰モデルの統合を考えた場合，状況は深刻になる．説明変数の組み合わせは膨大となり，重要な説明変数セットをもつモデルを識別 (もしくは，モデル統合の際に大きい重みを課して) して推定精度を向上させる作業が困難となる．ここでは，そのような状況を想定したモデル統合法について解説する．

5.1　高次元データの分析と線形回帰モデル統合

　本節では，Ando and Li (2013) の高次元データ分析のためのモデル統合法を解説する．

5.1.1　高次元データ分析におけるモデル統合の問題 1
　前章において，モデル統合の重みベクトル $\boldsymbol{w} = (w_1, \ldots, w_M)'$ の推定は Q_M の空間上で実行された．ここで，

$$Q_M = \left\{ \boldsymbol{w} \in [0,1]^M : \sum_{k=1}^{M} w_k = 1 \right\}$$

である．いま，n 組の観測データ $\{(y_\alpha, \boldsymbol{x}_\alpha); \alpha = 1, 2, \ldots, n\}$ に基づき線形回帰モデル $M_1, \ldots, M_M$

$$M_k: \quad \boldsymbol{y} = \boldsymbol{X}_k \boldsymbol{\beta}_k + \boldsymbol{\varepsilon}$$

5.1 高次元データの分析と線形回帰モデル統合

を推定する．ここで，$\boldsymbol{X}_k$ は $n \times p_k$ 次元計画行列である．その最小二乗推定量は

$$\hat{\boldsymbol{\beta}}_k = (\boldsymbol{X}_k'\boldsymbol{X}_k)^{-1}\boldsymbol{X}_k'\boldsymbol{y}$$

で与えられ，計画行列が与えられたもとでモデル M_k ($k = 1, \ldots, M$) による $\boldsymbol{y}$ の条件付き期待値は

$$\hat{\boldsymbol{\mu}}_k = \boldsymbol{X}_k(\boldsymbol{X}_k'\boldsymbol{X}_k)^{-1}\boldsymbol{X}_k'\boldsymbol{y}$$
$$= \boldsymbol{H}_k\boldsymbol{y}$$

として与えられた．ここで，$\boldsymbol{H}_k = \boldsymbol{X}_k\left(\boldsymbol{X}_k'\boldsymbol{X}_k\right)^{-1}\boldsymbol{X}_k'$ である．

いま，$p_1 + \cdots + p_M > n$ 個の説明変数 $\boldsymbol{X}_1, \ldots, \boldsymbol{X}_M$ が $\boldsymbol{y}$ の条件付き期待値に関連しており，真の条件付き期待値は

$$\boldsymbol{\mu}_0 = \sum_{k=1}^{M} \boldsymbol{X}_k\boldsymbol{\beta}_{k0} \tag{5.1}$$

と仮定する．ここで，$\boldsymbol{\beta}_{k0}$ は真のパラメータの値である．このとき，モデル統合推定量は

$$\hat{\boldsymbol{\mu}}(\boldsymbol{w})$$
$$= \sum_{k=1}^{M} w_k \hat{\boldsymbol{\mu}}_k$$
$$= \sum_{k=1}^{M} w_k \boldsymbol{H}_k \boldsymbol{y}$$
$$= \sum_{k=1}^{M} w_k \boldsymbol{X}_k (\boldsymbol{X}_k'\boldsymbol{X}_k)^{-1}\boldsymbol{X}_k' \left(\sum_{j=1}^{M} \boldsymbol{X}_j\boldsymbol{\beta}_{j0} + \boldsymbol{\varepsilon}\right)$$
$$= \sum_{k=1}^{M} w_k \boldsymbol{X}_k \left[\boldsymbol{\beta}_{k0} + (\boldsymbol{X}_k'\boldsymbol{X}_k)^{-1}\boldsymbol{X}_k'\left[\sum_{\substack{j=1,\\j\neq k}}^{M} \boldsymbol{X}_j\boldsymbol{\beta}_j\right] + (\boldsymbol{X}_k'\boldsymbol{X}_k)^{-1}\boldsymbol{X}_k'\boldsymbol{\varepsilon}\right]$$
$$= (w_1\boldsymbol{I} + w_2\boldsymbol{H}_2 + w_3\boldsymbol{H}_3 + \cdots + w_M\boldsymbol{H}_M)\boldsymbol{X}_1\boldsymbol{\beta}_{10}$$
$$+ (w_1\boldsymbol{H}_1 + w_2\boldsymbol{I} + w_3\boldsymbol{H}_3 + \cdots + w_M\boldsymbol{H}_M)\boldsymbol{X}_2\boldsymbol{\beta}_{20}$$

$$\vdots$$

$$+ (w_1 \boldsymbol{H}_1 + w_2 \boldsymbol{H}_2 + \cdots + w_{M-1} \boldsymbol{H}_{M-1} + w_M \boldsymbol{I}) \boldsymbol{X}_M \boldsymbol{\beta}_{M0}$$

$$+ \sum_{k=1}^{M} w_k \boldsymbol{X}_k (\boldsymbol{X}_k' \boldsymbol{X}_k)^{-1} \boldsymbol{X}_k' \boldsymbol{\varepsilon}$$

となる.議論を明快にするため,計画行列が $\boldsymbol{X}_k' \boldsymbol{X}_k = \boldsymbol{I}$, $\boldsymbol{X}_k' \boldsymbol{X}_j = O$ を満たすと仮定する.つまり,説明変数が直交化されている状況である.この場合,

$$\boldsymbol{H}_k \boldsymbol{X}_j = \begin{cases} \boldsymbol{X}_k & (k = j) \\ O & (k \neq j) \end{cases}$$

であるから,モデル統合推定量は

$$\hat{\boldsymbol{\mu}}(\boldsymbol{w}) = \sum_{k=1}^{M} w_k \boldsymbol{X}_k \boldsymbol{\beta}_{k0} + \sum_{k=1}^{M} \boldsymbol{H}_k \boldsymbol{\varepsilon}$$

となり,その期待値は

$$E[\hat{\boldsymbol{\mu}}(\boldsymbol{w})] = \sum_{k=1}^{M} w_k \boldsymbol{X}_k \boldsymbol{\beta}_{k0}$$

となる.ここで,重みベクトル $\boldsymbol{w}$ 空間 Q_M に属している状況を仮定すると,制約 $\sum_{k=1}^{M} w_k = 1$ が課されているため,(5.1) 式で与えられる真の $\boldsymbol{\mu}_0$ を表現できないことは自明である.

$$\boldsymbol{\mu}_0 \neq \sum_{k=1}^{M} w_k \boldsymbol{X}_k \boldsymbol{\beta}_{k0}$$

すなわち,制約 $\sum_{k=1}^{M} w_k = 1$ を取り除き,新しい空間

$$Q_M = \left\{ \boldsymbol{w} \in [0,1]^M \right\} \tag{5.2}$$

を考える必要がある.Ando and Li (2013) は (5.2) 式の空間 Q_M を導入して,高次元データ分析のためのモデル統合法を提案している.

5.1.2 高次元データ分析におけるモデル統合の問題 2

説明変数が低次元の場合,説明変数の組み合わせ数による計算コストの増加を考慮する必要はない.つまり,モデル統合において M 個の統計モデル

$M_1, \ldots, M_M$ が採用する説明変数は容易に準備できる．しかし，観測データ数 n が小さく，説明変数の次元が高い場合には注意が必要となる．ここでは，$n \times p$ 次元計画行列 $\boldsymbol{X}$ の各行 $\boldsymbol{X}_{(j)}\ j = 1, \ldots, p$ は基準化

$$n^{-1} \|\boldsymbol{X}_{(j)}\|^2 = n^{-1} \boldsymbol{X}'_{(j)} \boldsymbol{X}_{(j)} = 1, \quad n^{-1} \boldsymbol{X}'_{(j)} \boldsymbol{1} = 0$$

されている．

Ando and Li (2013) は，計画行列 $\boldsymbol{X}$ の各行 $\boldsymbol{X}_{(j)}\ j = 1, \ldots, p$ と $\boldsymbol{y}$ の相関

$$\hat{\boldsymbol{\gamma}} = \frac{1}{n} \boldsymbol{X}' \boldsymbol{y} = \begin{pmatrix} n^{-1} \boldsymbol{X}'_{(1)} \boldsymbol{y} \\ n^{-1} \boldsymbol{X}'_{(2)} \boldsymbol{y} \\ \vdots \\ n^{-1} \boldsymbol{X}'_{(p)} \boldsymbol{y} \end{pmatrix}$$

を計算することにより，それぞれの説明変数が含む情報量を計測している．それぞれの説明変数にかかる係数 $\beta_j\ (j = 1, \ldots, p)$ が 0 でない場合には，説明変数が変化することにより，目的変数の観測値も変化するとの考えからである．また，複数の説明変数が同時に変化する場合に限ってそれらが目的変数に影響を与える場合には，そのような変数を新たに定義して計画行列 $\boldsymbol{X}$ に準備すればよい．Ando and Li (2013) は，相関 $|\hat{\boldsymbol{\gamma}}|$ の大きさに基づき計画行列を $\boldsymbol{X}$ を

$$\{\boldsymbol{X}_1, \boldsymbol{X}_2, \ldots, \boldsymbol{X}_M, \boldsymbol{X}_{M+1}\}$$

と分割して，そのうち計画行列

$$\{\boldsymbol{X}_1, \boldsymbol{X}_2, \ldots, \boldsymbol{X}_M\}$$

を統計モデル $M_1, \ldots, M_M$ に利用している．残りの $\boldsymbol{X}_{M+1}$ は統計モデルの統合に利用しない分割部分である．

Ando and Li (2013) は計画行列を $\boldsymbol{X} = (\boldsymbol{X}_T, \boldsymbol{X}_F)$ と分割して考察を与えている．ここで $\boldsymbol{X}_T, \boldsymbol{X}_F$ は $n \times s,\ n \times (p - s)$ 次元行列で対応する真の回帰係数が $\boldsymbol{\beta}_T \neq \boldsymbol{0},\ \boldsymbol{\beta}_F = \boldsymbol{0}$ となるような分割である．また，計画行列 $\boldsymbol{X}$ の各行 $\boldsymbol{X}_{(j)}\ (j = 1, \ldots, p)$ は基準化

$$n^{-1} \|\boldsymbol{X}_{(j)}\|^2 = n^{-1} \boldsymbol{X}'_{(j)} \boldsymbol{X}_{(j)} = 1, \quad n^{-1} \boldsymbol{X}'_{(j)} \boldsymbol{1} = 0$$

されているとし,$\boldsymbol{y}$ との相関を計算する.

$$\hat{\boldsymbol{\gamma}} = \begin{pmatrix} \hat{\boldsymbol{\gamma}}_T \\ \hat{\boldsymbol{\gamma}}_F \end{pmatrix} = \frac{1}{n}\boldsymbol{X}'\boldsymbol{y} = \frac{1}{n}\begin{pmatrix} \boldsymbol{X}'_T\boldsymbol{y} \\ \boldsymbol{X}'_F\boldsymbol{y} \end{pmatrix}$$

仮に $\boldsymbol{y}$ 誤差項がない場合,

$$\boldsymbol{\gamma}_T = \frac{1}{n}\boldsymbol{X}'_T(\boldsymbol{X}_T\boldsymbol{\beta}_0 + \boldsymbol{\varepsilon})|_{\boldsymbol{\varepsilon}=\boldsymbol{0}} = \frac{1}{n}\boldsymbol{X}'_T\boldsymbol{X}_T\boldsymbol{\beta}_0$$

および

$$\boldsymbol{\gamma}_F = \frac{1}{n}\boldsymbol{X}'_F(\boldsymbol{X}_T\boldsymbol{\beta}_0 + \boldsymbol{\varepsilon})|_{\boldsymbol{\varepsilon}=\boldsymbol{0}} = \frac{1}{n}\boldsymbol{X}'_F\boldsymbol{X}_T\boldsymbol{\beta}_0$$

となる.いまある実数 k があり,真の説明変数に関する相関係数について

$$|\gamma_j| > k \qquad (\beta_j \neq 0)$$

が成り立ち,$\boldsymbol{y}$ と関連がない説明変数については

$$|\gamma_j| \leq k \qquad (\beta_j = 0)$$

が成り立つとする.この性質は "faithfulness" 条件と呼ばれる (Buhlmann et al., (2010)).

Ando and Li (2013) は

$$\frac{1}{n}\min_{j\in T}\left|\boldsymbol{X}'_{(j)}\boldsymbol{X}_T\boldsymbol{\beta}_0\right| - \frac{1}{n}\max_{j\in F}\left|\boldsymbol{X}'_{(j)}\boldsymbol{X}_T\boldsymbol{\beta}_0\right| > 0$$

および

$$\log(p) = o(n)$$

の条件下で,

$$P\left(\max_{j\in F}|\hat{\boldsymbol{\gamma}}_F| > \min_{j\in T}|\hat{\boldsymbol{\gamma}}_T|\right) \to 0$$

を示している.ここで,$T = \{1,\ldots,s\}$, $F = \{s+1,\ldots,p\}$ は真の説明変数,および $\boldsymbol{y}$ と関連がない説明変数についてである.言い換えれば,"faithfulness" 条件が成り立ちかつ説明変数が観測データの指数オーダーより小さいオーダーで増加する場合,相関情報 $\hat{\boldsymbol{\gamma}}$ を利用することにより,漸近的には $\{\boldsymbol{X}_1, \boldsymbol{X}_2, \ldots, \boldsymbol{X}_M\}$ にすべての真の説明変数が含まれることを示唆する.

5.2 高次元データ分析におけるモデル統合

ここでは，Ando and Li (2013) について解説する．まず，n 組の観測データ $\{(y_\alpha, \boldsymbol{x}_\alpha); \alpha = 1, 2, \ldots, n\}$ に基づき計画行列 $\boldsymbol{X}$ の各行 $\boldsymbol{X}_{(j)}$ $j = 1, \ldots, p$ と $\boldsymbol{y}$ の相関 $\hat{\boldsymbol{\gamma}} = \frac{1}{n} \boldsymbol{X}' \boldsymbol{y}$ を計算する．ここで，各行 $\boldsymbol{X}_{(j)}$ は基準化されたものである．計算した相関の絶対値 $|\hat{\boldsymbol{\gamma}}|$ の大きさに基づき計画行列を $\boldsymbol{X}$ を

$$\{\boldsymbol{X}_1, \boldsymbol{X}_2, \ldots, \boldsymbol{X}_M, \boldsymbol{X}_{M+1}\}$$

と分割して，そのうち計画行列

$$\{\boldsymbol{X}_1, \boldsymbol{X}_2, \ldots, \boldsymbol{X}_M\}$$

を統計モデル

$$M_k: \quad \boldsymbol{y} = \boldsymbol{X}_k \boldsymbol{\beta}_k + \boldsymbol{\varepsilon}$$

に利用する．ここで $\boldsymbol{X}_k$ は $n \times p_k$ 次元行列とする．最小二乗推定量は $\hat{\boldsymbol{\beta}}_k = \left(\boldsymbol{X}'_k \boldsymbol{X}_k\right)^{-1} \boldsymbol{X}'_k \boldsymbol{y}$ である．このとき，モデル統合推定量は

$$\hat{\boldsymbol{\mu}}(\boldsymbol{w}) = \sum_{k=1}^{M} w_k \boldsymbol{X}_k \left(\boldsymbol{X}'_k \boldsymbol{X}_k\right)^{-1} \boldsymbol{X}'_k \boldsymbol{y}$$

と表現される．いま，$\boldsymbol{H}_k = \boldsymbol{X}_k \left(\boldsymbol{X}'_k \boldsymbol{X}_k\right)^{-1} \boldsymbol{X}'_k$, $\boldsymbol{H}(\boldsymbol{w}) = \sum_{k=1}^{M} w_k H_k$ とすると，

$$\hat{\boldsymbol{\mu}} = \boldsymbol{H}(\boldsymbol{w}) \boldsymbol{y}$$

と表すこともできる．問題は $\boldsymbol{w}$ の推定である．

いま α 番目の観測データ $(y_\alpha, \boldsymbol{x}_\alpha)$ を除いて統計モデル M_k を推定し，その α 番目の観測データに対する予測値を $\tilde{\mu}_k^{(-\alpha)}$ とする．それぞれの α について予測値を求め，予測値に関する n 次元ベクトル $\tilde{\boldsymbol{\mu}}_k = (\tilde{\mu}_k^{(-1)}, \ldots, \tilde{\mu}_k^{(-n)})'$ は $\tilde{\boldsymbol{\mu}}_k = \tilde{\boldsymbol{H}}_k \boldsymbol{y}$ と表現された．ここで $n \times n$ 次元行列 $\tilde{\boldsymbol{H}}_k$ は $\tilde{\boldsymbol{H}}_k = \boldsymbol{D}_k(\boldsymbol{H}_k - \boldsymbol{I}) + \boldsymbol{I}$ で与えられ，$n \times n$ 次元行列 $\boldsymbol{D}_k$ は対角行列で α 番目の対角成分は $(1 - h_{k\alpha})^{-1}$ で

ある.ただし $h_{k\alpha}$ は $n \times n$ 次元行列 $H_k = X_k \left(X_k' X_k\right)^{-1} X_k'$ の α 番目の対角成分である.モデル統合に基づく予測量は, $\tilde{\mu} = \tilde{H}(w)y$,と表現された.ここで $\tilde{H}(w) = \sum_{k=1}^{M} w_k \tilde{H}_k$ である.Ando and Li (2013) は (5.2) 式の空間 $Q_M = \{w \in [0,1]^M\}$ のもとで基準

$$CV(w) = (y - \tilde{\mu})'(y - \tilde{\mu})$$

の最小化を提案している.すなわち,$\hat{w}$ は

$$\hat{w} = \underset{w \in Q_n}{\operatorname{argmin}} CV(w)$$

により得られる.推定した $\hat{w}$ を利用して,y の条件付き期待値は

$$\hat{\mu} = \sum_{k=1}^{M} \hat{w}_k \left(X_k' X_k\right)^{-1} X_k' y$$

により推定される.

実際には,統計モデルの個数 M,各統計モデルの計画行列の次元 p_k に依存するが Ando and Li (2013) はこれらについても $CV(w)$ 基準を最小とする組み合わせにより選択できることを示している.アルゴリズムの詳細については Ando and Li (2013) を参照されたい.

5.3 実 行 例

以下,実行例である.ここでは,説明変数の次元を $p = 2{,}000$ として,$n = 100$ 個のデータ $\{(x_{1\alpha}, x_{2\alpha}, \ldots, x_{8\alpha}, y_\alpha); \alpha = 1, \ldots, 100\}$ を以下のモデルから発生させる.

$$y_\alpha = \sum_{j=1}^{p} \beta_j x_{j\alpha} + \varepsilon_\alpha, \qquad \alpha = 1, \ldots, 100$$

ここで,誤差項 ε_α は互いに独立に平均 0,分散 1 の標準正規分布,各説明変数 $x_{1\alpha}, \ldots, x_{2000\alpha}$ は $[-2,2]$ の一様乱数から発生させている.また,$s = 50$ として β_j $(j = 1, \ldots, 50)$ は $[-2,2]$ の一様乱数から発生させ,残りの回帰係数は $\beta_j = 0$ $(j = 51, \ldots, 2000)$ とする.ここでは,最大の統計モデルの数 M を $M_{\max} = 20$,各統計モデルの計画行列の次元 $p_k = q$, $q \in \{5, 7, 9, 11, 13, 15\}$

5.3 実行例

として最適な (M, q) の組み合わせを選択する．同時に重みベクトルも推定されていることは自明である．

図5.1 (a) は，計画行列 $\boldsymbol{X}$ の各行 $\boldsymbol{X}_{(j)}\ j = 1, \ldots, p$ と $\boldsymbol{y}$ の相関 $\hat{\boldsymbol{\gamma}} = \frac{1}{n} \boldsymbol{X}' \boldsymbol{y}$ である．横軸は変数のインデックス $j = 1, \ldots, p$，縦軸は計算された相関であるが，$\boldsymbol{y}$ と関連がない説明変数も大きな相関をもつケースが見受けられる．図5.1(b) はさまざまな統計モデルの個数 M，計画行列の次元 $p_k = q$ に対する $CV(\boldsymbol{w})$ の挙動である．横軸は統計モデルの個数 M，縦軸は計画行列の次元であり，$CV(\boldsymbol{w})$ 基準が最小となる組み合わせ (M, q) を選択する．計画行列の作成法については，Ando and Li (2013) でいくつかのバージョンが検討されているので参照されたい．

▶ R プログラムによる実行　　　　　　　　　　　　　　　(ch5-01.r)

```
#データ発生
n <- 100
p <- 2000
s <- 50
X <- matrix(runif(n*p,-1,1),nrow=n,ncol=p)
b <- rep(0,len=p)
b[1:s] <- runif(s,-5,5)
y <- X%*%b+rnorm(n,0,1)

#相関の計算
COR <- rep(0,len=p)
for(i in 1:p){COR[i] <- cor(X[,i],y)}

par(cex.lab=1.2)
par(cex.axis=1.2)
plot(COR,xlab="Index of predictors",ylab="Correlation")
dev.copy2eps(file="MA-Corr-Plot.ps")

#重みの推定

Index <- cbind(1:p,COR)
Index <- Index[order(Index[,2],decreasing=T),1:2]

MaxM <- 20
Q <- c(3*(1:15))
minCV.score <- 10^10
```

```
CV.matrix <- matrix(0,MaxM,length(Q))

for(Qind in 1:length(Q)){

q <- Q[Qind]

for(M in 2:MaxM){

MU <- matrix(0,n,M)

for(k in 1:M){
USE <- Index[(q*(k-1)+1):(q*k)]
Zk <- X[,USE]
Hk  <- Zk%*%solve(t(Zk)%*%Zk)%*%t(Zk)
Dk <- diag(1/as.vector(diag(diag(1,n)-Hk)))
Hk  <- Dk%*%(Hk-diag(1,n))+diag(1,n)
MU[,k] <- Hk%*%y
}

CV <- function(w){
sum( (MU%*%w-y)^2 )
}

w <- rep(0.1,len=M)
fit <- optim(w,fn=CV,method="L-BFGS-B",lower=rep(0,len=M),upper=
    rep(1,len=M))
w <- fit$par
CV.score <- fit$value

CV.matrix[M,Qind] <- CV.score

if(CV.score<=minCV.score){
minCV.score <- CV.score
Opt.M <- M
Opt.w <- w
Opt.q <- q
}

}}

par(cex.lab=1.2)
par(cex.axis=1.2)
contour(2:MaxM,Q,CV.matrix[-1,],col=terrain.colors(12),xlab="M",
    ylab="q")
```

5.3 実行例

```
dev.copy2eps(file="MA-CV-Plot.ps")



#選択されたモデルの推定
M <- Opt.M
q <- Opt.q
w <- Opt.w

MU <- matrix(0,n,M)
for(k in 1:M){
USE <- Index[(q*(k-1)+1):(q*k)]
Zk <- X[,USE]
Hk  <- Zk%*%solve(t(Zk)%*%Zk)%*%t(Zk)
MU[,k] <- Hk%*%y
}

#CV に基づくモデル統合推定量
M <- MU%*%w
```

(a)

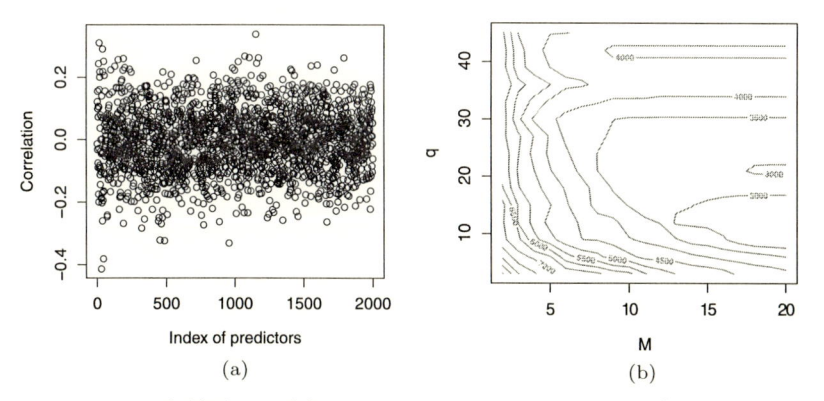

(b)

図 5.1 (a) 計画行列 X の各行 $X_{(j)}$ $j=1,\ldots,p$ と y の相関 $\hat{\gamma} = \frac{1}{n}X'y$. 横軸は変数のインデックス $j=1,\ldots,p$, 縦軸は計算された相関である. (b) さまざまな統計モデルの個数 M, 計画行列の次元 $p_k = q$ に対する $CV(w)$ の挙動. 横軸は統計モデルの個数 M, 縦軸は計画行列の次元である.

5.4 漸近最適性について

いま $\hat{\boldsymbol{\mu}} = \sum_{k=1}^{M} w_k H_k \boldsymbol{y}$ として，真の条件付き期待値 $\boldsymbol{\mu}$ との二乗誤差和

$$L(\boldsymbol{w}) = (\boldsymbol{\mu} - \hat{\boldsymbol{\mu}})'(\boldsymbol{\mu} - \hat{\boldsymbol{\mu}})$$

および，その期待値

$$R(\boldsymbol{w}) = E[L(\boldsymbol{w})|X] = E[(\boldsymbol{\mu} - \hat{\boldsymbol{\mu}})'(\boldsymbol{\mu} - \hat{\boldsymbol{\mu}})|X]$$

を定義する．$CV(\boldsymbol{w})$ は $R(\boldsymbol{w})$ の不偏推定量 ($\boldsymbol{w}$ に関連しない $R(\boldsymbol{w})$ の項を除けば) であるので，$CV(\boldsymbol{w})$ 基準は漸近的に $R(\boldsymbol{w})$ を最小とする．

$$\zeta_n = \inf_{\boldsymbol{w} \in Q_n} R(\boldsymbol{w})$$

Ando and Li (2013) は以下を仮定して漸近最適性

$$\frac{L(\hat{\boldsymbol{w}})}{\inf_{\boldsymbol{w} \in Q_n} L(\boldsymbol{w})} \to 1 \tag{5.3}$$

の証明を与えている．

仮　　定

(A.1) 観測データは独立とし，ある $1 \leq K < \infty$ に対し

$$E[\varepsilon_i^{4K}] \leq B < \infty, \qquad i = 1, \ldots, n$$

が成り立つ．

(A.2) ある $0 < \Lambda < \infty$ に対し

$$\sup_k \frac{1}{p_k} \bar{\lambda}\{\boldsymbol{H}_k\} \leq \Lambda n^{-1}$$

が成り立つ．ここで $\bar{\lambda}\{\cdot\}$ は行列の対角成分の最大値である．

(A.3) ある $0 < \Lambda' < \infty$ に対し

$$\sup_{1 \leq k \leq M} \frac{p_k}{n^{3/4}} \leq \Lambda' < \infty$$

が成り立つ.

(A.4) ある $1 \leq K < \infty$ に対し

$$\frac{M^{4K+2}\|\boldsymbol{\mu}\|^{2K}}{\zeta_n^{2K}} \to 0$$

が成り立つ.

(A.5) ある $0 < C_1, C_2 < \infty$ に対し

$$0 < C_1 < \frac{\|\boldsymbol{\mu}\|^2}{n} < C_2 < \infty$$

が成り立つ.

補　　論

仮定 (A.2) のもとで, ある定数 $C > 0$ に対して以下が成り立つ.

$$\lambda_{\max}(\tilde{\boldsymbol{H}}_k - \boldsymbol{H}_k) \leq \frac{\bar{\lambda}(\boldsymbol{H}_k)}{1 - \bar{\lambda}(\boldsymbol{H}_k)} \leq C \times \frac{p_k}{n}, \tag{5.4}$$

$$\mathrm{tr}(\tilde{\boldsymbol{H}}_k - \boldsymbol{H}_k)'(\tilde{\boldsymbol{H}}_k - \boldsymbol{H}_k) = \left(\frac{\bar{\lambda}(\boldsymbol{H}_k)}{1 - \bar{\lambda}(\boldsymbol{H}_k)}\right)^2 (n - p_k) \leq C^2 \times \frac{p_k^2}{n}, \tag{5.5}$$

$$\mathrm{tr}\left((\tilde{\boldsymbol{H}}_k - \boldsymbol{H}_k)'(\tilde{\boldsymbol{H}}_k - \boldsymbol{H}_k)\right)^2$$
$$\leq \{\lambda_{\max}(\tilde{\boldsymbol{H}}_k - \boldsymbol{H}_k)\}^2 \cdot \mathrm{tr}(\tilde{\boldsymbol{H}}_k - \boldsymbol{H}_k)'(\tilde{\boldsymbol{H}}_k - \boldsymbol{H}_k)$$
$$\leq \left(\frac{\bar{\lambda}(\boldsymbol{H}_k)}{1 - \bar{\lambda}(\boldsymbol{H}_k)}\right)^4 (n - p_k)$$
$$\leq C \cdot \frac{p_k^4}{n^3}, \tag{5.6}$$

$$\lambda_{\max}(\tilde{\boldsymbol{H}}_k) \leq \lambda_{\max}(\boldsymbol{H}_k) + \lambda_{\max}(\tilde{\boldsymbol{H}}_k - \boldsymbol{H}_k) \leq 1 + C \times \frac{p_k}{n}, \tag{5.7}$$

$$\mathrm{tr}\left\{\tilde{\boldsymbol{H}}_k \tilde{\boldsymbol{H}}_k'\right\} \leq \left(\frac{1}{1 - \bar{\lambda}(\boldsymbol{H}_k)}\right)^2 p_k \leq C \times p_k \tag{5.8}$$

これらの証明は

$$\tilde{\boldsymbol{H}}_k - \boldsymbol{H}_k = \boldsymbol{S}_k(\boldsymbol{I} - \boldsymbol{H}_k)$$

の関係を利用すればよい. ここで $\boldsymbol{S}_k$ は対角行列でその第 i 成分は $h_{k,ii}/(1 - h_{k,ii})$ で与えられる. ここで $h_{k,ii}$ は行列 $\boldsymbol{H}_k$ の第 i 成分である. また, $\lambda_{\max}(\cdot)$ についての性質

$$\lambda_{\max}(\boldsymbol{A}+\boldsymbol{B}) \leq \lambda_{\max}(\boldsymbol{A}) + \lambda_{\max}(\boldsymbol{B}),$$

$$\lambda_{\max}(\boldsymbol{AB}) \leq \lambda_{\max}(\boldsymbol{A}) \cdot \lambda_{\max}(\boldsymbol{B})$$

および,不等式

$$\mathrm{tr}(\boldsymbol{ABA}') \leq \lambda_{\max}(\boldsymbol{B}) \cdot \mathrm{tr}\{\boldsymbol{AA}'\}$$

から得られる.ここで,$\lambda_{\max}(\cdot)$ は行列の最大固有値である.

漸近最適性の証明

(5.3) 式の証明を与える (Ando and Li (2013)).ここでは,不等式を利用する際に定数を C, C' のように適宜使用する.まず

$$\tilde{L}(\boldsymbol{w}) = (\boldsymbol{\mu} - \tilde{\boldsymbol{\mu}})'(\boldsymbol{\mu} - \tilde{\boldsymbol{\mu}})$$

と定義する.ここで $\tilde{\boldsymbol{\mu}} = \sum_{k=1}^{M} w_k \tilde{H}_k \boldsymbol{y}$ である.また,$\Sigma = \mathrm{cov}(\boldsymbol{\varepsilon})$ は対角行列とする.いま

$$\begin{aligned} CV(\boldsymbol{w}) &= \|\boldsymbol{\varepsilon}\|^2 + \tilde{L}(\boldsymbol{w}) + 2\langle \boldsymbol{\varepsilon}, \boldsymbol{\mu} - \tilde{H}(\boldsymbol{w})\boldsymbol{y}\rangle \\ &= \|\boldsymbol{\varepsilon}\|^2 + L(\boldsymbol{w})\left(\frac{\tilde{L}(\boldsymbol{w})}{L(\boldsymbol{w})} + \frac{2\langle \boldsymbol{\varepsilon}, \boldsymbol{\mu} - \tilde{H}(\boldsymbol{w})\boldsymbol{y}\rangle/R(\boldsymbol{w})}{L(\boldsymbol{w})/R(\boldsymbol{w})}\right) \end{aligned}$$

が成り立つ.ここで $\hat{\boldsymbol{w}}$ は空間 Q_n 上で $CV(\boldsymbol{w})$ 基準を最小とするので,$CV(\boldsymbol{w}) - \|\boldsymbol{\varepsilon}\|^2$ も空間 Q_n 上で最小となる.結果,

$$\frac{L(\hat{\boldsymbol{w}})}{\inf_{w \in Q_n} L(\boldsymbol{w})} \to 1$$

の証明は以下と同値である.

$$\sup_{w \in Q_n} \left|\frac{\tilde{L}(\boldsymbol{w})}{L(\boldsymbol{w})} - 1\right| \to 0, \tag{5.9}$$

$$\sup_{w \in Q_n} \frac{\langle \boldsymbol{\varepsilon}, \boldsymbol{\mu} - \tilde{H}(\boldsymbol{w})\boldsymbol{y}\rangle}{\zeta_n} \to 0, \tag{5.10}$$

$$\sup_{w \in Q_n} \left|\frac{L(\boldsymbol{w})}{R(\boldsymbol{w})} - 1\right| \to 0 \tag{5.11}$$

ここで,$\langle\,,\,\rangle$ は内積である.コーシー–シュワルツの不等式より

$$|\tilde{L}(\boldsymbol{w}) - L(\boldsymbol{w})|$$

5.4 漸近最適性について

$$= \left| \|(\tilde{H}(w) - H(w))y\|^2 - 2\langle \mu - H(w)y, (\tilde{H}(w) - H(w))y \rangle \right|$$

は

$$\|(\tilde{H}(w) - H(w))y\|^2 + 2\sqrt{L(w)}\|(\tilde{H}(w) - H(w))y\|$$

を上限にもつ. すなわち (5.9) 式の証明は，以下を示せばよい.

$$\sup_{w \in Q_n} \frac{\|(\tilde{H}(w) - H(w))y\|^2}{L(w)} \to 0$$

$\|(\tilde{H}(w) - H(w))y\|^2$ の上限は

$$\left(\sum_{k=1}^{M} w_k \|(\tilde{H}_k - H_k)\mu\| + \sum_{k=1}^{M} w_k \|(\tilde{H}_k - H_k)\varepsilon\| \right)^2$$

$$\leq \left(\sum_{k=1}^{M} \|(\tilde{H}_k - H_k)\mu\| + \sum_{k=1}^{M} \|(\tilde{H}_k - H_k)\varepsilon\| \right)^2$$

$$\leq M^2 \left(\max_{k=1,\ldots,M} \|(\tilde{H}_k - H_k)\mu\| + \max_{k=1,\ldots,M} \|(\tilde{H}_k - H_k)\varepsilon\| \right)^2$$

$$\leq 2M^2 \left(\max_{k=1,\ldots,M} \|(\tilde{H}_k - H_k)\mu\|^2 + \max_{k=1,\ldots,M} \|(\tilde{H}_k - H_k)\varepsilon\|^2 \right)^2$$

となる. (5.11) 式より，以下を証明すればよいこととなる.

$$M^2 \max_{k=1,\ldots,M} \frac{\|(\tilde{H}_k - H_k)\mu\|^2}{\zeta_n} \to 0, \tag{5.12}$$

$$M^2 \max_{k=1,\ldots,M} \frac{\|(\tilde{H}_k - H_k)\varepsilon\|^2}{\zeta_n} \to 0 \tag{5.13}$$

(A.1)〜(A.5) の仮定，および補題より

$$\frac{\|(\tilde{H}_k - H_k)\mu\|^2}{\zeta_n} \leq \frac{(\lambda_{\max}(\tilde{H}_k - H_k))^2 \|\mu\|^2}{\zeta_n}$$

$$\leq \frac{C^2 \cdot (p_k/n)^2 \cdot \|\mu\|^2}{\zeta_n}$$

$$\leq \frac{(\Lambda')^2 \cdot C_2 \cdot C^2 \cdot \sqrt{n}}{\zeta_n}$$

が成り立つ. その結果 (5.12) 式が仮定より成り立つ. また (5.13) 式の証明は以下の二つを示せばよい.

$$M^2 \max_{k=1,\ldots,M} \frac{E\|(\tilde{\boldsymbol{H}}_k - \boldsymbol{H}_k)\boldsymbol{\varepsilon}\|^2}{\zeta_n} \to 0 \tag{5.14}$$

および, 任意の $\delta > 0$ に対し

$$\sum_{k=1}^{M} P\left(\frac{M^2 \left|\|(\tilde{\boldsymbol{H}}_k - \boldsymbol{H}_k)\boldsymbol{\varepsilon}\|^2 - E\|(\tilde{\boldsymbol{H}}_k - \boldsymbol{H}_k)\boldsymbol{\varepsilon}\|^2\right|}{\zeta_n} > \delta\right) \to 0. \tag{5.15}$$

いま

$$\begin{aligned} E\|(\tilde{\boldsymbol{H}}_k - \boldsymbol{H}_k)\boldsymbol{\varepsilon}\|^2 &= \operatorname{tr}(\tilde{\boldsymbol{H}}_k - \boldsymbol{H}_k)\boldsymbol{\Sigma}(\tilde{\boldsymbol{H}}_k - \boldsymbol{H}_k)' \\ &\leq \lambda_{\max}(\boldsymbol{\Sigma}) \cdot \operatorname{tr}(\tilde{\boldsymbol{H}}_k - \boldsymbol{H}_k)(\tilde{\boldsymbol{H}}_k - \boldsymbol{H}_k)' \\ &\leq \lambda_{\max}(\boldsymbol{\Sigma}) \cdot C^2 \cdot \frac{p_k^2}{n} \end{aligned}$$

より, (5.14) 式が成り立つ. (5.15) 式の証明には Whittle (1960) を利用する.

$$\begin{aligned} &\sum_{k=1}^{M} P\left(\frac{M^{4K}\left|\|(\tilde{\boldsymbol{H}}_k - \boldsymbol{H}_k)\boldsymbol{\varepsilon}\|^2 - E\|(\tilde{\boldsymbol{H}}_k - \boldsymbol{H}_k)\boldsymbol{\varepsilon}\|^2\right|^{2K}}{\zeta_n^{2K}} > \delta^{2K}\right) \\ &\leq \sum_{k=1}^{M} \frac{M^{4K} E\left[\|(\tilde{\boldsymbol{H}}_k - \boldsymbol{H}_k)\boldsymbol{\varepsilon}\|^2 - E\|(\tilde{\boldsymbol{H}}_k - \boldsymbol{H}_k)\boldsymbol{\varepsilon}\|^2\right]^{2K}}{\zeta_n^{2K}\delta^{2K}} \\ &\leq C' \sum_{k=1}^{M} \frac{M^{4K}}{\zeta_n^{2K}\delta^{2K}} \left[\operatorname{tr}\left((\tilde{\boldsymbol{H}}_k - \boldsymbol{H}_k)'(\tilde{\boldsymbol{H}}_k - \boldsymbol{H}_k)\right)^2\right]^K \\ &\leq C' \cdot C \cdot \frac{M^{4K}}{\zeta_n^{2K}\delta^{2K}} \sum_{k=1}^{M}\left(\frac{p_k^4}{n^3}\right)^K \qquad \text{(by (5.6))} \\ &\leq C' \cdot C \cdot (\Lambda')^K \cdot \frac{M^{4K+1}}{\zeta_n^{2K}\delta^{2K}} \to 0 \end{aligned}$$

すなわち, (5.15) 式が証明された. 次に (5.10) 式を証明する. まず,

$$\begin{aligned} &|\langle \boldsymbol{\varepsilon}, \boldsymbol{\mu} - \tilde{H}(\boldsymbol{w})\boldsymbol{y}\rangle| \\ &\leq |\langle \boldsymbol{\varepsilon}, \boldsymbol{\mu}\rangle| + \sum_{k=1}^{M} w_k |\langle \boldsymbol{\varepsilon}, \tilde{\boldsymbol{H}}_k \boldsymbol{\mu}\rangle| + \sum_{k=1}^{M} w_k |\langle \boldsymbol{\varepsilon}, \tilde{\boldsymbol{H}}_k \boldsymbol{\varepsilon}\rangle| \\ &\leq |\langle \boldsymbol{\varepsilon}, \boldsymbol{\mu}\rangle| + \sum_{k=1}^{M} |\langle \boldsymbol{\varepsilon}, \tilde{\boldsymbol{H}}_k \boldsymbol{\mu}\rangle| + \sum_{k=1}^{M} |\langle \boldsymbol{\varepsilon}, \tilde{\boldsymbol{H}}_k \boldsymbol{\varepsilon}\rangle| \end{aligned}$$

5.4 漸近最適性について

$$\leq |\langle \boldsymbol{\varepsilon}, \boldsymbol{\mu}\rangle| + M \max_{1\leq k\leq M}|\langle \boldsymbol{\varepsilon}, \tilde{\boldsymbol{H}}_k\boldsymbol{\mu}\rangle| + M \max_{1\leq k\leq M}|\langle \boldsymbol{\varepsilon}, \tilde{\boldsymbol{H}}_k\boldsymbol{\varepsilon}\rangle|$$

より，以下の三つを示せばよい．

$$\frac{|\langle \boldsymbol{\varepsilon},\boldsymbol{\mu}\rangle|}{\zeta_n} \to 0$$

これは自明である．また，任意の $\delta > 0$ に対し

$$\sum_{k=1}^M P\left(M|\langle\boldsymbol{\varepsilon},\tilde{\boldsymbol{H}}_k\boldsymbol{\mu}\rangle|\zeta^{-1} > \delta\right) \to 0,$$

$$\sum_{k=1}^M P\left(M|\langle\boldsymbol{\varepsilon},\tilde{\boldsymbol{H}}_k\boldsymbol{\varepsilon}\rangle|\zeta^{-1} > \delta\right) \to 0$$

を示す必要がある．まず，

$$\sum_{k=1}^M P\left(M|\langle\boldsymbol{\varepsilon},\tilde{\boldsymbol{H}}_k\boldsymbol{\mu}\rangle|\zeta^{-1} > \delta\right)$$

$$\leq \sum_{k=1}^M P\left(M^{2K}|\langle\boldsymbol{\varepsilon},\tilde{\boldsymbol{H}}_k\boldsymbol{\mu}\rangle|^{2K}\zeta^{-2K} > \delta^{2K}\right)$$

$$\leq \frac{M^{2K}}{\zeta^{2K}\delta^{2K}} \sum_{k=1}^M E|\langle\boldsymbol{\varepsilon},\tilde{\boldsymbol{H}}_k\boldsymbol{\mu}\rangle|^{2K}$$

$$\leq C \cdot \frac{M^{2K}}{\zeta^{2K}\delta^{2K}} \sum_{k=1}^M \|\tilde{\boldsymbol{H}}_k\boldsymbol{\mu}\|^{2K}$$

$$\leq C \cdot \frac{M^{2K}}{\zeta^{2K}\delta^{2K}} \sum_{k=1}^M \lambda_{\max}(\tilde{\boldsymbol{H}}_k)^{2K}\|\boldsymbol{\mu}\|^{2K}$$

$$\leq C \cdot (1+C)^{2K} \cdot \frac{M^{2K+1}}{\zeta^{2K}\delta^{2K}} \cdot \|\boldsymbol{\mu}\|^{2K} \to 0 \qquad \text{(by (5.7))}$$

が成り立つ．同様に

$$\sum_{k=1}^M P\left(M|\langle\boldsymbol{\varepsilon},\tilde{\boldsymbol{H}}_k\boldsymbol{\varepsilon}\rangle|\zeta^{-1} > \delta\right)$$

$$\leq \sum_{k=1}^M P\left(M^{2K}|\langle\boldsymbol{\varepsilon},\tilde{\boldsymbol{H}}_k\boldsymbol{\varepsilon}\rangle|^{2K}\zeta^{-2K} > \delta^{2K}\right)$$

$$\leq \frac{M^{2K}}{\zeta^{2K}\delta^{2K}} \sum_{k=1}^M E|\langle\boldsymbol{\varepsilon},\tilde{\boldsymbol{H}}_k\boldsymbol{\varepsilon}\rangle|^{2K}$$

$$\leq C \cdot \frac{M^{2K}}{\zeta^{2K}\delta^{2K}} \sum_{k=1}^{M} (\operatorname{tr}\{\tilde{\boldsymbol{H}}_k \tilde{\boldsymbol{H}}_k'\})^K$$

$$\leq C \cdot C^K \cdot \frac{M^{2K+1}}{\zeta^{2K}\delta^{2K}} \cdot n^K \to 0$$

より，(5.10) 式が証明された．最後に (5.11) 式を証明する．以下を示せばよい．

$$\sup_{\boldsymbol{w} \in Q_n} \left| \frac{\|\boldsymbol{H}(\boldsymbol{w})\boldsymbol{\varepsilon}\|^2 - \operatorname{tr}\boldsymbol{H}(\boldsymbol{w})\boldsymbol{H}(\boldsymbol{w})\boldsymbol{\Sigma} - 2\langle \boldsymbol{A}(\boldsymbol{w})\boldsymbol{\mu}, \boldsymbol{H}(\boldsymbol{w})\boldsymbol{\varepsilon}\rangle}{R(\boldsymbol{w})} \right| \to 0$$

ここで $\boldsymbol{A}(\boldsymbol{w}) = \boldsymbol{I} - \boldsymbol{H}(\boldsymbol{w})$ である．つまり，

$$\sup_{\boldsymbol{w} \in Q_n} \left| \frac{\|\boldsymbol{H}(\boldsymbol{w})\boldsymbol{\varepsilon}\|^2 - \operatorname{tr}\boldsymbol{H}(\boldsymbol{w})\boldsymbol{H}(\boldsymbol{w})\boldsymbol{\Sigma}}{R(\boldsymbol{w})} \right| \to 0 \tag{5.16}$$

および

$$\sup_{\boldsymbol{w} \in Q_n} \left| \frac{\langle \boldsymbol{A}(\boldsymbol{w})\boldsymbol{\mu}, \boldsymbol{H}(\boldsymbol{w})\boldsymbol{\varepsilon}\rangle}{R(\boldsymbol{w})} \right| \to 0 \tag{5.17}$$

を示せばよい．まず (5.16) 式を示す．任意の $\delta > 0$ に対し

$$P\left(\sup_{\boldsymbol{w} \in Q_n} \left| \frac{\|\boldsymbol{H}(\boldsymbol{w})\boldsymbol{\varepsilon}\|^2 - \operatorname{tr}\boldsymbol{H}(\boldsymbol{w})\boldsymbol{H}(\boldsymbol{w})\boldsymbol{\Sigma}}{R(\boldsymbol{w})} \right| > \delta \right)$$

$$\leq P\left(\sup_{\boldsymbol{w} \in Q_n} \left| \|\boldsymbol{H}(\boldsymbol{w})\boldsymbol{\varepsilon}\|^2 - \operatorname{tr}\boldsymbol{H}(\boldsymbol{w})\boldsymbol{H}(\boldsymbol{w})\boldsymbol{\Sigma} \right| > \delta \zeta_n \right)$$

$$\leq P\left(\sup_{\boldsymbol{w} \in Q_n} \sum_{k=1}^{M}\sum_{m=1}^{M} w_k w_m \left| \boldsymbol{\varepsilon}'\boldsymbol{H}_k\boldsymbol{H}_m\boldsymbol{\varepsilon} - \operatorname{tr}\boldsymbol{H}_k\boldsymbol{H}_m\boldsymbol{\Sigma} \right| > \delta \zeta_n \right)$$

$$\leq P\left(M^2 \times \max_k \max_m \left| \boldsymbol{\varepsilon}'\boldsymbol{H}_k\boldsymbol{H}_m\boldsymbol{\varepsilon} - \operatorname{tr}\boldsymbol{H}_k\boldsymbol{H}_m\boldsymbol{\Sigma} \right| > \delta \zeta_n \right)$$

$$\leq \sum_{k=1}^{M}\sum_{m=1}^{M} P\left(\left| \langle \boldsymbol{\varepsilon}'\boldsymbol{H}_k, \boldsymbol{H}_m\boldsymbol{\varepsilon}\rangle - \operatorname{tr}\boldsymbol{H}_k\boldsymbol{H}_m\boldsymbol{\Sigma} \right| > \delta \zeta_n/M^2 \right)$$

$$\leq \sum_{k=1}^{M}\sum_{m=1}^{M} M^{4K}\delta^{-2K}\zeta_n^{-2K} E\left[\left| \langle \boldsymbol{\varepsilon}'\boldsymbol{H}_k, \boldsymbol{H}_m\boldsymbol{\varepsilon}\rangle - \operatorname{tr}\boldsymbol{H}_k\boldsymbol{H}_m\boldsymbol{\Sigma} \right|^{2K} \right]$$

$$\leq CM^{4K}\delta^{-2K}\zeta_n^{-2K} \sum_{k=1}^{M}\sum_{m=1}^{M} \{\operatorname{tr}\boldsymbol{H}_k^2\boldsymbol{H}_m^2\}^K$$

$$\leq CM^{4K}\delta^{-2K}\zeta_n^{-2K} \sum_{k=1}^{M}\sum_{m=1}^{M} \{\operatorname{tr}\boldsymbol{H}_k\boldsymbol{H}_m\}^K$$

$$\leq C\delta^{-2K}\zeta_n^{-2K}M^{4K+2}n^K$$

5.4 漸近最適性について

が成り立つ.結局,この上限は 0 に収束する.同様に任意の $\delta > 0$ に対し

$$P\left(\sup_{w \in Q_n} \left|\frac{\langle A(w)\mu, H(w)\varepsilon\rangle}{R(w)}\right| > \delta\right)$$
$$\leq P\left(\sup_{w \in Q_n} \left|\sum_{k=1}^M \sum_{m=1}^M w_k w_m \mu'(I-H_k)H_m\varepsilon\right| > \delta\zeta_n\right)$$
$$\leq P\left(M^2 \max_{1 \leq k \leq M} \max_{1 \leq m \leq M} \left|\mu'(I-H_k)H_m\varepsilon\right| > \delta\zeta_n\right)$$
$$\leq \frac{M^{4K}}{\delta^{2K}\zeta_n^{2K}} \sum_{k=1}^M \sum_{m=1}^M E\left|\mu'(I-H_k)H_m\varepsilon\right|^{2K}$$
$$\leq C \cdot \frac{M^{4K}}{\delta^{2K}\zeta_n^{2K}} \sum_{k=1}^M \sum_{m=1}^M \|H_m(I-H_k)\mu\|^{2K}$$
$$\leq C \cdot \frac{M^{4K}}{\delta^{2K}\zeta_n^{2K}} \sum_{k=1}^M \sum_{m=1}^M \|(I-H_k)\mu\|^{2K}$$
$$\leq C \cdot \frac{M^{4K+2}}{\delta^{2K}\zeta_n^{2K}} \cdot \|\mu\|^{2K}$$

が成り立ち,この上限も 0 に収束する.結果,漸近最適性が証明された.

本章で紹介したアイデアは,さまざまな高次元データ分析のモデル統合に応用可能である.Ando and Li (2014) は高次元データが一般化線形モデルや分位点回帰モデルから観測された場合のモデル統合手法を提案している.

6
総　括

　本書では (超) 高次元データの分析を想定した統計的モデリング法について実行例を織り交ぜながら解説してきた．まず，第 1 章においては統計的モデリングの一般的な手順を解説し，1.5 節ではそれに基づき抽出した情報をどのように意思決定問題へ応用していくのかについて触れた．もちろん，(数理的思考に明るい背景を前提にしたものの) 幅広い読者を想定したため，そこでの統計的モデリングは非常に簡便化されている．現実の意思決定においては，統計的モデリングから抽出した情報のみならず，意思決定に関連する情報を組み合わせておこなうべきである．また，構築した統計モデルを利用する際は，現実からの制約 (信頼性，実際の処理速度など) などに耐えうるようなモデルをあらかじめデザインしておくべきである．

　第 2 章では，観測・蓄積された高次元データに内在する「重要な」情報を効率的に取得する統計的モデリング法について解説し，第 3 章においては，観測データ数と比較してデータの次元があまりにも大きすぎる場合の対処法を紹介した．ここで重要な情報とは意思決定者にとってであり，従来と同様，解決しようとする問題の設定に依存する．言うまでもなく，その問題は正しい枠組みで設定されているべきである．なぜならば，問題設定が明確となることで，統計的に有意である結果と意思決定において重要となる結果の区別が容易になるからである．高次元データの統計的モデリングにより，データの多様性を受け入れた柔軟な分析が可能となる．しかし，従来使用されている (回帰分析などのような) 手法で，意思決定に必要な情報がすべて抽出できるのであれば，その情報で十分であり，本書で紹介したような高次元データの分析を念頭に置いた手法は使用する必要はない．統計的モデリングの最終的な目的は，問題を解

決することであり，流行している統計手法を利用することではない．

　第4章，および第5章においては，統計モデルの統合法について解説した．現実社会で考えた場合，さまざまな哲学・思想，学説，物事の捉え方，問題に対する対処・解決法が存在する．統計モデルの統合とは，そのような多様性を観測データに基づき1つの統計モデルにバランスよく統合することに対応する．もちろん，高次元データの多様性もそれに含まれ，その多様性を統計モデルの統合法でモデリングするわけである．特に，第4章で紹介した統計モデルの統合法は高次元データの分析に難があるため，第5章で解説した手法などを援用すべきである．

　現時点で観測されている過去のデータは，将来時点で観測されるデータを含んでいない．繰り返すが，図1.2 真のモデル $g(\boldsymbol{x})$ が不規則に時間とともに動いているような場合，統計的モデリング手法により (ある時点において) 最適なモデル $f(\boldsymbol{x}|\hat{\boldsymbol{\theta}})$ を構築したとしても，それに基づく予測は将来を必ずしも反映するものではない．それに基づく意思決定も最適であるとは限らないことは自明である．逆に，真のモデル $g(\boldsymbol{x})$ が時間を通じて固定されている場合，最適なモデル $f(\boldsymbol{x}|\hat{\boldsymbol{\theta}})$ による長期予測もある程度可能であろう．例えば，人間の身体の基本的構造は世代間でほぼ同一であると期待されるため，現時点である薬が効果的であれば，将来時点においても同じ効果が期待される．すなわち，将来を織り込んだ意思決定は十分機能するのである．また，時系列モデル (自己回帰モデル，マルコフスイッチングモデルなどを含む状態空間モデル) などの統計的モデリングにおいても真のモデル $g(\boldsymbol{x})$ が固定されていると仮定したうえで実行される．分析している事象 (例えば，月別平均気温など) は時間とともに変化しているようにみえるが，ある「一定」のパターンに従っているのである．しかし，人の行動が絡むような事象 (例えば，金融市場の分析) などの統計的モデリングは注意が必要である．なぜならば，人の価値感は時代とともに変遷していくであろうし，また短期的にも人の行動に影響を及ぼすような「将来」イベント (政府，および中央銀行の政策・規制，製品・サービスに関連するイノベーションなど) などによりその行動様式が変化するからである．

　本書での分析に使用したデータは構造化されたものであった．実際の場面では，不完全で混沌とした大規模なデータの塊から出発するであろう．そのよう

なデータを整理して構造化する場合，解決する問題を念頭におくべきである．また，そのように無秩序なデータを構造化する際は，データ分析のみならず意思決定に関連する事項も考慮しなければならない．さらに，統計的モデリングの後には，統計科学に明るくない (かもしれない) 意思決定者が理解しやすいよう，抽出した情報をまとめることにも注意すべきである．特に，統計モデルとは複雑な現実を解釈しやすいように単純化したものであるため，どのような仮定・前提のもとで情報が抽出されているかについては細心の注意を払うべきである．つまり，本書で紹介した統計的モデリング手法を盲目的にデータ分析へ利用すべきではなく，理論的な背景を理解したうえでの利用が推奨される．

以上，述べてきたように統計的モデリング手法は物事の中心でなく，意思決定における支援ツールの一つであることを忘れてはならない．今後も観測・蓄積されるデータの規模・多様性は拡大していくと予想されるが，「意思決定者にとって本質的な問題は何であるのか」，「統計的モデリングにおいて置いた仮定・前提は現実的であるか」，「統計的モデリングにより導出される適切な意思決定は現実に実行可能であるか」という重要な問いを常に念頭におきながら統計的モデリングを推進すべきである．

A
罰則重み付き最尤推定法を想定した情報量規準

ここでは，罰則重み付き最尤推定法によって推定された統計モデルを評価する基準を導出する．いま，$\boldsymbol{y} = (y_1,\ldots,y_n)'$ を真のモデル $g(y)$ から観測されるデータとし，それを近似する統計モデルを $f(y|\boldsymbol{\theta})$ とする．パラメータ θ の推定は，

$$\ell_w(\boldsymbol{\theta},\boldsymbol{y}) - \lambda p(\boldsymbol{\theta}) \tag{A.1}$$

の最大化による．ここで，$p(\boldsymbol{\theta})$ は罰則項であり，

$$\ell_w(\boldsymbol{\theta},\boldsymbol{y}) = \frac{1}{n}\left[\sum_{\alpha=1}^{n} w(y_\alpha)\log f(y_\alpha|\boldsymbol{\theta})\right]$$

は罰則重み付き対数尤度関数である．重み関数の取り方は分析する対象に依存し，分析者が用意することとなる．

いま $\boldsymbol{z} = (z_1,\ldots,z_n)'$ を将来の観測データとし，$\hat{\boldsymbol{\theta}}$ を (A.1) 式の最大化により推定されたパラメータとする．So and Ando (2013) は情報量規準の枠組みを利用して推定された統計モデルを評価する基準を提案し，重み付き期待対数尤度関数

$$\int \ell_w(\hat{\boldsymbol{\theta}},\boldsymbol{z})dG(\boldsymbol{z}) = \int \left[\sum_{\alpha=1}^{n} w(z_\alpha)\log f(z_\alpha|\hat{\boldsymbol{\theta}})\right]dG(z_1,\ldots,z_n) \tag{A.2}$$

を最大とする統計モデルの選択を考えている．ここで，$w(z_\alpha) = 1$, $\alpha = 1, 2, \ldots$ とすると (A.2) 式は期待対数尤度に帰着し，Konishi and Kitagawa (1996) の一般化情報量規準に帰着する．重み付き期待対数尤度関数の自然な推定量は，それに経験分布関数を利用した $\ell_w(\hat{\boldsymbol{\theta}},\boldsymbol{y})$ である．これを推定量として利用したときのバイアスを補正することにより基準を構成する．ここで，バイアスは

$$\text{bias}(G) = \int \left[\ell_w(\hat{\boldsymbol{\theta}}, \boldsymbol{y}) - \int \ell_w(\hat{\boldsymbol{\theta}}, \boldsymbol{z}) dG(\boldsymbol{z}) \right] G(\boldsymbol{y})$$

で与えられ，モデル評価基準は

$$\ell_w(\hat{\boldsymbol{\theta}}, \boldsymbol{y}) - \hat{\text{bias}}(G) \tag{A.3}$$

の表現で与えられる．

Konishi and Kitagawa (1996) の枠組みを利用して $\boldsymbol{\theta} = T(G)$ を

$$\int \left. \frac{\partial \{\ell_w(\boldsymbol{\theta}, \boldsymbol{z}) - \lambda p(\boldsymbol{\theta})\}}{\partial \boldsymbol{\theta}} \right|_{\boldsymbol{\theta}=T(G)} dG(\boldsymbol{z}) = \boldsymbol{0}$$

と定義する．このとき $\hat{\boldsymbol{\theta}} = T(\hat{G})$ の $T(G)$ 周りの確率展開は

$$\hat{\theta}_i = T_i(G) + \frac{1}{n} \sum_{\alpha=1}^{n} T_i^{(1)}(y_\alpha; G) \tag{A.4}$$
$$+ \frac{1}{2n^2} \sum_{\alpha=1}^{n} \sum_{\beta=1}^{n} T_i^{(2)}(y_\alpha, y_\beta; G) + o_p(n^{-1})$$

となる．ここで $T_i^{(1)}(y_\alpha; G)$, $T_i^{(2)}(y_\alpha, y_\beta; G)$ は関数 $T(\cdot)$ の 1 階微分，および 2 階微分である．(A.4) 式の表現を $\ell_w(\hat{\boldsymbol{\theta}}, \boldsymbol{z})$ の $\theta = T(G)$ 周りでのテイラー展開に代入すると以下を得る．

$$E_{G(z)}[\ell_w(\hat{\boldsymbol{\theta}}, \boldsymbol{z})]$$
$$\approx \int \ell_w(T(G), \boldsymbol{z}) dG(\boldsymbol{z}) + \sum_{i=1}^{p} (\hat{\theta}_i - T_i(G)) \int \left. \frac{\partial \ell_w(\boldsymbol{\theta}, \boldsymbol{z})}{\partial \theta_i} \right|_{\boldsymbol{\theta}=T(G)} dG(\boldsymbol{z})$$
$$+ \frac{1}{2} \sum_{i=1}^{p} \sum_{j=1}^{p} (\hat{\theta}_i - T_i(G))(\hat{\theta}_j - T_j(G)) \int \left. \frac{\partial^2 \ell_w(\hat{\boldsymbol{\theta}}, \boldsymbol{z})}{\partial \theta_i \partial \theta_j} \right|_{\boldsymbol{\theta}=T(G)} dG(\boldsymbol{z})$$
$$= \int \ell_w(T(G), \boldsymbol{z}) dG(\boldsymbol{z}) + \frac{1}{n} \sum_{i=1}^{p} \sum_{\alpha=1}^{n} T_i^{(1)}(y_\alpha; G) \int \left. \frac{\partial \ell_w(\boldsymbol{\theta}, \boldsymbol{z})}{\partial \theta_i} \right|_{\boldsymbol{\theta}=T(G)} dG(\boldsymbol{z})$$
$$+ \frac{1}{2n^2} \sum_{\alpha=1}^{n} \sum_{\beta=1}^{n} \left[\sum_{i=1}^{p} T_i^{(2)}(y_\alpha, y_\beta; G) \int \left. \frac{\partial \ell_w(\boldsymbol{\theta}, \boldsymbol{z})}{\partial \theta_i} \right|_{\boldsymbol{\theta}=T(G)} dG(\boldsymbol{z}) \right.$$
$$\left. + \sum_{i=1}^{p} \sum_{j=1}^{p} T_i^{(1)}(y_\alpha; G) T_j^{(1)}(y_\beta; G) \int \left. \frac{\partial^2 \ell_w(\boldsymbol{\theta}, \boldsymbol{z})}{\partial \theta_i \partial \theta_j} \right|_{\boldsymbol{\theta}=T(G)} dG(\boldsymbol{z}) \right] + o_p(n^{-1})$$

同様に,

$$\ell_w(\hat{\boldsymbol{\theta}}, \boldsymbol{y}) \approx \ell_w(T(G), \boldsymbol{y}) + \sum_{i=1}^{p}(\hat{\theta}_i - T_i(G))\frac{\partial \ell_w(\boldsymbol{\theta}, \boldsymbol{y})}{\partial \theta_i}\bigg|_{\boldsymbol{\theta}=T(G)}$$
$$+ \frac{1}{2}\sum_{i=1}^{p}\sum_{j=1}^{p}(\hat{\theta}_i - T_i(G))(\hat{\theta}_j - T_j(G))\frac{\partial^2 \ell_w(\boldsymbol{\theta}, \boldsymbol{y})}{\partial \theta_i \partial \theta_j}\bigg|_{\boldsymbol{\theta}=T(G)}$$
$$= \ell_w(T(G), \boldsymbol{y}) + \frac{1}{n}\sum_{i=1}^{p}\sum_{\alpha=1}^{n}T_i^{(1)}(y_\alpha; G)\frac{\partial \ell_w(\boldsymbol{\theta}, \boldsymbol{y})}{\partial \theta_i}\bigg|_{\boldsymbol{\theta}=T(G)}$$
$$+ \frac{1}{2n^2}\sum_{\alpha=1}^{n}\sum_{\beta=1}^{n}\left[\sum_{i=1}^{p}T_i^{(2)}(y_\alpha, y_\beta; G)\frac{\partial \ell_w(\boldsymbol{\theta}, \boldsymbol{y})}{\partial \theta_i}\bigg|_{\boldsymbol{\theta}=T(G)}\right.$$
$$\left. + \sum_{i=1}^{p}\sum_{j=1}^{p}T_i^{(1)}(y_\alpha; G)T_j^{(1)}(y_\beta; G)\frac{\partial^2 \ell_w(\boldsymbol{\theta}, \boldsymbol{y})}{\partial \theta_i \partial \theta_j}\bigg|_{\boldsymbol{\theta}=T(G)}\right] + o_p(n^{-1})$$

となり,その期待値は

$$\int \ell_w(T(G), \boldsymbol{y})dG(\boldsymbol{y})$$
$$= \int \ell_w(T(G), \boldsymbol{z})dG(\boldsymbol{z}) + \frac{1}{n}\left[\boldsymbol{b}'\boldsymbol{a} - \frac{1}{2}\mathrm{tr}[\boldsymbol{\Sigma}(G)\boldsymbol{J}(G)]\right] + o(n^{-1})$$

となる.同様に

$$\int \left[\int \ell_w(T(G), \boldsymbol{z})dG(\boldsymbol{z})\right] dG(\boldsymbol{y})$$
$$= \int \ell_w(T(G), \boldsymbol{z})dG(\boldsymbol{z}) + \frac{1}{n}\left[\boldsymbol{b}'\boldsymbol{a} - \frac{1}{2}\mathrm{tr}[\boldsymbol{\Sigma}(G)\boldsymbol{J}(G)]\right]$$
$$+ \frac{1}{n}\sum_{i=1}^{p}\int T_i^{(1)}(\boldsymbol{z}; G)\frac{\partial \ell_w(T(G), \boldsymbol{z})}{\partial \theta_i}\bigg|_{\boldsymbol{\theta}=T(G)} dG(\boldsymbol{z}) + o(n^{-1})$$

も得る.ここで p 次元ベクトル $\boldsymbol{a} = (a_1, \ldots, a_p)'$,および $\boldsymbol{b} = (b_1, \ldots, b_p)'$ は

$$a_i = \int \frac{\partial \ell_w(\boldsymbol{\theta}, \boldsymbol{z})}{\partial \theta_i}\bigg|_{\boldsymbol{\theta}=T(G)} dG(z), \quad b = \int [\hat{\theta} - T(G)]dG(\boldsymbol{z}) + o(n^{-1})$$

で与えられ, $p \times p$ 次元行列 $\boldsymbol{\Sigma} = (\sigma_{ij})$ は $\sqrt{n}(\hat{\boldsymbol{\theta}} - T(G))$ の分散共分散行列であり, $p \times p$ 次元行列 $\boldsymbol{J}(G)$ は

$$\boldsymbol{J}(G) = -\int \frac{\partial^2 \ell_w(\boldsymbol{\theta}, \boldsymbol{z})}{\partial \boldsymbol{\theta} \partial \boldsymbol{\theta}'}\bigg|_{\boldsymbol{\theta}=T(G)} dG(z)$$

で与えられる．以上をまとめると，

$$\int \left[\ell_w(\hat{\boldsymbol{\theta}}, \boldsymbol{y}) - \int \ell_w(\hat{\boldsymbol{\theta}}, \boldsymbol{z}) dG(\boldsymbol{z}) \right] G(\boldsymbol{y})$$

$$= \frac{1}{n} \sum_{i=1}^{p} \int T_i^{(1)}(\boldsymbol{z}; G) \frac{\partial \ell_w(\boldsymbol{\theta}, \boldsymbol{z})}{\partial \theta_i} \bigg|_{\boldsymbol{\theta}=T(G)} dG(\boldsymbol{z}) + o(n^{-1})$$

$$= \frac{1}{n} \mathrm{tr} \left[\int T^{(1)}(\boldsymbol{z}; G) \frac{\partial \ell_w(\hat{\boldsymbol{\theta}}, \boldsymbol{z})}{\partial \boldsymbol{\theta}'} \bigg|_{T(G)} dG(\boldsymbol{z}) \right] + o(n^{-1})$$

が導出される．ここで $T^{(1)}(\boldsymbol{z}; G)$ は

$$T^{(1)}(\boldsymbol{z}; G) = \boldsymbol{J}(G)^{-1} \frac{\partial \{w(\boldsymbol{z}) \log f(\boldsymbol{\theta}, \boldsymbol{z}) - \lambda p(\boldsymbol{\theta})\}}{\partial \boldsymbol{\theta}} \bigg|_{\boldsymbol{\theta}=T(G)}$$

である．真の分布 G を観測データから構成される経験分布関数に置き換えることでバイアスの推定量が導出される．

結局，バイアスの推定量を (A.3) 式に代入すると，モデル評価基準は

$$\mathrm{IC} = -2 \sum_{\alpha=1}^{n} w(y_\alpha) \log f(y_\alpha | \hat{\boldsymbol{\theta}}) + 2\mathrm{tr}\{\boldsymbol{J}(\hat{G})^{-1} \boldsymbol{K}(\hat{G})\}$$

となる．ここで

$$\boldsymbol{J}(\hat{G}) = -\frac{1}{n} \sum_{\alpha=1}^{n} \frac{\partial^2 \{w(y_\alpha) \log f(y_\alpha | \boldsymbol{\theta}) - \lambda p(\boldsymbol{\theta})\}}{\partial \boldsymbol{\theta} \partial \boldsymbol{\theta}'} \bigg|_{\boldsymbol{\theta}=\hat{\boldsymbol{\theta}}},$$

$$\boldsymbol{K}(\hat{G}) = \frac{1}{n} \sum_{\alpha=1}^{n} \frac{\partial \{w(y_\alpha) \log f(y_\alpha | \boldsymbol{\theta}) - \lambda p(\boldsymbol{\theta})\}}{\partial \boldsymbol{\theta}} \cdot \frac{\partial \{w(y_\alpha) \log f(y_\alpha | \boldsymbol{\theta})\}}{\partial \boldsymbol{\theta}'} \bigg|_{\boldsymbol{\theta}=\hat{\boldsymbol{\theta}}}$$

である．最適な統計モデル $f(y|\hat{\boldsymbol{\theta}})$，正則化パラメータ λ，および罰則項は IC の最小化により選択される．重みを $w(y_\alpha) = 1$ とすると，Konishi and Kitagawa (1996) の一般化情報量規準に帰着する．前提条件をさらに課すことで AIC に帰着する．また，重み付き最尤推定法によって推定された統計モデルを評価する場合，導出した基準 IC において $\lambda = 0$ とすればよい．

参 考 文 献

Akaike, H. 1973. Information theory and an extension of the maximum likelihood principle. In *Proc. 2nd International Symposium on Information Theory*, ed. Petrov, B. N. and Csaki, F., 267–281. Akademiai Kiado.
Akaike, H. 1974. A new look at the statistical model identification. *IEEE Transactions on Automatic Control* 19: 716–723.
Akaike, H. 1979. A Bayesian extension of the minimum AIC procedure of autoregressive model fitting. *Biometrika* 66: 237–242.
Albert, J. 2007. *Bayesian Computation with R*. Springer.
Amengual, D. and Watson, M.W. 2007. Consistent estimation of the number of dynamic factors in a large N and T panel. *Journal of Business and Economic Statistics* 25: 91–96.
Ando, T. 2007. Bayesian predictive information criterion for the evaluation of hierarchical Bayesian and empirical Bayes models. *Biometrika* 94: 443–458.
Ando, T. 2009. Bayesian portfolio selection using multifactor model. *International Journal of Forecasting* 25: 550–566.
Ando, T. 2010. *Bayesian Model Selection and Statistical Modeling*. Chapman & Hall/CRC.
Ando, T. 2011. Predictive Bayesian model selection. *American Journal of Mathematical and Management Sciences* 31: 13–38.
Ando, T. 2013a. Shrinkage inference and model selection for large panel data models with a factor structure. Working paper.
Ando, T. 2013b. Application of market disequilibrium models in the study of online daily deals promotion. Working paper.
Ando, T. 2014. Bayesian corporate bond pricing and credit default swap premium models for deriving default probabilities and recovery rates. *Journal of the Operational Research Society*, forthcoming.
Ando, T. and Bai, J. 2013a. Multifactor asset pricing with a large number of observable risk factors and unobservable common and group-specific factors. Working paper.
Ando, T. and Bai, J. 2013b. Panel data models with grouped factor structure under unknown group membership. Working paper.
Ando, T. and Konishi, S. 2009. Nonlinear logistic discrimination via regularized radial basis functions for classifying high-dimensional data. *Annals of the Institute of Statistical Mathematics* 61: 331–353.
Ando, T. and Li, K-C. 2013. A model averaging approach for high-dimensional regression. *Journal of the American Statistical Association*, forthcoming.
Ando, T. and Li, K-C. 2014. Model averaging in high-dimensional statistical models. Working paper.
Ando, T. and Tsay, R. 2009. Model selection for generalized linear models with

factor-augmented predictors (with discussion). *Applied Stochastic Models in Business and Industry* 25: 207–235.

Ando, T. and Tsay, R. 2010. Predictive marginal likelihood for the Bayesian model selection and averaging. *International Journal of Forecasting* 26: 744–763.

Ando, T. and Tsay, R. 2011. Quantile regression models with factor-augmented predictors and information criteria. *Econometrics Journal* 14: 1–24.

Ando, T. and Tsay, R. 2014. Predictive approach for selection of diffusion index models. *Econometric Reviews* 33: 68–99.

Andrews, D.W.K. 1999. Consistent moment selection procedures for generalized method of moments estimation. *Econometrica* 67: 543–564.

Antoniadis, A. and Fan, J. 2001. Regularization of wavelet approximations (with discussion). *Journal of the American Statistical Association* 96: 939–967.

Arellano, M. 2003. *Panel Data Econometrics*. Oxford University Press.

Atanasova, C.V. and Wilson, N. 2004. Disequilibrium in the UK corporate loan market. *Journal of Banking and Finance* 28: 595–614.

Avramov, D. 2002. Stock return predictability and model uncertainty. *Journal of Financial Economics* 64: 423–258.

Bai, J. 2003. Inferential theory for factor models of large dimensions. *Econometrica* 71: 135–172.

Bai, J. 2009. Panel data models with interactive fixed effects. *Econometrica* 77: 1229–1279.

Bai, J. and Ng, S. 2002. Determining the number of factors in approximate factor models. *Econometrica* 70: 191–221.

Bai, J. and Ng, S. 2006. Evaluating latent and observed factors in macroeconomics and finance. *Journal of Econometrics* 131: 507–537.

Bai, J. and Ng, S. 2008. Extremum estimation when the predictors are estimated from large panels. *Annals of Economics and Finance* 9: 201–222.

Baltagi, B.H. 2008. *Econometric Analysis of Panel Data*. John Wiley & Sons.

Bates, J.M. and Granger, C.M.W. 1969. The combination of forecasts. *Operations Research Quarterly* 20: 451–468.

Belloni, A. and Chernozhukov, V. 2011 L1-penalized quantile regression in high-dimensional sparse models. *Annals of Statistics* 39: 82–130.

Bernanke, B. and Boivin, J. 2003. Monetary policy in a data-rich environment. *Journal of Monetary Economics* 50: 525–546.

Bernanke, B., Boivin, J. and Eliasz, P. 2005. Factor augmented vector autoregressions (FVARs) and the analysis of monetary policy. *Quarterly Journal of Economics* 120: 387–422.

Berry, S. 1994. Estimating discrete-choice models of product differentiation. *RAND Journal of Economics* 25: 242–262.

Besanko, D., Gupta, S. and Jain, D. 1998. Logit demand estimation under competitive pricing behavior: An equilibrium framework. *Management Science* 44: 1533–1547.

Bickel P.J. 2008. Discussion of "Sure independence screening for ultrahigh dimensional feature space". *Journal of the Royal Statistical Society Series* B70: 883–884.

Bickel, P.J., Ritov, Y. and Tsybakov, A. B. 2009. Simultaneous analysis of

lasso and Dantzig selector. *Annals of Statistics* 37: 1705–1732.
Brock, W., Durlauf, S. and West, K. 2006. Model uncertainty and policy evaluation: some theory and empirics. *Journal of Econometrics* 136: 629–664.
Buhlmann, P., Kalisch, M. and Maathuis, M.K. 2010. Variable selection in high-dimensional linear models: partially faithful distributions and the PC-simple algorithm. *Biometrika* 97: 261–278.
Cai, T. and Lv, J. 2007. Discussion: "The Dantzig selector: statistical estimation when p is much larger than n". *Annals of Statistics* 35: 2365–2369.
Candes, E. and Tao, T. 2007. The Dantzig selector: statistical estimation when p is much larger than n. *Annals of Statistics* 35: 2313–2351.
Caner, M. 2009. Lasso-type GMM estimator. *Econometric Theory*, 25: 270–290.
Claeskens, G. and Hjort, N.L. 2003. The focused information criterion. *Journal of the American Statistical Association* 98: 900–945.
Claeskens, G. and Hjort, N.L. 2008. *Model Selection and Model Averaging*. Cambridge University Press.
Clyde, M. and George, E.I. 2004. Model uncertainty. *Statistical Science* 19: 81–94.
Connor, G. and Korajczyk, R. 1986. Performance measurement with the arbitrage pricing theory: a new framework for analysis. *Journal of Financial Economics* 15: 373–394.
Connor, G. and Korajczyk, R. 1988. Risk and return in an equilibrium APT: Application of a new test methodology. *Journal of Financial Economics* 21: 255–289.
Cremers, K. 2002. Stock return predictability: a Bayesian model selection perspective. *Review of Financial Studies* 15: 1223–1249.
Crespo-Cuaresma, J. and Slacik, T. 2009. On the determinants of currency crises: the role of model uncertainty. *Journal of Macroeconomics* 31: 621–632.
Cox, D.R. 1972. Regression models and life-tables. *Journal of the Royal Statistical Society* B 34: 187–220.
Davison, A.C. 1986. Approximate predictive likelihood. *Biometrika* 73: 323–332.
Donald, S.G. and Newey, W.K. 2001. Choosing the number of instruments. *Econometrica* 69: 1161–1192.
Donoho, D.L. and Johnston, I.M. 1994. Ideal spatial adaptation by wavelet shrinkage. *Biometrika* 81: 425–455.
Donoho, D.L. and Johnston, I.M. 1995. Adapting to unknown smoothness via wavelet shrinkage. *Journal of the Royal Statistical Society Series* B90: 1200–1224.
Durlauf, S., Kourtellos, A. and Tan, C. 2008. Are any growth theories robust? *Economic Journal* 118: 329–346.
Durlauf, S., Kourtellos, A. and Tan, C. 2012. Is god in the details? a re-examination of the role of religion in economic growth. *Journal of Applied Econometrics* 27, 1059–1075.
Efron, B., Hastie, T. and Tibshirani, R. 2007. Discussion: "The Dantzig selector: statistical estimation when p is much larger than n". *Annals of Statistics* 35, 2358–2364.

Efron, B., Johnstone, I., Hastie, T. and Tibshirani, R. 2004. Least angle regression. *Annals of Statistics* 32: 407–499.

Eicher, T., Papageorgiou, C. and Raftery, A. 2010. Default priors and predictive performance in Bayesian model averaging, with application to growth determinants. *Journal of Applied Econometrics* 26: 30–55.

Eilers, P. and Marx, B. 1996. Flexible smoothing with B-splines and penalties (with discussion). *Statistical Science* 11: 89–121.

Fair, R.C. and Jaffee, D.M. 1972. Methods of estimation for markets in disequilibrium. *Econometrica* 40: 497–514.

Fair, R.C. and Kelejian, H.H. 1974. Methods of estimation for markets in disequilibrium: A further study. *Econometrica* 42: 177–190.

Fama, E.F. and French, K.R. 1993. Common risk factors in the returns on stocks and bonds. *Journal of Financial Economics* 33, 3–56.

Fan, J. and Li, R. 2001. Variable selection via nonconcave penalized likelihood and its oracle properties. *Journal of the American Statistical Association* 96: 1348–1360.

Fan, J. and Li, R. 2002. Variable selection for Cox's propotional hazards model and frailty model. *Annals of Statistics* 30: 74–99.

Fan, J. and Li, R. 2004. New estimation and model selection procedures for semiparametric modeling in longitudinal data analysis. *Journal of the American Statistical Association* 99: 710–723.

Fan, J., Liao, Y. and Mincheva, M. 2011. High dimensional covariance matrix estimation in approximate factor models. *Annals of Statistics* 39: 3320–3356.

Fan, J. and Lv, J. 2008. Sure independence screening for ultrahigh dimensional feature space. *Journal of the Royal Statistical Society Series B* 70: 849–911.

Fan, J. and Peng, H. 2004. Nonconcave penalized likelihood with a diverging number of parameters. *Annals of Statistics* 32: 928–961.

Fan, J., Samworth, R. and Wu, Y. 2009. Ultra-dimensional variable selection via independent learning: Beyond the linear model. *Journal of Machine Learning Research* 10: 1829–1853.

Fan, J. and Song, R. 2010. Sure independence screening in generalized linear models with NP-dimensionality. *Annals of Statistics* 38: 3567–3604

Fernandez, C., Ley, E. and Steel, M.F.J. 2001a. Benchmark priors for Bayesian model averaging. *Journal of Econometrics* 100: 381–427.

Fernandez, C., Ley, E. and Steel, M.F.J. 2001b. Model uncertainty in cross-country growth regressions. *Journal of Applied Econometrics* 16: 563–576.

Forni, M. and Lippi, M. 2001. The generalized dynamic factor model: representation theory. *Econometric Theory* 17: 1113–1141.

Forni, M., Hallin, M., Lippi, M. and Reichlin, L. 2000. The generalized dynamic factor model: identification and estimation. *Review of Economics and Statistics* 82: 540–554.

Forni, M., Hallin, M., Lippi, M. and Reichlin, L. 2001. Do financial variables help in forecasting inflation and real activity in the Euro area. *Journal of Monetary Economics* 50: 1243–1255.

Forni, M., Hallin, M., Lippi, M. and Reichlin, L. 2004. The generalized factor model: consistency and rates. *Journal of Econometrics* 119: 231–255.

Forni, M. and Reichlin, L. 1998. Let's get real: a factor-analytic approach to disaggregated business cycle dynamics. *Review of Economic Studies* 65:

453–473.

Gaglianone, W.P., Lima, L.R., Linton, O. and Smith, D.R. 2011. Evaluating value-at-risk models via quantile regression. *Journal of Business & Economic Statistics* 29: 150–160.

Garratt, A., Lee, K., Pesaran, H. and Shin, Y. 2003. Forecast uncertainties in macroeconomic modeling: an application to the u.k. economy. *Journal of the American Statistical Association* 98: 829–838.

Granger, C.W.J. 1989. Combining Forecasts–Twenty years later. *Journal of Forecasting* 8: 167–173.

Granger, C.W.J. and Ramanathan, R. 1984. Improved methods of combining forecast accuracy. *Journal of Forecasting* 19: 197–204.

Green, P.J. and Silverman, B.W. 1994. *Nonparametric Regression and Generalized Linear Models*. Chapman & Hall.

Hall, A.R., Inoue, A., Jana, K. and Shin, C. 2007. Information in generalized method of moments estimation and entropy based moment selection. *Journal of Econometrics* 138: 488–512.

Hall, A.R. and Peixe, F.P.M. 2003. A consistent method for the selection of relevant instruments. *Econometric Reviews* 22: 269–287.

Hall, P. and Miller, H. 2009. Using generalised correlation to effect variable selection in very high dimensional problems. *Journal of Computational and Graphical Statistics* 18: 533.

Hall, P., Titterington, D.M. and Xue, J.-H. 2009. Tilting methods for assessing the influence of components in a classifier. *Journal of the Royal Statistical Society Series* B71: 783–803.

Hansen, B.E. 2007. Least squares model averaging. *Econometrica* 75: 1175–1189.

Hansen, B.E. and Racine, J. 2012. Jackknife model averaging. *Journal of Econometrics* 167: 38–46.

Hartley, M.J. 1976. The estimation of markets in disequilibrium: The fixed supply case. *International Economic Review* 17: 687–699.

Hastie, T. and Tibshirani, R. 1990. *Generalized Additive Models*. Chapman & Hall/CRC.

Hastie, T., Tibshirani, R. and Friedman, J. 2009. *The Elements of Statistical Learning* (2nd ed.). Springer.

Hendricks, W. and Koenker, R. 1992. Hierarchical spline models for conditional quantiles and the demand for electricity. *Journal of the American Statistical Association* 87: 58–68.

Hjort, N.L. and Claeskens, G. 2006. Focused information criteria and model averaging for the cox hazard regression model. *Journal of the American Statistical Association* 101: 1449–1464.

Hoeting, J., Madigan, D., Raftery, A. and Volinsky, C. 1999. Bayesian model averaging. *Statistical Science* 14: 382–401.

Hsiao, C. 2003. *Analysis of Panel Data*. Cambridge University Press.

Huang, J., Horowitz, J. and Ma, S. 2008. Asymptotic properties of bridge estimators in sparse high-dimensional regression models. *Annals of Statistics* 36: 587–613.

Hurlin, C. and Kierzenkowski, R. 2007. Credit market disequilibrium in Poland: Can we find what we expect? Non-stationarity and the short-side rule. *Eco-*

nomic Systems 31: 157–183.

Hurvich, C.M., Simonoff, J.S. and Tsai, C.-L. 1998. Smoothing parameter selection in nonparametric regression using an improved Akaike information criterion. *Journal of the Royal Statistical Society* B60: 271–293.

Ibrahim, J.G., Chen, M.H. and Sinha, D. 2007. *Bayesian Survival Analysis.* Springer-Verlag.

James, G.M., Radchenko, P. and Lv, J. 2009. DASSO: connections between the Dantzig selector and lasso. *Journal of the Royal Statistical Society Series* B71: 127–142.

Kass, R.E. and Raftery, A. 1995. Bayes factors. *Journal of the American Statistical Association* 90: 773–795.

Kim, Y., Choi, H. and Oh, H.-S. 2008. Smoothly clipped absolute deviation on high dimensions. *Journal of the American Statistical Association* 103: 1665–1673.

Kim, C.J. and Nelson, C.R. 1999. *State-Space Models with Regime Switching: Classical and Gibbs Sampling Approaches with Applications.* MIT Press.

Kleiber, W., Raftery, A.E. and Gneiting, T. 2011. Geostatistical model averaging for locally calibrated probabilistic quantitative precipitation forecasting. *Journal of the American Statistical Association* 106: 1291–1303.

Knight, K. and Fu, W. 2000. Asymptotics for lasso-type estimators. *Annals of Statistics* 28: 1356–1378.

Koenker, R. and Bassett, G. 1978. Regression quantiles. *Econometrica* 46: 33–50.

Konishi, S. and Kitagawa, G. 1996. Generalized information criteria in model selection. *Biometrika* 83, 875–890.

Konishi, S. and Kitagawa, G. 2008. *Information Criteria and Statistical Modeling.* Springer.

Konishi, S., Ando, T. and Imoto, S. 2004. Bayesian information criteria and smoothing parameter selection in radial basis function networks. *Biometrika* 91: 27-43.

Koop, G. 2003. *Bayesian Econometrics.* Wiley.

Koop, G. and Korobilis, D. 2012. Forecasting inflation using dynamic model averaging. *International Economic Review* 53: 867–886.

Koop, G., Leon-Gonzalez, R. and Strachan, R. 2012. Bayesian model averaging in the instrumental variable regression model. *Journal of Econometrics* 171: 237–250.

Koop, G., Poirier, D. J. and Tobias, J. L. 2007. *Bayesian Econometric Methods.* Cambridge University Press.

Koop, G. and Potter, S. 2004. Forecasting in dynamic factor models using Bayesian model averaging. *Econometrics Journal* 7: 550–565.

Kuersteiner, G. and Okui, R. 2010. Constructing optimal instruments by first-stage prediction averaging. *Econometrica* 78: 697–718.

Kullback, S. and Leibler, R. A. 1951. On information and sufficiency. *Annals of Mathematical Statistics* 22: 79–86.

Lancaster, T. 2004. *An Introduction to Modern Bayesian Econometrics.* Blackwell Publishing. 小暮厚之・梶田幸作監訳. 2011. ランカスター ベイジアン計量経済学. 朝倉書店.

Lenkoski, A., Eicher, T.S. and Raftery, A.E. 2014. Two-stage Bayesian model averaging in the endogenous variable model. *Econometric Reviews* 33: 122–151.

Li, K.-C. 1986. Asymptotic optimality of C_L and generalized cross-validation in ridge regression with application to spline smoothing. *Annals of Statistics* 14: 1011–1112.

Li, K.-C. 1987. Asymptotic optimality for C_p, C_L, cross-validation and generalized cross-validation: Discrete index set. *Annals of Statistics* 15: 958–975.

Liang, H., Zou, G., Wana, A.T.K and Zhang, X. 2013. Optimal weight choice for frequentist model average estimators. *Journal of the American Statistical Association* 106: 1053–1066.

Lin, Y. and Zhang, H. 2006. Component selection and smoothing in multivariate nonparametric regression. *Annals of Statistics* 34: 2272–2297.

Liu, Q. and Okui, R. 2013. Heteroskedasticity – robust C_p model averaging. *Econometrics Journal* 16: 463–472.

Liu, S. and Yang, Y. 2012. Combining models in longitudinal data analysis. *Annals of the Institute of Statistical Mathematics* 64: 233–254.

Madigan, D. and Raftery, A.E. 1994. Model selection and accounting for model uncertainty in graphical models using Occam's window, *Journal of the American Statistical Association* 89: 1535–1546.

Magnus, J., Powell, O. and Prufer, P. 2010. A comparison of two model averaging techniques with an application to growth empirics. *Journal of Econometrics* 154: 139–153.

Mallows, C.L. 1973. Some comments on C_p. *Technometrics* 15: 661–675.

Martins L.F. and Gabriel, V.J. 2013. Linear instrumental variables model averaging estimation. *Computational Statistics and Data Analysis*, forthcoming.

Masanjala, W. and Papageorgiou, C. 2008. Rough and lonely road to prosperity: a reexamination of the sources of growth in africa using Bayesian model averaging. *Journal of Applied Econometrics* 23: 671–682.

McCullagh, P. and Nelder, J.A. 1989. *Generalized Linear Models*. Chapman & Hall/CRC.

Meinshausen, N. and Buhlmann, P. 2006. High-dimensional graphs and variable selection with the lasso. *Annals of Statistics* 34: 1436–1462.

Meinshausen, N. and Yu, B. 2009. Lasso-type recovery of sparse representations for high-dimensional data. *Annals of Statistics* 37: 246–270.

Min, C.-K. and Zellner, A. 1993. Bayesian and non-Bayesian methods for combining models and forecasts with applications to combining international growth rates. *Journal of Econometrics* 56: 89–118.

Moral-Benito, E. 2012. Determinants of economic growth: a Bayesian panel data approach. *Review of Economics and Statistics* 94: 566–579

Morales, K., Ibrahim, J., Chen, C. and Ryan, L. 2006. Bayesian model averaging with applications to benchmark dose estimation for arsenic in drinking water. *Journal of the American Statistical Association* 101: 9–17.

Ohno, S. and Ando, T. 2014. Stock return predictability: A factor-augmented predictive regression system with shrinkage. Working paper.

Park, M.-Y. and Hastie, T. 2007. An L_1 regularization-path algorithm for generalized linear models. *Journal of the Royal Statistical Society* B69: 659–677.

Park, T. and Casella, G. 2008. The Bayesian Lasso. *Journal of the American Statistical Association* 103: 681–686.

Pesaran, M.H. and Smith, R.J. 1994. A generalized R^2 criterion for regression models estimated by the instrumental variables method. *Econometrica* 62: 705–710.

Pesaran, M.H. 2006. Estimation and inference in large heterogeneous panels with multifactor error structure. *Econometrica* 74: 967–1012.

Pesaran, M.H. and Timmermann, A. 2007. Selection of estimation window in the presence of breaks. *Journal of Econometrics* 137: 134–161.

Pesaran, M.H. and Tosetti, E. 2011. Large panels with common factors and spatial correlations. *Journal of Econometrics* 161: 182–202.

Raftery, A.E., Madigan, D. and Hoeting, J.A. 1997. Bayesian model averaging for linear regression models. *Journal of the American Statistical Association* 92: 179–191.

Riddel, M. 2004. Housing-market disequilibrium: an examination of housing-market price and stock dynamics 1967–1998. *Journal of Housing Economics* 13: 120–135.

Rosset, S. and Zhu, J. 2004. Discussion: "The Dantzig selector: statistical estimation when p is much larger than n". *Annals of Statistics* 32: 469–475.

Rosset, S. and Zhu, J. 2007. Piecewise linear regularized solution paths. *Annals of Statistics* 35: 1012–1030.

Rossi, P., Allenby, G. and McCulloch, R. 2005. *Bayesian Statistics and Marketing*. John Wiley and Sons.

Sala-i-Martin, X., Doppelhofer, G. and Miller, R. 2004. Determinants of long-term growth: a Bayesian averaging of classical estimates (BACE) approach. *American Economic Review* 94, 813–835.

Schwarz, G. 1978. Estimating the dimension of a model. *Annals of Statistics* 6: 461–464.

So, M. and Ando, T. 2013 Generalized predictive information criteria for the analysis of feature events. *Electronic Journal of Statistics* 7: 742–762.

Soofi, E.S. 2000. Principal information theoretic approaches. *Journal of the American Statistical Association* 95: 1349–1353.

Spiegelhalter, D.J., Best, N.G., Carlin, B.P. and van der Linde, A. 2002. Bayesian measures of model complexity and fit (with discussion and rejoinder). *Journal of the Royal Statistical Society* B64: 583–639.

Stock, J.H. and Watson, M.W. 2002a. Forecasting using principal components from a large number of predictors. *Journal of the American Statistical Association* 97: 1167–1179.

Stock, J.H. and Watson, M.W. 2002b. Macroeconomic forecasting using diffusion indexes. *Journal of Business & Economic Statistics* 20: 147–162.

Stone, C. J. 1974. Cross-validatory choice and assessment of statistical predictions (with discussion). *Journal of the Royal Statistical Society Series* B36: 111–147.

Tibshirani, R. 1996. Regression shrinkage and selection via the lasso. *Journal of the Royal Statistical Society Series* B58: 267–288.

Tibshirani, R., Saunders, M., Rosset, S., Zhu, J. and Knight, K. 2005. Sparsity and smoothness via the fused lasso. *Journal of the Royal Statistical Society Series* B67: 91–108

Tierney, L. and Kadane, J.B. 1986. Accurate approximations for posterior moments and marginal densities. *Journal of the American Statistical Asso-*

ciation 81, 82–86.

Tierney, L., Kass, R.E. and Kadane, J.B. 1989. Fully exponential Laplace approximations to expectations and variances of nonpositive functions. *Journal of the American Statistical Association* 84, 710–716.

Tsay, R. and Ando, T. 2012. Bayesian panel data analysis for exploring the impact of recent financial crisis on the U.S stock market. *Computational Statistics and Data Analysis* 56, 3345–3365.

Turlach, B. A. 2004. Discussion: "The Dantzig selector: statistical estimation when p is much larger than n". *Annals of Statistics* 32: 481–490.

Velupillai, K.V. 2006. A disequilibrium macrodynamic model of fluctuations. *Journal of Macroeconomics* 28: 752–767

Wan, A.T.K., Zhang, X. and Zou, G. 2010. Least squares model averaging by Mallows criterion. *Journal of Econometrics* 156: 277–283.

Wang, H. and Leng, C. 2007. Unified LASSO estimation via least squares approximation. *Journal of the American Statistical Association* 102: 1039–1048.

Wang, H., Li, G. and Tsai, C. 2007a. Regression coefficient and autoregressive order shrinkage and selection via the lasso. *Journal of the Royal Statistical Society* B69: 63–78.

Wang, H., Li, R. and Tsai C-L. 2007b. Tuning parameter selectors for the smoothly clipped absolute deviation method. *Biometrika* 94: 553–568.

Whittle, P. 1960. Bounds for the moments of linear and quadratic forms in independent variables. *Theory of Probability and Its Applications* 5: 302–305.

Wright, J. 2008a. Bayesian model averaging and exchange rate forecasts. *Journal of Econometrics* 146: 329–341.

Wright, J. 2008b. Forecasting us inflation by Bayesian model averaging. *Journal of Forecasting* 28: 131–144.

Wu, T.T. and Lange K. 2008. Coordinate descent algorithms for LASSO penalized regression. *Annals of Applied Statistics* 2: 224–244.

Yuan, M. and Lin, Y. 2006. Model selection and estimation in regression with grouped variables. *Journal of the Royal Statistical Society* B68: 49–67.

Yuan, M. and Lin, Y. 2007. On the non-negative garrote estimator. *Journal of the Royal Statistical Society* B69: 143–161.

Yuan, Z. and Yang, Y. 2005. Combining linear regression models: when and how? *Journal of the American Statistical Association* 100: 1202–1214.

Zellner, A. 1971. *An Introduction to Bayesian Inference and Econometrics*. Wiley.

Zellner, A. and Ando, T. 2010. A direct Monte Carlo approach for Bayesian analysis of the seemingly unrelated regression model. *Journal of Econometrics* 159: 33–45.

Zellner, A., Ando, T., Basturk, N., Hoogerheide, L. and van Dijk, H.K. 2014. Bayesian analysis of instrumental variable models: Acceptance-rejection within direct Monte Carlo. *Econometric Reviews* 33: 3–35.

Zhang, C.-H. 2010. Nearly unbiased variable selection under minimax concave penalty. *Annals of Statistics* 38: 894-942.

Zhang, C.-H. and Huang, J. 2008. The sparsity and bias of the LASSO selection in high-dimensional linear regression. *Annals of Statistics* 36: 1567–1594.

Zhang, H. and Lu, W. 2007. Adaptive Lasso for Cox's proportional hazards model. *Biometrika* 94: 691–703.

Zhang, X. and Liang, H. 2011. Focused information criterion and model averaging for generalized additive partial linear models. *Annals of Statistics* 39: 174–200.

Zhang, X., Wan, A.T.K. and Zhou, S.Z. 2012. Focused information criteria, model selection, and model averaging in a Tobit model with a nonzero threshold. *Journal of Business and Economic Statistics* 30: 132–143.

Zhang, X., Wan, A.T.K. and Zou, G. 2013. Model averaging by jackknife criterion in models with dependent data. *Journal of Econometrics* 174: 82–94.

Zhao, P., Rocha, G. and Yu, B. 2009. Grouped and hierarchical model selection through composite absolute penalties. *Annals of Statistics* 37: 3468–3497.

Zhao, P. and Yu, B. 2006. On model selection consistency of Lasso. *Journal of Machine Learning Research* 7: 2541–2563.

Zhao, P. and Yu, B. 2007. Stagewise Lasso. *Journal of Machine Learning Research* 8: 2701–2726.

Zou, H. 2006. The adaptive lasso and its oracle properties. *Journal of the American Statistical Association* 101: 1418–1429.

Zou, H. and Hastie, T. 2005. Regularization and variable selection via the Elastic Net. *Journal of the Royal Statistical Society* B67: 301–320.

Zou, H., Hastie, T. and Tibshirani, R. 2007. On the degrees of freedom of the lasso. *Annals of Statistics* 35: 2173–2192.

Zou, H. and Li, R. 2008. One-step sparse estimates in nonconcave penalized likelihood models. *Annals of Statistics* 36: 1509–1566.

Zou, H. and Yuan, M. 2008. Composite quantile regression and the oracle model selection theory. *Annals of Statistics* 36: 1108–1126.

索　引

欧数字

adaptive lasso 推定量　56

Bayesian lasso 推定量　74

capital asset pricing model　23
C_p 基準　50
　　——に基づくモデル統合　141

Dantzig selector 推定量　73

elastic net 推定量　58

"faithfulness" 条件　158

group lasso 推定量　61

K 分割交差検証法　50

LARS アルゴリズム　46
lasso 推定量　43
　　adaptive ——　56
　　Bayesian ——　74
　　group ——　61

MC$_+$ 推定量　72

oracle procedure　44

PC 基準　94

R パッケージ　83

SCAD 推定量　64
sure independence screening 法　84

あ　行

意思決定　172
一致性　66
　　変数選択の——　45, 68
一般化線形モデル　97, 171

オッカムの剃刀　136
重み付き最尤推定法　11

か　行

カルバック–ライブラー情報量距離　12

基底関数展開　9
局所 2 次近似　64
極値分布モデル　119
金融資産ポートフォリオ　17

経験分布関数　3

交差検証法　49
高次元データ　ii
高次元データ分析　ii

——のためのモデル統合　154
高次元パネルデータ　101

さ 行

最尤推定法　5, 7
最尤推定量　5, 8

事後分布　8
事後モード　15
市場不均衡モデル　32
指数分布モデル　119
事前分布　8
実質的パラメータ数　16
修正情報量規準　13
自由度　50
周辺尤度　14, 122
需要方程式　32
情報量規準　99
　　—— AIC　12
　　—— GIC　13
　　——によるモデル統合　107
真のモデル　3, 96, 173

正則化パラメータの選択　49
正則化法　43
生存時間解析　117
生存時間モデル　118
漸近最適性　143, 164
漸近主成分法　87
漸近正規性　69
線形回帰モデル　6
　　——の統合　109, 123, 138
選択モデル　127

操作変数線形回帰モデル　147
操作変数回帰モデルの統合　147
操作変数需要分析モデル　148

た 行

対数ロジットモデル　119

超高次元データ　84

統計的モデリング　ii, 4
統計的モデリング法　172
統計モデル　1, 3
　　——の事後確率　14
　　——の統合　173

な 行

ニュートン–ラフソン法　129

は 行

罰則重み付き最尤推定法　175
罰則付き最尤推定法　10
罰則付き最尤推定量　11
罰則付き対数尤度関数　10

非正則事前分布　135

ファクターモデル　87, 98, 101
フィッシャースコアリング法　111
分位点回帰モデル　79, 171
分位点ファクター回帰分析　98

ベイズ情報量規準　15, 51
ベイズ推定　8
ベイズモデリング　8
変数選択の一致性　45, 68

ま 行

マルチファクターモデル　17

モデル選択　11
モデル統合　106
　　C_p 基準にもとづく——　141
　　jackknife 法による——　145
　　情報量規準による——　107
　　ベイズアプローチによる——　122
　　予測尤度による——法　137

や 行

尤度関数　5

予測型ベイズ情報量規準　16
予測分布　123

ら 行

ラプラス近似　127

ラプラス近似法　15
ランダム効果　115
ロジスティック回帰モデル　111
　——の統合　110

わ 行

ワイブル分布モデル　118

著者略歴

安
あん
　道
どう
　知
とも
　寛
ひろ

1977 年　熊本県に生まれる
2004 年　九州大学大学院数理学府博士課程修了
現　　在　慶應義塾大学大学院経営管理研究科准教授
　　　　　数理学博士

統計ライブラリー
高次元データ分析の方法
　―R による統計的モデリングとモデル統合―　　定価はカバーに表示

2014 年 7 月 15 日　初版第 1 刷
2020 年 7 月 25 日　　　第 2 刷

著　者　安　道　知　寛
発行者　朝　倉　誠　造
発行所　株式会社 朝　倉　書　店
　　　　東京都新宿区新小川町 6-29
　　　　郵便番号　162-8707
　　　　電　話　03(3260)0141
　　　　FAX　03(3260)0180
　　　　http：//www.asakura.co.jp

〈検印省略〉

© 2014〈無断複写・転載を禁ず〉　　　中央印刷・渡辺製本

ISBN 978-4-254-12833-8　C 3341　　Printed in Japan

JCOPY　〈出版者著作権管理機構　委託出版物〉
本書の無断複写は著作権法上での例外を除き禁じられています．複写される場合は，
そのつど事前に，出版者著作権管理機構（電話 03-5244-5088，FAX 03-5244-5089，
e-mail: info@jcopy.or.jp）の許諾を得てください．

好評の事典・辞典・ハンドブック

数学オリンピック事典	野口　廣 監修	B5判 864頁
コンピュータ代数ハンドブック	山本　慎ほか 訳	A5判 1040頁
和算の事典	山司勝則ほか 編	A5判 544頁
朝倉　数学ハンドブック［基礎編］	飯高　茂ほか 編	A5判 816頁
数学定数事典	一松　信 監訳	A5判 608頁
素数全書	和田秀男 監訳	A5判 640頁
数論＜未解決問題＞の事典	金光　滋 訳	A5判 448頁
数理統計学ハンドブック	豊田秀樹 監訳	A5判 784頁
統計データ科学事典	杉山高一ほか 編	B5判 788頁
統計分布ハンドブック（増補版）	蓑谷千凰彦 著	A5判 864頁
複雑系の事典	複雑系の事典編集委員会 編	A5判 448頁
医学統計学ハンドブック	宮原英夫ほか 編	A5判 720頁
応用数理計画ハンドブック	久保幹雄ほか 編	A5判 1376頁
医学統計学の事典	丹後俊郎ほか 編	A5判 472頁
現代物理数学ハンドブック	新井朝雄 著	A5判 736頁
図説ウェーブレット変換ハンドブック	新　誠一ほか 監訳	A5判 408頁
生産管理の事典	圓川隆夫ほか 編	B5判 752頁
サプライ・チェイン最適化ハンドブック	久保幹雄 著	B5判 520頁
計量経済学ハンドブック	蓑谷千凰彦ほか 編	A5判 1048頁
金融工学事典	木島正明ほか 編	A5判 1028頁
応用計量経済学ハンドブック	蓑谷千凰彦ほか 編	A5判 672頁

価格・概要等は小社ホームページをご覧ください．